煤矿其他从业人员安全培训数字化创新教材

煤矿从业人员安全培训教材

——从业实用安全知识及现场应急技能问答

（2025 版）

全国煤矿安全培训教材建设专家委员会　**组织编写**

王平炎　张　雷　田利红　**主编**

中国矿业大学出版社

· 徐州 ·

内 容 提 要

本教材是为煤矿其他从业人员专门编写的一套问答式培训教材，全书分14个模块，前13个模块都附针对性“复习思考题”和“自测试题”，方便学员检测学习效果。本教材紧紧围绕煤矿从业人员需要掌握的安全生产知识、技能和事故应急处置能力，内容紧贴煤矿生产实际，浅显易懂，不仅介绍了从业人员需要掌握的安全常识，同时解答了其工作中存在的一些困惑。对于重难点知识，书中配有视频，可手机扫码观看。

本书适用于煤矿其他从业人员安全技术培训，也可供煤矿管理人员、工程技术人员和特种作业人员学习、参考。

图书在版编目(CIP)数据

煤矿从业人员安全培训教材：从业实用安全知识及现场应急技能问答/王平炎，张雷，田利红主编. —徐州：中国矿业大学出版社，2024.2(2025.6重印)

ISBN 978-7-5646-6153-3

Ⅰ. ①煤… Ⅱ. ①王… ②张… ③田… Ⅲ. ①煤矿—矿山安全—安全培训—教材 Ⅳ. ①TD7

中国国家版本馆CIP数据核字(2024)第023513号

书　　名　煤矿从业人员安全培训教材
——从业实用安全知识及现场应急技能问答
主　　编　王平炎　张　雷　田利红
责任编辑　吴学兵　陈　慧
出版发行　中国矿业大学出版社有限责任公司
(江苏省徐州市解放南路　邮编221008)
营销热线　(0516)83885370　83884103
出版服务　(0516)83885312　83884920
网　　址　http://www.cumtp.com　**E-mail**：cumtpvip@cumtp.com
印　　刷　苏州市古得堡数码印刷有限公司
开　　本　880 mm×1240 mm　1/32　**印张** 9.625　**插页** 8　**字数** 303千字
版次印次　2024年2月第1版　2025年6月第3次印刷
定　　价　29.00元

《煤矿从业人员安全培训教材》

编写委员会

主　　编　王平炎　张　雷　田利红

副 主 编　王丙成　李　宝　尹　鹏　扬荣飞　王文忠
贾永全　张　杰　王仁东　赵伟刚　王军华
张元宝　刘祥龙　邵　鹏　穆宝瑞　郭小飞

参编人员　白燕飞　曹　杰　段振江　付晓光　付玉松
高二虎　葛　军　郭媛媛　韩　华　郝建平
雷娟娟　李　峰　李鸿杰　李文旭　李武超
李　政　刘　斌　刘建平　刘庆宝　刘田田
孟雪镭　宋亦杰　田龙飞　王　敬　王　翔
王　艳　王春桂　王宏飞　王金龙　王帅栋
夏寅寅　肖国伟　辛国旭　严志华　杨　辉
杨继伟　张全录　张智广　赵　瑞　郑红旗
朱　波

数字资源使用方法

一、书中二维码视频观看方法

微信扫书中二维码即可观看对应视频。

二、考试题库软件使用方法

微信扫码关注“中国矿业大学出版社煤炭知识服务”微信公众号，点击右下角“在线学习”—“在线考试”，微信授权进入“煤矿安培考试”小程序。“自测练习”模块可顺序练习，“模拟考试”模块可进行模拟考试，“我的错题”模块可查看错题，进入相应模块后，点击“请选择题库”，左侧一栏向上翻，选择“其他从业人员”—“初训 2025”，点击“确定”开始学习。公众号中回复“考试题库”，弹出的文章中第一篇有题库软件使用方法，可供参考。

中国矿业大学出版社煤炭知识服务

前　言

本教材是为煤矿其他从业人员专门编写的一套问答式安全培训教材。全书共包含14个模块,分别为安全生产培训与岗位准入,安全生产法律法规,生产安全事故报告、调查及处理,煤矿安全心理知识及案例,煤矿生产基本常识,煤矿入井安全常识,煤矿常用安全保护装置与安全标志,煤矿安全生产标准化,职业健康安全与劳动保护,煤矿安全风险分级管控、隐患排查治理与危险源辨识,自救、互救与现场急救,灾害防治与避灾逃生,抢险救灾应急技能和煤矿典型事故案例分析。前13个模块都附针对性"复习思考题"和"自测试题",方便学员检测学习效果。本教材紧紧围绕煤矿从业人员需要掌握的安全生产知识、技能和事故应急处置能力,内容紧贴煤矿生产实际,浅显易懂,不仅介绍了从业人员需要掌握的安全生产知识,同时解答了其工作中存在的一些困惑。

本教材的特色如下:

(1) 本教材充分结合新《安全生产法》《煤矿安全规程》及"四细则"等法律法规修订的内容,以及部分先进企业安全发展实际和优秀安全培训教师长期教学实践,力求结构简明、内容实用。

(2) 本教材编写采用问答形式,简明扼要地解答职工在安全生产中的疑问,并让职工看得懂、学得会、记得住。各知识点采用模块化系统组合，将内容分解为若干个知识模块，每个知识模块均设有学习提示，指出本模块的重点内容和学习意义。

(3) 前13个模块后都附有一定数量且与教材内容相对应的复习思考题及自测题（题型有判断题、单选题和多选题），便于学员自我检验学习效果和培训部门考核之用。

(4) 本教材重难点知识配有实操视频，可用手机微信扫码观看。

本教材中法律名称均省去“中华人民共和国”，用简称。

本教材是煤矿从业人员安全培训教材，也可供煤矿企业管理人员、工程技术人员和特种作业人员学习、参考。

本教材配套有考试题库软件，请关注“中国矿业大学出版社煤炭知识服务”微信公众号进行学习。本教材配套有PPT课件和考试试题，便于培训教师讲课和组织考试，请加QQ群（群号708756397）或加微信 xuebwu 联系（只限培训机构教师）。

由于编者水平所限，书中难免有疏漏之处，敬请广大读者批评指正。

全国煤矿安全培训教材建设专家委员会

2024年12月

目　录

模块一　安全生产培训与岗位准入

【学习提示】

安全培训既是职工的一项权利和义务，也是一种特殊的福利和待遇。本模块主要围绕安全培训的目的、任务、法律规定、实施细节、问题及影响等内容展开，并融合笔者多年来从事安全培训工作的实际经历和思考实践，旨在帮助培训学员正确认识和积极参加安全培训，认真完成学习任务，并能结合实际，学以致用，共同践行“安全培训不到位就是重大安全隐患”的思想理念。同时，把职工岗位准入与安全培训进行关联梳理，并通过问答的形式进行解读和呈现，以进一步帮助大家弄清安全培训与岗位准入的内在联系，促进相关岗位规范的正确落实。

1. 煤矿职工为什么一定要参加安全培训？

答：一是因为参加安全培训是法律赋予每一名职工的权利和义务，不按规定参加安全培训就是违法，需要承担相应的法律责任，甚至可能会受到法律的惩处。

二是因为工作的煤矿井下现场存在着各种各样的自然灾害、事故隐患和安全风险等，只有参加培训才能系统、全面地学习和掌握相关安全知识和技能，促进事故防范和学会避灾逃生。

三是因为只有按规定参加培训，经考核合格，并取得相应的安全操作证书或安全培训合格证(明)后，才能具备相应的上岗作业资格。

四是因为安全培训是广大职工一项特殊的福利和待遇，常说“一人培训、三代受益”“一次培训、终身受益”。所以，安全培训既事关职工的生命安全，又和职业安全发展息息相关，任何人都没有理由不参加培训。

五是因为通过参加安全培训，职工可以及时了解安全生产新知识、企业安全文化动态和规章制度更新变化，以及职业道德和企业安全发展新目标、新任务等内容,有助于更好、更安全地做好本职工作。

2. 煤矿安全培训的主要法律依据是什么?

答:对煤矿企业来说,安全培训相关的法律依据主要有以下两个:

一是《安全生产法》第 28 条第一款规定:生产经营单位应当对从业人员进行安全生产教育和培训,保证从业人员具备必要的安全生产知识,熟悉有关的安全生产规章制度和安全操作规程,掌握本岗位的安全操作技能,了解事故应急处理措施,知悉自身在安全生产方面的权利和义务。未经安全生产教育和培训合格的从业人员,不得上岗作业。

二是《煤矿安全培训规定》(国家安全生产监督管理总局令第 92 号)第 4 条第一款规定:煤矿企业是安全培训的责任主体,应当依法对从业人员进行安全生产教育和培训,提高从业人员的安全生产意识和能力。

除了以上两方面的依据外,《矿山安全法》、《劳动法》、职业健康安全法规以及国务院部门规章等,对安全培训也有相关的具体规定和要求。

3. 从安全培训的角度来说,煤矿从业人员包含哪几大类人员?

答:从安全培训的角度来说,煤矿从业人员包括四大类,分别是煤矿企业主要负责人、煤矿安全生产管理人员、煤矿特种作业人员和煤矿其他从业人员。也就是说,煤矿从业人员不是专指某一类人员,而是四类人员的统称。

4. 煤矿企业及其负责人对安全培训的责任分别是什么?

答:相关法律法规明确规定,煤矿企业是安全培训的责任主体,应当依法对从业人员进行安全生产教育和培训,提高从业人员的安全生产意识和能力。煤矿企业主要负责人对本企业从业人员安全培训工作全面负责。

以上规定既说明了国家对安全培训的高度重视,体现出安全培训是企业的一项强制性任务,必须依法落实各项培训计划,同时,职工也应清楚地知道,参加安全培训本身是一种法律要求,要认真按照要求参加各类培训,完成培训任务,这既是对企业负责、对领导负责,更是对自己负责。

5. 安全培训为什么要按计划开展?

答:首先,相关法律法规明确规定,煤矿企业应当制订年度安全培训计划,并由企业主要负责人组织制订并实施。

其次,煤矿企业是一个生产经营单位,有自身的劳动组织和生产计划安排,培训抽调人员必须提前协调和处理好“工学”矛盾,做到岗位不脱岗、作业不缺人,以保证正常的生产秩序。

再次,能够让相关培训部门提前做好各项培训教学组织和后勤保障工作,保障培训计划的规范实施。

最后,上级部门和企业都对安全培训有专门的检查、考核办法,其中安全培训计划的制订和落实情况是检查、考核的一项重要内容。

综上所述,企业各项安全培训工作是需要按计划来开展的,职工必须严格按照计划参加各种培训,做到安全培训计划与生产经营计划同步制订和实施。

6. 有关安全培训的费用有哪些规定?

答:首先,各类安全培训都是有专项经费的,一般按照企业职工工资总额的1.5%(不低于)足额提取,并且是专款专用。

其次,用于安全培训的资金,按规定不得低于企业全部职工教育培训经费总额的40%。

再次,职工参加安全培训是不需要个人承担任何费用的,包括交通费、住宿费、教材费和误餐费等都由企业负责。

最后,所有安全培训的考试、考核和发证(包括补考、补证)也都是不收取费用的,职工个人不需要承担任何费用。

但培训管理实践中,也有部分煤矿企业对参加安全培训考核不合格,没有取得证书的学员,规定其培训费自理,或承担部分费用,以示处罚。

7. 职工日常安全教育培训有什么特点? 一般要学习哪些内容?

答:职工日常安全教育培训是职工所在区队利用业余时间(班前、班后会)开展的短期自主培训,一般是全员参加,是职工全脱产培训的补充。讲课人员主要是区队主要领导和技术人员等。实践中,很多煤矿企业是通过“三个一”活动(一日一题、一周一案、一月一考)来开展的。按照“按需施教、学以致用”的原则，其学习内容大概有以下五个方面：

① 本单位安全生产规章制度和劳动纪律。

② 本单位生产工作面作业规程和技术措施。

③ 本单位生产设备、设施和作业环境基本情况。

④ 本单位生产现场避灾路线和避灾设施。

⑤ 企业安全文化、职业道德宣传、事故通报和形势任务教育等。

8. 职工被派外出参加安全培训，应注意哪些事项？

答：按照规定，如果企业自身不具备安全生产培训条件，那么可以委托其他具备安全生产培训条件的机构对职工进行安全培训，也就是职工被派外出参加安全培训，包括考试、取证等。在这种情况下，应注意以下事项：

① 要按规定时间去培训机构报到，并提前向本单位相关人员交接好手头工作。

② 按照培训通知的要求，带好必要的学习及办证资料。

③ 注意交通安全和相关防疫规定。

④ 按时参加考试和提交需要的个人办证资料。

⑤ 按照规定时间取证或补考，并妥善保管证书。

⑥ 掌握相关证书复审时间，按时参加复审培训。

9. 为了建好“一人一档”，职工本人通常需要提供哪些书面材料？

答：按照相关规定，企业会为每一名职工建立专门的安全培训档案，这个档案叫作“一人一档”。为了及时和规范建好上述档案，职工自己需要在规定的时间内，按要求向所在单位相关部门提交以下书面材料：

① 安全生产培训登记表，包括文化程度、职务、工作经历和职称、技能等级等情况；

② 身份证、学历证书、职称（技能等级）证书等复印件；

③ 历次接受安全生产培训、考核的情况；

④ 安全生产违规违章行为记录，以及因安全生产被追究责任，受到处分、处理的情况；

⑤ 其他有关情况。

10. 职工个人安全生产违规、违章行为为什么要被记录在案?

答:按照“一人一档”的建档要求,企业以文件形式下发的从业人员安全生产违规、违章行为记录应记录在案。实践中,通常将相关处理文件以附件的形式存入相关人员档案。这一做法的目的主要有三个:一是对照处理情形并结合相关规定对该职工的岗位证书资格进行审查;二是吸取教训,提高下一步培训的针对性;三是作为证书到期复验的审核条件之一。

11. 企业为什么要为每一名职工建立“一人一档”?

答:企业依法建立“一人一档”的主要目的有两个:一是用于相关培训责任的追究;二是用于受训人信息的查询和统计。

通常企业发生安全事故后,相关当事人的培训情况必然是事故追查的项目内容之一。由于培训班已经结束,所以相关培训档案是追查培训缺项(不到位)与否的重要证据材料。另外,培训阶段统计、职工岗位调整以及各类培训复审安排等都需要进行相关人员培训信息的查询和调用。

12. “一期一档”与“一人一档”有什么区别和联系?

答:通俗地说,“一期一档”是某个(期)培训班的档案,主要是记录培训教学过程内容,比如培训方案或者培训计划、培训通知、学员信息汇总、考勤记录等,属于“企业安全培训档案”,记录内容的时间跨度是某个培训班的起始和结束时段。

而“一人一档”则是每位参加培训职工的个人档案,主要记录职工个人与培训相关的基本身份信息,以及考试、考核成绩和安全生产违章、违纪处罚情况等,属于“企业从业人员安全培训档案”,记录的时间跨度几乎是职工整个职业生涯时段。

当然,“一期一档”与“一人一档”的内容之间应该是相互衔接和匹配的,在相关安全责任的追究实践中或专项安全培训检查时,通常会先抽调相关职工的“一人一档”,再通过其调查相关培训班的“一期一档”。

总之,无论是“一期一档”还是“一人一档”都具有法律属性,资料内容必须真实,制作必须规范,并须妥善保存。

13. 安全培训档案保存的时间是怎样规定的?

答:按照《煤矿安全培训规定》,职工的“一人一档”要按照《企业文件材料归档范围和档案保管期限规定》(国家档案局令第10号)中提出的“企业职工培训工作文件材料重要的要保管30年”的规定来保存。这样看,记录职工个人安全培训信息的“一人一档”基本上是要永久保存的,而对于安全培训“一期一档”,如果是特种作业人员的则要求至少保存6年;如果是其他从业人员的,则要求至少保存3年。

14. 怎样理解“持证上岗”规定? 落实这项规定时要注意什么?

答:“持证上岗”是安全培训的一项重要制度。在安全生产实践中,主要指煤矿特种作业人员和其他从业人员经专门的安全培训和考核合格后,取得特种作业操作证书或其他从业人员培训合格证明,上岗作业时,要求做到随身携带,并配合对其证书的检查。

落实上述规定时,相关人员应注意以下几点:

第一,证书应载明持证人姓名、证书编号、持证人近期照片、操作工种、证书有效时间等。

第二,如果携过期证书上岗,一般会按照无证上岗处罚。

第三,持证上岗制度要求现场做到“人证相符”和“岗证相符”(有的省、市要求每位特种作业人员持证不能超过两个)。

第四,相关持证人员一定要在证书有效期内,至少提前60日主动参加证书复审培训或向单位申请去参加证书复审培训。另外,连续离开岗位6个月以上的特种作业人员需要重新进行专门的考核方可持证上岗。

最后要切记:证书不能转借、不能涂改,更不能持假证或别人的证书上岗。

15. 生产经营单位未如实记录从业人员安全生产教育培训情况会受到什么样的处罚?

答:根据《安全生产法》第97条第一款第四项规定,生产经营单位未如实记录安全生产教育和培训情况的,责令限期改正,处10万元以下的罚款;逾期未改正的,责令停产停业整顿,并处10万元以上20万元以下的罚款,对其直接负责的主管人员和其他直接责任人员处

2 万元以上 5 万元以下的罚款。

目前，这方面的罚款由过去的起步 5 万元以下增加到 10 万元以下。需要注意，直接负责的主管人员和其他直接责任人员也有可能被罚款。

16. 煤矿“其他从业人员”指的是哪些人员？其岗位准入条件（文化程度）是什么？

答：煤矿“其他从业人员”是指除矿山企业主要负责人、安全生产管理人员和特种作业人员以外，从事安全生产活动的其他从业人员，包括使用的被派遣劳动者和外包施工队伍人员等。煤矿“其他从业人员”应当具备初中及以上文化程度。

实际上，在煤矿企业中，“其他从业人员”人数居多、工种居多，流动性大，培训任务重，组织难度大。在安全检查实践中，也经常发现有其他从业人员“漏培”和“先上车后买票”的情况，不具备岗位准入条件，给安全生产埋下隐患。如果发现这类情况，职工有权向有关部门领导反映，因为这显然就是一种违法行为。

17. 煤矿“其他从业人员”安全培训及考试有哪些规定？

答：煤矿“其他从业人员”主要由煤矿企业自主培训、考试（当然也实行教考分离）和发放培训合格证明，但相关培训大纲、理论考试题库和实操考试标准按规定由省级安全培训主管部门组织制定和颁布执行。

18. 煤矿“其他从业人员”安全培训要学什么？教学目标是什么？

答：煤矿“其他从业人员”安全培训要学习的内容一般包括“安全技术知识”和“实际操作技能”两大方面。其中“安全技术知识”包括安全基本知识和安全技术基础知识两块。“实际操作技能”一般包括岗位专业操作技能和事故应急处置技能两方面。而随着新修订的《安全生产法》的实施，今后将增加安全心理方面的知识内容。

教学目标是，通过以上内容的学习，受训学员应具备必要的安全生产知识、技能和事故应急处置能力，知悉自身在安全生产方面的权利和义务等。

19. 煤矿企业新职工"师带徒"培训有哪些要求和特点?

答:煤矿企业新上岗的井下作业人员经安全培训合格后,应当在有经验的师傅带领下,实习满4个月,并取得工人师傅签名的实习合格证明后,方可独立工作。工人师傅一般应当具备中级工以上技能等级,3年以上相应工作经历和没有发生过"三违"行为等条件。

应该说,"师带徒"是煤矿职工培训的一种行之有效的,并被实践充分证明的特殊培训形式。通过师傅对徒弟的现场"传、帮、带",而使徒弟能够在较短时间内胜任本职工作。同时,"师带徒"培训也是企业核心技术、技能传承和文化发扬的一条重要途径和手段。

20. 煤矿"其他从业人员"可不可以一人持多证上岗?

答:按规定,煤矿"其他从业人员"必须经企业安全培训部门的安全技术培训并考核合格,取得安全培训合格证(明)后,方可上岗作业,未经培训并取得培训合格证明的,不得上岗作业。

实践中,很多企业出台专门的激励政策,要求职工做到"一专多能",成为复合型技能人才,那么现场作业过程中必然会出现"一人多证"的情况。那么这种情况是否允许呢?现行的法律、法规并没有禁止一人多证的做法,只要按照有关规定参加培训,并经考核合格,取得培训合格证明即可上岗。其中,如果是新职工则要求有4个月的跟师实习期。这样看,煤矿"其他从业人员"一人多证是不违规的,是允许的,也符合企业发展需要,但如果地方政府主管部门有相关持证数量的专门规定,企业应遵照执行。

21. 职工调整工作岗位或离岗一段时间后重新上岗,相关安全培训有什么规定?

答:因为退休、休假、生产工艺改进、队伍重组等原因,职工调整工作岗位或离岗后重新上岗是煤矿劳动组织调整和变化的常见活动之一。根据规定,井下作业人员调整工作岗位或者离开本岗位一年以上重新上岗前,应重新进行安全生产教育和培训,培训合格后方可上岗作业。

22. 企业应用新工艺、新技术、新材料、新设备前为什么必须对相关从业人员进行安全培训?

答:首先,企业应用新工艺、新技术、新材料、新设备(简称"四新")

前对相关从业人员进行安全培训是相关法规要求的，必须规范组织。

其次，“四新”项目的推广应用本身都有相关培训安排，使用单位应对照要求及时组织人员参加，这样才能有效保证“四新”项目的有效实施。

最后，在煤矿井下这个特殊的作业环境中，“四新”的应用必然会产生很多新的安全知识点，包括设备、设施和工具等，作为具体应用人员必须了解和掌握。

综上所述，企业应用新工艺、新技术、新材料、新设备前对相关从业人员进行安全培训既重要又必要。

23. 有关安全资格培训的考试(取证)有哪些规定和注意事项?

答：对煤矿普通职工来说，参加的这类培训和考试一般有“特种作业人员”和“其他从业人员”培训取证两种情况。考试分为理论考试和操作技能(实操)考试两部分。两部分考试均达到 80 分及以上，才能算本次取证培训考试合格，不合格的可以补考一次。一般理论考试合格后，才能参加实操考试。理论考试采用国家题库或地方题库(部分)，计算机考试，由系统实时、自动评分，考试时间一般为 90 min。实操考试采用相关国家或地方实操考试标准，现场实物或虚拟仿真考试，由系统或实操考评员实时现场评分，考试时间一般每人 30 min。

此外，参加考试的人员必须先参加相关脱产安全培训，达到规定学时才能参加后续考试，并要填写考试申请表，由本人持身份证复印件、学历证书复印件、安全生产无违章证明等材料向考试机构提出申请。这些申请材料，实践中也可以由相关企业或培训机构统一提交给相关考试机构。

24. 煤矿“其他从业人员”的安全培训合格证(明)在其他煤矿能用吗?

答：煤矿“其他从业人员”的安全培训合格证(明)在其他煤矿原则上不能用，因为：

① 不像特种作业人员操作证可以全国有效，目前没有相关法规或文件明确规定上述培训合格证(明)的有效适用范围。

② 培训合格证(明)是由企业或具备安全培训条件的机构，依据本

省安全培训主管部门颁发的培训大纲和标准进行培训和考核的，从这方面来看，相关培训合格证（明）应该在相关省内企业有效，但实际上做不到，因为有的省份相关大纲和标准不健全。

③ 实践中，“其他从业人员”安全培训合格证（明）只能在职工所在企业被认可，超出了本企业范围，其他企业包括相关培训主管部门通常都不认可。

所以说，煤矿“其他从业人员”的安全培训合格证（明）目前在其他煤矿并不能通用。

25. 怎么看待自救器实操考试?

答：自救器是煤矿职工入井时必须随身携带的自救装备，能够在特定情况下为人员提供一段时间的氧气。对于自救器的实操考试，培训学员有四个关键点必须注意：

① 实操考试时，因为紧张造成延时，而导致考试不通过应该属于正常情况，因为在紧急情况下使用自救器时都会紧张。

② 实操考试时，学员一是要会正确操作，就是使用要规范，方法和步骤都不能错；二是要会熟练操作，就是佩戴要迅速，不要超时。平时的培训实操练习要围绕这两方面下功夫。

③ 虽然职工在参加培训时，自救器实操考试过关了，但区队平时组织的自救器演练，职工也要好好练，要珍惜每一次动手操作的机会。同时，相关自救器的使用演示视频还应经常去观摩学习，不断强化自身正确操作的意识。

④ 现场佩戴自救器时，要尽量保持良好的心态，要紧张有序，动作平缓，不能太急和慌乱，要牢记相关注意事项并严格按照要求去做。

26. 职工参加安全（资格）培训考核，成绩不合格怎么办?

答：煤矿其他从业人员安全培训考试不合格的学员都会有一次补考机会。考试仍不合格的，相关部门不能颁发安全培训合格证（明），需重新参加培训。

需要提醒的是，能否重新参加培训，前提是要看近期有没有举办合适的培训班。实践中往往要花时间等通知，这对单位和个人的工作都会造成不同程度的影响。另外，很多企业职工初训费用是由企业全部承担的，并且工资照发，但如果因考核不合格再去补训，职工个人是要承担部分费用的，包括工资也会受到影响。

27. 煤矿企业为什么要实行“岗位准入”？

答：煤矿是一个非常特殊的企业，煤矿的“工厂”“车间”几乎都在百米甚至千米井下，工作空间狭窄、地质条件复杂、光线差、淋水大、粉尘多、湿度大，并存在“五大自然灾害”和“三违”等安全风险，这就要求进入井下现场作业的人员必须满足一定的条件，即符合“岗位准入”条件。相关准入条件通常包含：职工年龄、文化程度、工作经历、职业禁忌证、安全培训和资格证书等。

28. 职工参加安全资格培训，一般需要多长时间？

答：如果是特种作业人员，参加初次安全培训的时间不得少于 90 学时，实践中一般是脱产培训 12 天；参加延期换证专门培训不少于 24 学时，实践中一般是脱产培训 3 天。如果是其他从业人员（包括新入职职工），参加初次安全培训的时间不得少于 72 学时，实践中一般是脱产培训 9 天，每年再培训的时间不得少于 20 学时，实践中一般是脱产培训 3 天。

29. 为什么煤矿安全培训要不断改进传统培训模式和方法？

答：这是由煤矿职工，也就是培训对象的特殊性所决定的。我们知道，煤炭行业是一个比较特殊的行业，时至今日仍然有大量的劳务工在生产一线工作，他们整体年龄偏大、文化程度偏低、学习感知能力不足等，显示出矿工自身固有的培训特征和队伍实情。相关培训部门真正要让矿工，特别是一线工人通过传统培训模式来学习安全知识，掌握操作技能，满足企业安全生产和发展需要，这并非易事，特别是当今国家对企业安全生产要求越来越高的形势下，怎么样有效提高培训质量，提升职工整体安全素质，筑牢安全生产第一道防线，是企业安全培训的重要使命和责任。因此，需要大胆改进传统培训模式和方法，创新培训理念，贯彻“生命至上、人民至上”的思想，充分运用现代培训手段、互联网技术和新型培训装备等，不断提高安全培训的质量和丰富安全培训的内涵，这是广大培训人的使命，更是责任。

30. 煤矿职工安全培训的权利具体体现在哪些方面？

答：参加安全培训既是煤矿职工的权利，也是一项义务。这项权利具体体现在：① 单位没有安排参加相关培训，有权拒绝入井工作；② 只要按照规定完成培训任务，有权取得培训期间的正常工资和其他待遇；③ 有权报销培训期间发生的各种费用；④ 有权拒绝配合单位或培训机构在各种假培训记录上签字；⑤ 有权查询和取得自己相关培训信息及证书；⑥ 有权向有关部门反映乱培训、假培训等违规培训情况等。

31. 煤矿职工安全培训的义务具体体现在哪些方面？

答：参加安全培训既是煤矿职工的权利，也是一项义务。这项义务具体体现在：① 有义务按照单位通知要求，准时报到参加培训；② 有义务遵守各项培训及考试管理制度；③ 有义务在规定时间内提交符合要求的各种办证资料；④ 有义务配合企业和培训部门建立相关培训档案；⑤ 有义务做到先培训、后上岗和持证上岗；⑥ 有义务妥善保管各种安全培训证书等。

32. 为什么说“培训不到位是重大安全隐患”？

答：“培训不到位是重大安全隐患”是 2012 年国务院安委会在《国务院安委会关于进一步加强安全培训工作的决定》文件中提出的，这是政府、企业和培训机构都必须要树立的一个重要培训意识。

从煤矿职工角度来看，说“培训不到位是重大安全隐患”主要有以下几方面的原因：一是职工培训不到位，就不能掌握机器设备正确的安全操作技能，易在操作过程中留下安全隐患。二是职工培训不到位，职工不能认清“三违”的危害性，实际工作中既不能及时拒绝“三违”，自己也常常是“三违”的制造者。三是职工培训不到位，在险情出现时，很多时候预判会受影响，抢险不及时，避灾不正确。四是职工培训不到位，煤矿安全生产标准化相关措施、办法落实有缺项，工程质量有瑕疵，给矿井安全生产基础建设留隐患。五是职工培训不到位，井下各种安全设施和装置不能充分发挥本来的功效，影响矿井安全监测监控及各种保护设施的使用，给矿井安全保护系统留下隐患。

综上所述，安全培训牵涉到矿井安全生产的方方面面，搞不好、做不实，对矿井生产安全的影响是系统性、全面性的，是重大安全隐患。

33. 煤矿职工发现企业安全培训有违规、违纪情况，如何进行检举或反映？

答：根据《煤矿安全培训规定》，煤矿安全培训主管部门应建立煤矿安全培训举报制度，公布举报电话、电子信箱，依法受理并调查处理有关举报，并将查处结果书面反馈给实名举报人。煤矿职工如果发现企业安全培训工作违规、违纪，既可以直接向煤矿培训主管部门反映情况，也可以通过举报电话、电子信箱等向相关煤矿安全监察部门反映。

34. 职工经过专门的安全培训和考试合格，但暂未取得相关安全培训合格证明或操作证书，可以上岗作业吗？

答：不能上岗作业。因为法律法规明确要求，必须取得相关证书后才能上岗，并且要持证上岗。另外，上级部门检查安全培训时，现场主要查验证书情况，如果当事职工没有相关证书信息，肯定会被当成“三违”处理。对于新职工而言，他们即便是取得了安全培训合格证(明)，也还不能独立上岗，要求跟师实习 4 个月以上才能独立作业。以上这个情况，职工非常容易忽视，总认为自己培训过了，考试也过关了，就可以独立上岗作业，这里提醒注意，这种做法是违章行为。

35. 上级部门到井下现场检查安全培训，一般会怎样检查？职工应该注意什么？

答：上级部门到现场检查安全培训情况，通常会采取查证和抽考两种形式。查证要求现场(岗位)人员全部做到持证上岗，并且是岗证相符、人证相符，同时，还要上井对照相关人员培训档案核验其证书信息是否造假等；抽考则安排被抽考人员对照相关安全培训题库或基本安全知识和机器、设备操作技能进行现场测试，以查验相关人员持续掌握安全生产知识和能力是否达标。

职工对于这样的检查一定要有一个正确的态度，要积极配合，不能故意躲避，更不能逃跑。另外，要保持平静的心态应对现场抽考，平时要注意经常复习，不断巩固岗位基本安全知识，包括规程、措施等与自身工作相关的内容。相关题库也要经常复习记忆，做到常态化备考、应考。本人证书要妥善保管，基本信息要掌握。丢失或损坏的证书要及时申请补办，该复审的一定要提前 60 日申请复审，不能将自己的证书借给他人，有问题要做到及时向区队报告等。

36. 企业未按规定保障职工参加安全培训待遇的会受到什么样的处罚？

答：生产经营单位安排从业人员参加安全培训，应当支付其工资和必要的费用。职工不仅不用交纳任何培训费用，连办证费用也无须负担。企业如果未按规定支付职工工资和必要培训费用，按照相关法规规定，由政府安全生产监管、监察部门责令其限期改正，并处1万元以上3万元以下的罚款。

37. 职工参加安全培训实操考试，应注意哪些事项？

答：首先，职工考试前要带齐准考证、身份证，只有人、证相符才能进入考场，参加考试。其次，煤矿其他从业人员实操考试通常依照实操考核科目依次进行，通常要考2个以上的科目。考核内容通常会安排必考科目和选考科目，如自救器和创伤急救科目会在其中选考一个科目，而各工种的设备安全使用或能力水平测评是必考科目。再次，要注意考核成绩和考试顺序。一般实操考核要先考自救器或创伤急救科目，再考必考科目。其中自救器或创伤急救科目90分及以上为合格，必考科目80分及以上为合格。如果自救器或创伤急救科目不合格，则不能参加后续的考试。最后，由于实操考试一般采用一对一考试方式，职工考试前一定要调整好心态，考试过程中也不要慌，不要与考评员发生冲突，只要训练充分一般都能通过考试。

38. 国家对煤矿从业人员安全技能提升培训有哪些新要求？

答：按照《关于高危行业领域安全技能提升行动计划的实施意见》文件要求，煤矿从业人员安全技能提升培训有如下要求：

① 培训计划要覆盖全员，将被派遣劳动者、外包施工队伍人员纳入统一管理和培训。

② 要围绕提升职工基本技能水平和操作规程执行、岗位风险管控、安全隐患排查及初始应急处置的能力，构建针对性培训课程体系和考核标准。

③ 要分岗位对全体职工考核一遍，考核不合格的，按照新上岗人员培训标准离岗培训，考核合格后再上岗。

39. 职工在参加安全培训期间，应注意哪些事项？

答：第一，职工参加培训通常都是单位安排，带薪学习，所以培训课堂也属于特殊的工作岗位，大家要严格遵守培训纪律，还要休息好，要尊敬老师，虚心学习，克服困难，努力完成学习任务。第二，培训期间要积极思考，善于把学习的知识与自己的岗位实际相结合，不要仅仅为了考试，为了取证。第三，要多与培训老师、周围学员交流学习，学不懂的内容可以随时请教，不要有任何面子思想，因为这样的学习机会往往不是太多。第四，要注意交通安全，毕竟培训机构的路况与以往上班不同。第五，要珍惜每一次培训机会，培训期间最好不要请假，除非有特殊情况。第六，要按培训要求填写个人信息资料和提交各种办证材料。

40. 煤矿老职工参加培训经常会遇到哪些学习上的困难？造成的原因有哪些？

答：煤矿老职工是煤矿企业的宝贵财富，他们大都具有丰富的工作经验，能干肯干，并且不怕吃苦，任劳任怨，作风扎实，在煤矿企业中有口皆碑，但由于他们整体年龄偏大，文化程度较低，学习能力特别是记忆力相对较弱，在平时学习过程中，经常有人听不懂、记不住和考不出，面子思想较重，不懂、不会通常不好意思请教别人，很多老职工宁愿去井下干活，也不愿意去参加学习。以上这些情况和问题，应引起培训部门的高度重视，在因人施教上要多想办法，当然老职工自身也需要转变思想，要知难而进，笨鸟先飞，大家共同携手努力去完成学习任务，毕竟安全培训与我们自身的生命安全、与企业的发展息息相关。

41. 煤矿企业未按规定制订从业人员年度安全培训计划会受到什么样的处罚？

答：根据《煤矿安全培训规定》第 48 条规定，煤矿企业未建立安全培训管理制度或未制订年度安全培训计划的，煤矿安全培训主管部门或者煤矿安全监察机构责令其限期改正，可以处 1 万元以上 3 万元以下的罚款。

我们由此可见培训计划的重要性和法定性。企业安全培训计划的制订和完成情况是各种安全培训检查的必查内容，培训计划完不成，意味着企业该培训的职工没有得到及时培训，这一情况明显属于安全培训不到位。

42. 煤矿从业人员无证上岗作业会受到什么样的处罚?

答:煤矿从业人员无证上岗是典型的“三违”行为。依照《安全生产法》第107条的规定,生产经营单位的从业人员不落实岗位安全责任,不服从管理,违反安全生产规章制度或者操作规程的,由生产经营单位给予批评教育,依照有关规章制度给予处分;构成犯罪的,依照刑法有关规定追究刑事责任。

43. 煤矿井下作业人员调整工作岗位,还要重新进行安全培训吗?

答:按照规定,井下作业人员调整工作岗位或者离开本岗位一年以上重新上岗前,需要参加相应的安全培训,经培训合格后,方可上岗作业。如果岗位工种发生了变化,则需重新培训取证,取得新岗位的安全培训合格证(明)或特种作业操作证后,方可上岗作业。

44. 职工劳动合同期满后,有关安全培训证书有什么规定?

答:按照规定,煤矿职工劳动合同期满后,变更工作单位或者依法解除劳动合同的,原工作单位不得以任何理由扣押其安全培训考核合格证明或者特种作业操作证。实践中,职工可以从网上查询到自己相关证书的信息,或是保存自己相关证书的复印件。

45. 对用人单位从业人员职业健康培训有什么规定?

答:根据《国家卫生健康委办公厅关于进一步加强用人单位职业健康培训工作的通知》(国卫办职健函〔2022〕441号)规定:主要负责人和职业健康管理人员应当在任职后3个月内接受职业健康培训,初次培训不得少于16学时,之后每年接受一次继续教育,继续教育不得少于8学时。劳动者上岗前应接受职业健康培训,上岗前培训不得少于8学时,之后每年接受一次在岗培训,在岗培训不得少于4学时。

复习思考题

1. 煤矿职工为什么一定要参加安全培训?
2. 怎样理解“持证上岗”规定?落实这项规定时要注意什么?
3. 煤矿“其他从业人员”安全培训及考试有哪些规定?

4. 煤矿“其他从业人员”安全培训要学什么？教学目标是什么？

5. 上级部门到井下现场检查安全培训，一般会怎样检查？职工应该注意什么？

6. 职工参加安全培训实操考试，应该注意哪些事项？

7. 职工在参加安全培训期间，应该注意哪些事项？

8. 煤矿从业人员无证上岗作业会受到什么样的处罚？

模块一自测试题

（共 100 分，80 分合格）

得分：________

一、判断题（每题 3 分，共 30 分）

1. 未经安全生产教育和培训合格的从业人员可以上岗作业。（　）

2. 煤矿企业是安全培训的责任主体。（　）

3. 其他从业人员参加初次安全培训的时间不得少于 90 学时。（　）

4. 煤矿企业其他从业人员安全生产知识和管理能力考核合格证明全国范围内有效。（　）

5. 煤矿企业其他从业人员由企业自主培训、自主考试、自主发证。（　）

6. 煤矿企业其他从业人员安全生产知识和管理能力经补考仍不合格的不得再次申请考核。（　）

7. 煤矿企业其他从业人员培训合格证(明)可以全国通用。（　）

8. 煤矿企业其他从业人员考试中如果安全生产知识考核不合格，不得参加实际操作能力考试。（　）

9. 如果携过期证书上岗，会按照无证上岗进行处罚。（　）

10. 被派遣劳动者和临时聘用人员属于煤矿其他从业人员。
( )

二、单选题(每题3分,共30分)

1. 加大安全培训投入,企业用于安全培训的资金不得低于教育培训经费总额的( )。

A. 20% B. 30% C. 40%

2. 煤矿其他从业人员每年需接受不低于( )学时的全脱产培训。

A. 20 B. 24 C. 32

3. 煤矿企业从业人员安全培训档案应保存( )年。

A. 10 B. 20 C. 30

4. 煤矿企业其他从业人员自救器考试( )分及以上为合格。

A. 60 B. 70 C. 90

5. 煤矿其他从业人员应当具备( )及以上文化程度。

A. 初中 B. 高中 C. 中专

6. 煤矿企业其他从业人员每年再培训的时间不得少于( )学时。

A. 20 B. 24 C. 72

7. 煤矿企业新上岗的井下作业人员的师傅一般应当具备( )以上技能等级。

A. 初级工 B. 中级工 C. 高级工

8. 煤矿企业井下作业人员离开本岗位( )个月以上重新上岗前,必须经培训合格后,方可上岗作业。

A. 1 B. 12 C. 6

9. 不如实记录从业人员教育培训情况,对煤矿企业责令限期改正,可以处( )万元以下的罚款。

A. 3 B. 5 C. 10

10. 煤矿企业应当( )组织企业从业人员进行“七新”方面的安全培训。

A. 每年　　B. 每季度　　C. 每半年

三、多选题(每题 4 分,共 40 分)

1. 煤矿企业从业人员,是指(　　)。

A. 主要负责人　　B. 安全生产管理人员

C. 特种作业人员　　D. 其他从业人员

2. 煤矿"其他从业人员",是指(　　)。

A. 煤矿其他负责人

B. 其他管理人员

C. 技术人员和各岗位的工人

D. 使用的被派遣劳动者和临时聘用人员

3. 煤矿企业"一人一档"包括安全生产培训登记表、(　　)。

A. 身份证、学历证书、职称(技能等级)证书等复印件

B. 历次接受安全生产培训、考核的情况

C. 安全生产违规违章行为记录,以及因安全生产被追究责任,受到处分、处理的情况

D. 其他有关情况

4. (　　)负责培训煤矿企业其他从业人员。

A. 煤矿企业　　B. 省级煤矿安全培训主管部门

C. 具备安全培训条件的机构　　D. 地方煤矿安全培训主管部门

5. 以下(　　)是煤矿企业新上岗的井下作业人员实习期间师傅的任职条件。

A. 没有发生过违章指挥　　B. 没有发生过违章作业

C. 没有发生过违反劳动纪律　　D. 担任班组长 2 个月

6. 以下属于职工日常安全教育学习内容的是(　　)。

A. 安全生产规章制度和劳动纪律

B. 生产工作面作业规程和技术措施

C. 生产设备、设施和作业环境基本情况

D. 生产现场避灾路线和避灾设施

7. 煤矿"三项岗位人员"包括(　　)。

A. 煤矿其他从业人员　　　　B. 煤矿特种作业人员

C. 煤矿安全生产管理人员　　D. 煤矿主要负责人

8. 煤矿企业应用(　　)前必须对相关从业人员进行安全培训。

A. 新工艺　　B. 新技术　　C. 新材料　　D. 新设备

9. 对煤矿企业来说,安全培训相关的法律依据主要有(　　)。

A.《安全生产法》　　　　B.《劳动合同法》

C.《矿山安全法》　　　　D.《煤矿安全培训规定》

10. 煤矿职工安全生产培训的权利具体体现在:(　　);有权查询和取得自己相关培训信息及证书;有权向有关部门反映乱培训、假培训等违规培训情况等。

A. 单位没有安排参加相关培训,有权拒绝入井工作

B. 只要按照规定完成培训任务,有权取得培训期间的正常工资和其他待遇

C. 有权报销培训期间发生的各种费用

D. 有权拒绝配合单位或培训机构在各种假培训记录上签字

模块二　安全生产法律法规

【学习提示】

我们为什么要学习安全生产法律法规？首先，只有学好安全生产法律法规，才能做到知法守法，并不断增强自身法制意识和法律观念，正确地行使和履行安全生产法定权利和义务；其次，只有学好安全生产法律法规，才能合理地运用法律手段，保护自身的合法权益和生命健康安全；最后，只有学好安全生产法律法规，才能主动规范自身的各种作业行为，正确认识和处理“三违”现象，做到按章操作、遵章作业。

近年来众多事故统计表明，很多事故源于人员安全法律意识淡薄，责任心不强和习惯性违章违纪等。我们也看到，几乎每一起触目惊心的安全生产事故背后，都有当事人侥幸心理下的严重违章违纪行为痕迹，这除了造成无可挽回的伤害和损失外，还有很多相关责任人受到了法律的严惩。所以，学好安全生产法律法规能为我们避免自身及他人受到事故伤害提供坚实的法律保障，更会为我们的生命安全和健康以及企业的长治久安保驾护航。

一、《安全生产法》

1. 2021版《安全生产法》(以下简称“新安法”)于何时修订和施行?

答:“新安法”已由中华人民共和国第十三届全国人民代表大会常务委员会第二十九次会议于2021年6月10日通过，自2021年9月1日起施行。

2. “安全第一、预防为主、综合治理”安全生产方针的内涵是什么?

答:“安全第一、预防为主、综合治理”是我国安全生产的一贯方针，其内涵我们可以从以下三个方面来理解：

①“安全第一”要求从事生产经营活动必须把安全放在首位，不能以牺牲人的生命、健康为代价换取发展和效益。

②“预防为主”要求把安全生产工作的重心放在预防上，强化隐患排查治理，打非治违，从源头上控制、预防和减少生产安全事故。

③“综合治理”要求运用行政、经济、法治、科技等多种手段，充分发挥社会、职工、舆论监督各个方面的作用，抓好安全生产工作。

3. “新安法”对从业人员在安全生产教育和培训方面有何规定?

答：从业人员应当接受安全生产教育和培训，掌握本职工作所需的安全生产知识，提高安全生产技能，增强事故预防和应急处理能力。

4. “新安法”对从业人员发现事故隐患或者其他不安全因素时的处理措施有何规定?

答：从业人员发现事故隐患或者其他不安全因素，应当立即向现场安全生产管理人员或者本单位负责人报告；接到报告的人员应当及时予以处理。

5. 生产经营单位发生生产安全事故后，“新安法”对受到伤害的从业人员有何规定?

答：生产经营单位发生生产安全事故后，应当及时采取措施救治有关人员。因生产安全事故受到损害的从业人员，除依法享有工伤保险外，依照有关民事法律尚有获得赔偿的权利的，有权提出赔偿要求。

6. “新安法”对违反安全生产教育和培训的哪些情形加重了处罚?

答：“新安法”对违反安全生产教育和培训的以下三种违法违规行为加重了处罚：① 未按照规定对从业人员、被派遣劳动者、实习学生进行安全生产教育和培训，或者未按照规定如实告知有关安全生产事项的；② 未如实记录安全生产教育和培训情况的；③ 特种作业人员未按照规定经专门的安全作业培训并取得相应资格，上岗作业的。

7. “新安法”对从业人员在安全生产方面规定了哪些权利?

答：从业人员在安全生产方面的权利主要包括 5 个方面，分别是：

① 要求劳动合同载明安全事项的权利。

② 知情权和建议权。

③ 批评、检举、控告和拒绝违章指挥或者强令冒险作业等权利。

④ 紧急撤离权。

⑤ 因生产安全事故受到损害的从业人员享有的有关赔偿权利。

8. “新安法”对从业人员在安全生产方面规定了哪些义务?

答:从业人员在安全生产方面的义务主要包括3个方面,分别是:

① 从业人员在作业过程中,应当严格遵守本单位的安全生产规章制度和操作规程,服从管理,正确佩戴和使用劳动防护用品。

② 从业人员应当接受安全生产教育和培训,掌握本职工作所需的安全生产知识,提高安全生产技能,增强事故预防和应急处理能力。

③ 从业人员发现事故隐患或者其他不安全因素,应当立即向现场安全生产管理人员或本单位负责人报告,接到报告的人员应当及时予以处理。

9. “新安法”对生产经营单位与从业人员订立的劳动合同有哪些规定?

答:生产经营单位与从业人员订立的劳动合同,应当载明有关保障从业人员劳动安全、防止职业危害的事项,以及依法为从业人员办理工伤保险的事项。

生产经营单位不得以任何形式与从业人员订立协议,免除或者减轻其对从业人员因生产安全事故伤亡依法应承担的责任。

10. “新安法”对使用被派遣劳动者有何规定?

答:生产经营单位使用被派遣劳动者的,应当将被派遣劳动者纳入本单位从业人员统一管理,对被派遣劳动者进行岗位安全操作规程和安全操作技能的教育和培训。劳务派遣单位应当对被派遣劳动者进行必要的安全生产教育和培训。

11. 根据“新安法”规定,从业人员发现直接危及人身安全的紧急情况时应如何处置?

答:从业人员发现直接危及人身安全的紧急情况时,有权停止作业或者在采取可能的应急措施后撤离作业场所。

生产经营单位不得因从业人员在上述紧急情况下停止作业或者采

取紧急撤离措施而降低其工资、福利等待遇或者解除与其订立的劳动合同。

12. “新安法”对生产经营单位发生生产安全事故后如何处置有何规定?

答:生产经营单位发生生产安全事故后,事故现场有关人员应当立即报告本单位负责人。

单位负责人接到事故报告后,应当迅速采取有效措施,组织抢救,防止事故扩大,减少人员伤亡和财产损失,并按照国家有关规定立即如实报告当地负有安全生产监督管理职责的部门,不得隐瞒不报、谎报或者迟报,不得故意破坏事故现场、毁灭有关证据。

13. “新安法”对生产经营单位的从业人员不落实岗位安全责任,不服从管理,违反安全生产规章制度或者操作规程的行为是怎样处罚的?

答:生产经营单位的从业人员不落实岗位安全责任,不服从管理,违反安全生产规章制度或者操作规程的,由生产经营单位给予批评教育,依照有关规章制度给予处分;构成犯罪的,依照刑法有关规定追究刑事责任。

二、《刑法修正案(十一)》

14.《刑法修正案(十一)》于何时修订和施行?

答:2020 年 12 月 26 日,第十三届全国人民代表大会常务委员会第二十四次会议通过了《中华人民共和国刑法修正案(十一)》,进一步明确规定了有关安全生产的犯罪行为,加大了对事故隐患责任人员的刑事处罚力度,体现了国家惩治安全生产领域违法犯罪的坚定决心。该法自 2021 年 3 月 1 日起施行。

15.《刑法》对在生产、作业中违反有关安全管理的规定,因而发生重大伤亡事故或者造成其他严重后果的行为是怎样处罚的?

答:在生产、作业中违反有关安全管理的规定,因而发生重大伤亡事故或者造成其他严重后果的,处 3 年以下有期徒刑或者拘役;情节特别恶劣的,处 3 年以上 7 年以下有期徒刑。

16.《刑法》对强令他人违章冒险作业，或者明知存在重大事故隐患而不排除，仍冒险组织作业，因而发生重大伤亡事故或者造成其他严重后果的行为是怎样处罚的？

答：强令他人违章冒险作业，或者明知存在重大事故隐患而不排除，仍冒险组织作业，因而发生重大伤亡事故或者造成其他严重后果的，处5年以下有期徒刑或者拘役；情节特别恶劣的，处5年以上有期徒刑。

17.《刑法》对在生产、作业中违反有关安全管理的规定，有哪些情形之一，具有发生重大伤亡事故或者其他严重后果的现实危险的，处一年以下有期徒刑、拘役或者管制？

答：① 关闭、破坏直接关系生产安全的监控、报警、防护、救生设备、设施，或者篡改、隐瞒、销毁其相关数据、信息的。

② 因存在重大事故隐患被依法责令停产停业、停止施工、停止使用有关设备、设施、场所或者立即采取排除危险的整改措施，而拒不执行的。

③ 涉及安全生产的事项未经依法批准或者许可，擅自从事矿山开采、金属冶炼、建筑施工，以及危险物品生产、经营、储存等高度危险的生产作业活动的。

18.《刑法》规定，安全生产设施或者安全生产条件不符合国家规定，因而发生重大伤亡事故或者造成其他严重后果的，对直接负责的主管人员和其他直接责任人员是怎样处罚的？

答：对直接负责的主管人员和其他直接责任人员，处3年以下有期徒刑或者拘役；情节特别恶劣的，处3年以上7年以下有期徒刑。

19.《刑法》规定，在安全事故发生后，负有报告职责的人员不报或者谎报事故情况，贻误事故抢救，情节严重的行为是怎样处罚的？

答：在安全事故发生后，负有报告职责的人员不报或者谎报事故情况，贻误事故抢救，情节严重的，处3年以下有期徒刑或者拘役；情节特别严重的，处3年以上7年以下有期徒刑。

三、《劳动法》

20.《劳动法》的立法目的是什么？

答：《劳动法》是为了保护劳动者的合法权益，调整劳动关系，建立和维护适应社会主义市场经济的劳动制度，促进经济发展和社会进步，依据宪法而制定的。

21.《劳动法》规定，用人单位延长劳动者工作时间应按什么标准支付工资？

答：用人单位不得违反规定延长劳动者的工作时间。有下列情形之一的，用人单位应当按照下列标准支付高于劳动者正常工作时间工资的工资报酬：

① 安排劳动者延长工作时间的，支付不低于工资的150%的工资报酬。

② 休息日安排劳动者工作又不能安排补休的，支付不低于工资的200%的工资报酬。

③ 法定休假日安排劳动者工作的，支付不低于工资的300%的工资报酬。

四、《劳动合同法》

22.《劳动合同法》的立法目的是什么？

答：制定《劳动合同法》是为了完善劳动合同制度，明确劳动合同双方当事人的权利和义务，保护劳动者的合法权益，构建和发展和谐稳定的劳动关系。

23.《劳动合同法》规定，订立劳动合同的原则是什么？

答：《劳动合同法》规定，订立劳动合同，应当遵循合法、公平、平等自愿、协商一致、诚实信用的原则。

24.《劳动合同法》规定，劳动合同应当具备哪些条款？

答：劳动合同应当具备以下条款：

① 用人单位的名称、住所和法定代表人或者主要负责人；

② 劳动者的姓名、住址和居民身份证或者其他有效身份证件号码；

③ 劳动合同期限；

④ 工作内容和工作地点；

⑤ 工作时间和休息休假；

⑥ 劳动报酬；

⑦ 社会保险；

⑧ 劳动保护、劳动条件和职业危害防护；

⑨ 法律、法规规定应当纳入劳动合同的其他事项。

25.《劳动合同法》对试用期是怎样规定的?

答:劳动合同期限3个月以上不满1年的,试用期不得超过1个月;劳动合同期限1年以上不满3年的,试用期不得超过2个月;3年以上固定期限和无固定期限的劳动合同,试用期不得超过6个月。劳动者在试用期的工资不得低于本单位相同岗位最低档工资或者劳动合同约定工资的80%,并不得低于用人单位所在地的最低工资标准。

26. 什么样的劳动合同是无效合同?

答:依据规定,下列劳动合同是无效合同:

① 以欺诈、胁迫的手段或者乘人之危,使对方在违背真实意思的情况下订立或者变更劳动合同的。

② 用人单位免除自己的法定责任、排除劳动者权利的。

③ 违反法律、行政法规强制性规定的。

无效的劳动合同,从订立的时候起,就没有法律约束力,但确认劳动合同部分无效的,如果不影响其余部分的效力,其余部分仍然有效。

27. 在何种情况下用人单位可以解除劳动合同?

答:依据规定,劳动者有下列情形之一的,用人单位可以解除劳动合同:

① 在试用期间被证明不符合录用条件的;

② 严重违反劳动纪律或者用人单位规章制度的;

③ 严重失职、营私舞弊,对用人单位利益造成重大损害的;

④ 被依法追究刑事责任的。

28. 在什么情况下,用人单位可以有条件地解除劳动合同?

答:有下列情形之一的,用人单位提前30日以书面形式通知劳动者本人或者额外支付劳动者1个月工资后,可以解除劳动合同:

① 劳动者患病或者非因工负伤,在规定的医疗期满后不能从事原

工作，也不能从事由用人单位另行安排的工作的。

② 劳动者不能胜任工作，经过培训或者调整工作岗位，仍不能胜任工作的。

③ 劳动合同订立时所依据的客观情况发生重大变化，致使劳动合同无法履行，经用人单位与劳动者协商，未能就变更劳动合同内容达成协议的。

五、《矿山安全法》

29.《矿山安全法》的立法目的是什么？

答：制定《矿山安全法》是为了保障矿山生产安全，防止矿山事故，保护矿山职工人身安全，促进采矿业的发展。《矿山安全法》专门适用于煤矿及非煤矿山。

30.《矿山安全法》对从业人员和特种作业人员的安全培训是怎样规定的？

答：《矿山安全法》对从业人员和特种作业人员的安全培训分别规定如下：

① 矿山企业必须对职工（从业人员）进行安全教育、培训，未经安全教育、培训的，不得上岗作业。

② 矿山企业安全生产特种作业人员必须接受专门培训，经考核合格取得操作资格证书的，方可上岗作业。

六、《职业病防治法》

31.《职业病防治法》的立法目的是什么？

答：制定《职业病防治法》是为了预防、控制和消除职业病危害，防治职业病，保护劳动者健康及其相关权益，促进经济发展。

七、《工伤保险条例》

32. 制定《工伤保险条例》的目的是什么？

答：制定《工伤保险条例》的目的是保障因工作遭受事故伤害或者患职业病的职工获得医疗救治和经济补偿，促进工伤预防和职业康复，分散用人单位的工伤风险。

33. 哪些情况可以认定为工伤？

答：依据规定，职工有下列情形之一的，应当认定为工伤：

① 在工作时间和工作场所内，因工作原因受到事故伤害的；

② 工作时间前后在工作场所内，从事与工作有关的预备性或者收尾性工作受到事故伤害的；

③ 在工作时间和工作场所内，因履行工作职责受到暴力等意外伤害的；

④ 患职业病的；

⑤ 因工外出期间，由于工作原因受到伤害或者发生事故下落不明的；

⑥ 在上下班途中，受到非本人主要责任的交通事故或者城市轨道交通、客运轮渡、火车事故伤害的；

⑦ 法律、行政法规规定应当认定为工伤的其他情形。

34. 哪些情况可以视同工伤？

答：依据规定，职工有下列情形之一的，可以视同工伤：

① 在工作时间和工作岗位，突发疾病死亡或者在 48 小时之内经抢救无效死亡的；

② 在抢险救灾等维护国家利益、公共利益活动中受到伤害的；

③ 职工原在军队服役，因战、因公负伤致残，已取得革命伤残军人证，到用人单位后旧伤复发的。

35. 哪些情况不得认定为工伤或者视同工伤？

答：依据《工伤保险条例》规定，职工符合工伤及视同工伤有关规定，但是有下列情形之一的，不得认定为工伤或者视同工伤：

① 故意犯罪的；

② 醉酒或者吸毒的；

③ 自残或者自杀的。

36. 提出工伤认定申请应当提交哪些材料？

答：依据规定，劳动者提出工伤认定申请应当提交下列材料：

① 工伤认定申请表；

② 与用人单位存在劳动关系（包括事实劳动关系）的证明材料；

③ 医疗诊断证明或者职业病诊断证明书（或者职业病诊断鉴定书）。

工伤认定申请表应当包括事故发生的时间、地点、原因以及职工伤害程度等基本情况。

八、《中共中央办公厅 国务院办公厅关于进一步加强矿山安全生产工作的意见》

37.《中共中央办公厅 国务院办公厅关于进一步加强矿山安全生产工作的意见》（以下简称《意见》）严格灾害严重煤矿安全准入的内容是什么？

答：停止新建产能低于 90 万吨/年的煤与瓦斯突出、冲击地压、水文地质类型极复杂的煤矿。新建煤与瓦斯突出、冲击地压、水文地质类型极复杂的煤矿原则上应按采煤、掘进智能化设计。

38.《意见》规定，安全生产标准化管理体系的核心是什么？

答：矿山企业应当健全以安全风险分级管控和隐患排查治理双重预防机制为核心的安全生产标准化管理体系。

39.《意见》规定，矿山企业强化重大灾害治理的内容是什么？

答：矿山企业应当查明隐蔽致灾因素，实施煤与瓦斯突出、冲击地压、水害等重大灾害分区管理、超前治理。

40.《意见》规定，停工停产整改的矿山限定单班下井人数是多少？

答：停工停产整改的矿山应当制定整改方案，限定单班下井人数，同一作业地点控制在10人以内，并向矿山安全监管监察部门报告后方可进行整改作业。

41.《意见》规定，矿山企业应当建立健全哪些制度？

答：矿山企业应当建立健全并落实全员安全生产岗位责任制和安全生产管理制度。

九、《关于防范遏制矿山领域重特大生产安全事故的硬措施》

42. 为什么要学习《关于防范遏制矿山领域重特大生产安全事故的硬措施》(以下简称《硬措施》)？

答：首先，《硬措施》是贯彻落实习近平总书记关于安全生产重要论述的迫切需要。《硬措施》是安全发展理念、“两个至上”、红线意识的细化、深化、具体化，必须坚决守住守牢。其次，《硬措施》是实现高质量发展和高水平安全良性互动的迫切需要。《硬措施》完整、准确、全面贯彻新发展理念，为托住矿山安全生产之底、稳控当前形势提供强力支撑。第三，《硬措施》是推动矿山安全治理模式向事前预防转型的现实需要。《硬措施》突出“防”字，聚焦矿山安全生产“一件事”全链条全方位压实责任，着力推动矿山安全治理模式向事前预防转型。第四，《硬措施》是扭转当前矿山领域重特大事故多发势头的现实需要。《硬措施》从“八个方面”回答了防范遏制矿山领域重特大生产安全事故要做什么、怎么做、不做怎么办，为扭转当前被动局面指明方向、提供路径、明确方法。

43.《硬措施》的主要内容是什么？

答：《硬措施》共提出了8个方面的具体措施。① 一体压实各级矿山安全生产责任。② 切实提高风险隐患排查整改质量。③ 重拳出击“打非治违”。④ 强化重大灾害治理。⑤ 大力提升从业人员素质。⑥ 严格项目审批和安全生产许可。⑦ 强化矿山安全国家监察督政。⑧ 严格事故调查和警示教育。

44. 对灾害矿井哪些情形责令立即停止生产、排除隐患？

答：对灾害矿井该鉴定不鉴定、该戴帽不戴帽、不按灾害等级设防或者鉴定弄虚作假的，责令立即停止生产、排除隐患。

45. 新上岗的从业人员岗前安全培训时间不得少于多少学时？

答：新上岗的从业人员岗前安全培训时间不得少于72学，并经考核合格后方可上岗。

46. 如何对待井下劳务派遣用工？

答：取消井下劳务派遣用工。

47. 对从业人员应急逃生是怎样规定的？

答：从业人员必须熟知各类灾害避灾路线、地面建筑场所的安全疏散通道和自救逃生方法；不熟悉避灾逃生路线，或者不能熟练使用自救器等紧急自救装备的，不得安排上岗作业。

48. 对典型事故案例如何警示教育，有什么警醒要求？

答：加大典型事故案例媒体曝光力度，警醒各地、各部门、各矿山企业深刻汲取教训，切实做到"一方出事故、多方受教育，一地有隐患、全国受警示"，形成齐抓共管的良好氛围。

十、《煤矿安全生产条例》

49.《煤矿安全生产条例》的立法目的是什么？

答：《煤矿安全生产条例》的立法目的是加强煤矿安全生产工作，防止和减少煤矿生产安全事故，保障人民群众生命财产安全。

50.《煤矿安全生产条例》规定，煤矿企业从业人员负有哪些安全生产职责？

答：煤矿企业从业人员负有下列安全生产职责：

(1) 遵守煤矿企业安全生产规章制度和作业规程、操作规程，严格落实岗位安全责任。

(2) 参加安全生产教育和培训，掌握本职工作所需的安全生产知识，提高安全生产技能，增强事故预防和应急处理能力。

(3) 及时报告发现的事故隐患或者其他不安全因素。

对违章指挥和强令冒险作业的行为，煤矿企业从业人员有权拒绝并向县级以上地方人民政府负有煤矿安全生产监督管理职责的部门、所在地矿山安全监察机构报告。

煤矿企业不得因从业人员拒绝违章指挥或者强令冒险作业而降低其工资、福利等待遇，无正当理由调整工作岗位，或者解除与其订立的劳动合同。

十一、《煤矿重大事故隐患判定标准》

51.《煤矿重大事故隐患判定标准》中规定的"三超"指的是什么?

答:"三超"是指超能力、超强度或者超定员组织生产。

52.《煤矿重大事故隐患判定标准》中规定的瓦斯超限作业重大事故隐患是什么?

答:① 瓦斯检查存在漏检、假检情况且进行作业的。

② 井下瓦斯超限后继续作业或者未按照国家规定处置继续进行作业的。

③ 井下排放积聚瓦斯未按照国家规定制定并实施安全技术措施进行作业的。

53.《煤矿重大事故隐患判定标准》中规定的带式输送机重大事故隐患是什么?

答:带式输送机的输送带入井前未经过第三方阻燃和抗静电性能试验,或者试验不合格入井,或者输送带防打滑、跑偏、堆煤等保护装置或者温度、烟雾监测装置失效的。

54.《煤矿重大事故隐患判定标准》中规定的自然发火严重,未采取有效措施的重大事故隐患是什么?

答:① 开采容易自燃和自燃煤层的矿井,未编制防灭火专项设计或者未采取综合防灭火措施的。

② 高瓦斯矿井采用放顶煤采煤法不能有效防治煤层自然发火的。

③ 有自然发火征兆没有采取相应的安全防范措施继续生产建设的。

④ 违反《煤矿安全规程》规定启封火区的。

十二、煤矿安全生产标准化管理体系

55.《煤矿安全生产标准化管理体系考核定级办法》和《煤矿安全生产标准化管理体系基本要求及评分方法》(以下简称《煤矿安全生产标准化管理体系》)于何时颁布与施行?

答:国家矿山安全监察局于 2024 年 10 月 28 日颁布了《煤矿安全生产标准化管理体系》,自 2024 年 11 月 1 日起施行。

56. 煤矿安全生产标准化管理体系考核定级执行什么标准?

答:考核定级执行《煤矿安全生产标准化管理体系基本要求及评分方法》。

57. 煤矿安全生产标准化管理体系考核定级分为几个等级?

答:煤矿安全生产标准化管理体系考核定级分为一、二、三 3 个等级。

58. 煤矿安全生产标准化管理体系分为哪几部分内容?

答:分为重大灾害防治、安全基础管理和专业管理 3 部分内容。

59. 对自评材料弄虚作假的煤矿,煤矿安全生产标准化工作主管部门怎样对其处罚?

答:对自评材料弄虚作假的煤矿,煤矿安全生产标准化工作主管部门应取消其申报安全生产标准化管理体系等级的资格,认定其不达标。煤矿整改完成后需重新自评申报,且 1 年内不得申报二级及以上等级。

60. 安全生产标准化管理体系达标煤矿应怎样管理?

答:安全生产标准化管理体系达标煤矿应加强日常检查,每季度至少组织开展 1 次全面的自查,煤矿上级企业每半年至少组织开展 1 次全面检查(没有上级企业的煤矿自行组织开展)。

61. 煤矿取得安全生产标准化管理体系相应等级后,考核定级部门几年进行一次复查复核?

答:煤矿取得安全生产标准化管理体系相应等级后,考核定级部门每 3 年进行一次复查复核。

62. 发生一般及以上事故后的煤矿标准化等级是如何处理的?

答:一级、二级煤矿发生一般事故后分别降为二级、三级,发生较大及以上事故后撤销其等级；三级煤矿发生一般及以上事故后撤销其等级。

十三、《煤矿安全规程》

63. 什么是“一规程、四细则”？

答：“一规程、四细则”是指《煤矿安全规程》《防治煤与瓦斯突出细则》《煤矿防治水细则》《防治煤矿冲击地压细则》《煤矿防灭火细则》。“一规程、四细则”是当前煤矿安全培训的重要内容之一，并被列为各级煤矿安全培训检查的一项必查内容。

64.《煤矿安全规程》对违章指挥、违章作业有哪些规定？

答：从业人员有权制止违章作业，拒绝违章指挥；当工作地点出现险情时，有权立即停止作业，撤到安全地点；当险情没有得到处理不能保证人身安全时，有权拒绝作业。

从业人员必须遵守煤矿安全生产规章制度、作业规程和操作规程，严禁违章指挥、违章作业。

65.《煤矿安全规程》对新建突出矿井井型与水平开采深度有哪些规定？

答：新建突出矿井设计生产能力不得低于 0.9 Mt/a，第一生产水平开采深度不得超过 800 m。中型及以上的突出生产矿井延深水平开采深度不得超过 1 200 m，小型的突出生产矿井开采深度不得超过 600 m。

66.《煤矿安全规程》对起爆地点到爆破地点的距离有哪些规定？

答：爆破工必须最后离开爆破地点，并在安全地点起爆。撤人、警戒等措施及起爆地点到爆破地点的距离必须在作业规程中具体规定。

起爆地点到爆破地点的距离应当符合下列要求：

① 岩巷直线巷道大于 130 m，拐弯巷道大于 100 m。

② 煤（半煤岩）巷直线巷道大于 100 m，拐弯巷道大于 75 m。

③ 采煤工作面大于 75 m，且位于工作面进风巷内。

十四、《防治煤与瓦斯突出细则》

67.《防治煤与瓦斯突出细则》的主要作用是什么?

答:《防治煤与瓦斯突出细则》作为部门规章,提升了法律约束力,对防突工作有更大的推动作用;更加严格了区域防突措施,规定区域措施不到位,不得进行采掘作业,对标本兼治、重在治本、源头防治煤与瓦斯突出起到了重要的推动作用;更加突出了煤矿企业在防治煤与瓦斯突出工作中的主体责任,对发挥企业的主观能动性,结合自身实际,系统性做好防突工作起到了重要的推动作用。

68.《防治煤与瓦斯突出细则》规定,区域"四位一体"综合防突措施的内容是什么?

答:① 区域突出危险性预测。

② 区域防突措施。

③ 区域防突措施效果检验。

④ 区域验证。

69.《防治煤与瓦斯突出细则》规定,局部"四位一体"综合防突措施的内容是什么?

答:① 工作面突出危险性预测。

② 工作面防突措施。

③ 工作面防突措施效果检验。

④ 安全防护措施。

70.《防治煤与瓦斯突出细则》规定,典型的突出预兆主要包括哪些现象?

答:响煤炮声(机枪声、闷雷声、劈裂声),喷孔、顶钻,煤壁外鼓、掉渣,瓦斯涌出持续增大或者忽大忽小,煤尘增大,煤壁温度降低、挂汗等。

十五、《防治煤矿冲击地压细则》

71.《防治煤矿冲击地压细则》对有冲击地压矿井的煤矿企业设立管理机构及组建专业队伍是怎样规定的?

答:有冲击地压矿井的煤矿企业必须明确分管冲击地压防治工作

的负责人及业务主管部门，配备相关的业务管理人员。冲击地压矿井必须明确分管冲击地压防治工作的负责人，设立专门的防冲机构，并配备专业防冲技术人员与施工队伍，防冲队伍人数必须满足矿井防冲工作的需要，建立防冲监测系统，配备防冲装备，完善安全设施和管理制度，加强现场管理。

72.《防治煤矿冲击地压细则》规定冲击地压防治工作的原则是什么？

答：冲击地压防治应当坚持“区域先行、局部跟进、分区管理、分类防治”的原则。

73.《防治煤矿冲击地压细则》规定开采冲击地压煤层必须采取哪些综合性防治措施？

答：开采冲击地压煤层时，必须采取冲击地压危险性预测、监测预警、防范治理、效果检验、安全防护等综合性防治措施。

十六、《煤矿防治水细则》

74.《煤矿防治水细则》规定煤矿防治水工作的原则是什么？

答：煤矿防治水工作应当坚持“预测预报、有疑必探、先探后掘、先治后采”的原则。

75.《煤矿防治水细则》规定煤矿水害综合防治“七字”措施是什么？

答：煤矿水害综合防治“七字”措施是“探、防、堵、疏、排、截、监”。

76.《煤矿防治水细则》对防治水知识的教育和培训有哪些规定？

答：煤炭企业、煤矿应当对井下职工进行防治水知识的教育和培训，对防治水专业人员进行新技术、新方法的再教育，提高防治水工作技能和有效处置水灾的应急能力。

十七、《煤矿防灭火细则》

77.《煤矿防灭火细则》对从业人员的防灭火教育和培训有哪些规定？

答：煤矿企业、煤矿必须对从业人员进行防灭火教育和培训，定期对防灭火专业技术人员进行培训，提高其防灭火工作技能和有效处置火灾的应急能力。

78.《煤矿防灭火细则》对井下明火管制有哪些规定?

答:① 严禁在采掘工作面进行电焊、气割等动火作业。

② 严禁携带烟草和点火物品，严禁穿化纤衣服入井。

③ 井下严禁使用灯泡取暖和使用电炉。

④ 井下爆破作业时，应当按照矿井瓦斯等级选用煤矿许用炸药和雷管，并严格按施工工艺进行爆破。

⑤ 井口和井下电气设备必须装设防雷击和防短路的保护装置。

79.《煤矿防灭火细则》规定，当井下发现自然发火征兆时应当怎样处置?

答:当井下发现自然发火征兆时，必须停止作业，立即采取有效措施处置。在发火征兆不能得到有效控制时，必须撤出人员，封闭危险区域。进行封闭施工作业时，其他区域所有人员必须全部撤出。

80.《煤矿防灭火细则》规定，任何人发现井下火灾时应当怎样处置?

答:任何人发现井下火灾时，应当视火灾性质、灾区通风和瓦斯情况，立即采取一切可能的方法直接灭火，控制火势，并迅速报告矿调度室。矿调度室在接到井下火灾报告后，应当立即按灾害预防和处理计划通知有关人员组织抢救灾区人员和实施灭火工作。

81.《煤矿防灭火细则》规定，电气设备着火时应当怎样处置?

答:电气设备着火时，应当首先切断其电源;在切断电源前，必须使用不导电的灭火器材进行灭火。

十八、《煤矿地质工作细则》

82.《煤矿地质工作细则》于何时颁布与施行?

答:国家矿山安全监察局于 2023 年 12 月 29 日颁布了《煤矿地质工作细则》，自 2024 年 3 月 1 日起施行。

83.《煤矿地质工作细则》制定的目的是什么?

答:《煤矿地质工作细则》制定的目的是加强和规范煤矿地质工作，为煤矿安全生产提供地质保障，有效预防煤矿事故。

84. 根据《煤矿地质工作细则》，煤矿地质工作应当坚持什么原则？

答：煤矿地质工作应当坚持“综合勘查、科学分析、预测预报、保障安全”的原则。

85. 根据《煤矿地质工作细则》，煤矿地质工作的主要任务有哪些？

答：煤矿地质工作的主要任务包括：

(1) 研究煤矿地层、地质构造、煤层、煤质、瓦斯、水文地质、冲击地压、工程地质和其他开采地质条件等地质特征及其变化规律，开展地质类型划分。

(2) 查明影响煤矿安全生产的各种隐蔽致灾地质因素。

(3) 进行地质补充调查与勘探、地质观测、资料编录和综合分析，提供煤矿建设和生产各个阶段所需要的地质资料，解决煤矿安全生产中的各种地质问题。

(4) 估算和核实煤矿煤炭资源储量以及煤矿瓦斯(煤层气)资源储量，掌握资源储量动态，为合理安排生产提供可靠依据。

(5) 调查、研究煤矿含煤地层中共(伴)生矿产的赋存情况和开采利用价值。

复习思考题

1. “安全第一、预防为主、综合治理”安全生产方针的内涵是什么？

2. 《劳动合同法》规定，劳动合同应当具备哪些条款？

3. 什么样的劳动合同是无效合同？

4. 《刑法》对在生产、作业中违反有关安全管理的规定，因而发生重大伤亡事故或者造成其他严重后果的行为是怎样处罚的？

5. 《煤矿重大事故隐患判定标准》中规定的“三超”指的是什么？

6. 什么是“一规程、四细则”？

7. 《煤矿安全规程》对违章指挥、违章作业有哪些规定？

8. 《防治煤与瓦斯突出细则》规定，局部“四位一体”综合防突措施的内容是什么？

9. 《煤矿防治水细则》规定煤矿防治水工作的原则是什么？

10.《煤矿防灭火细则》对井下明火管制有哪些规定?

模块二自测试题

(共 100 分,80 分合格)

得分:________

一、判断题(每题 3 分,共 30 分)

1.《安全生产法》规定:生产经营单位可以采取其他形式与从业人员订立协议,免除或者减轻其对从业人员因生产安全事故伤亡依法应承担的责任。 ( )

2. 从业人员应当接受安全生产教育和培训,掌握本职工作所需的安全生产知识,提高安全生产技能,增强事故预防和应急处理能力。 ( )

3. 无效的劳动合同,从订立的时候起,就没有法律约束力,但确认劳动合同部分无效的,如果不影响其余部分的效力,其余部分仍然有效。 ( )

4. 劳务派遣单位应当对被派遣劳动者进行全面的安全生产教育和培训。 ( )

5. 严重违反劳动纪律或者用人单位规章制度的,用人单位可以解除其劳动合同。 ( )

6. 在安全事故发生后,负有报告职责的人员不报或者谎报事故情况,贻误事故抢救,情节严重的,处 3 年以下有期徒刑或者拘役;情节特别严重的,处 3 年以上 7 年以下有期徒刑。 ( )

7. "三超"是指超产量、超强度或者超定员组织生产。 ( )

8. 违反《煤矿安全规程》规定启封火区的,是重大事故隐患。 ( )

9. 煤矿水害综合防治"七字"措施是"探、防、堵、疏、放、截、监"。 ( )

10. 电气设备着火时,应当首先切断其电源;在切断电源前,必须使用不导电的灭火器材进行灭火。 ( )

二、单选题(每题 3 分,共 30 分)

1. 安排劳动者延长工作时间的,支付不低于工资的(　　)的工资报酬。

A. 300%　　B. 150%　　C. 200%

2. 矿山企业安全生产特种作业人员必须接受(　　)培训,经考核合格取得操作资格证书的,方可上岗作业。

A. 专门　　B. 技术　　C. 安全技术

3. 劳动者在试用期的工资不得低于本单位相同岗位最低档工资或者劳动合同约定工资的(　　),并不得低于用人单位所在地的最低工资标准。

A. 40%　　B. 60%　　C. 80%

4. 劳动者患病或者非因工负伤,医疗期满后不能从事原工作,也不能从事由用人单位另行安排的工作的,用人单位(　　)解除劳动合同。

A. 可以　　B. 可以有条件地　　C. 可以无条件地

5. 新建突出矿井设计生产能力不得低于(　　)Mt/a。

A. 0.6　　B. 0.9　　C. 1.2

6. 中型及以上的突出生产矿井延深水平开采深度不得超过(　　)m。

A. 800　　B. 1 000　　C. 1 200

7. 起爆地点到爆破地点的距离,岩巷直线巷道大于(　　)m,拐弯巷道大于 100 m。

A. 100　　B. 120　　C. 130

8. 井下爆破作业时,应当按照矿井瓦斯等级选用煤矿许用炸药和雷管,并严格按(　　)进行爆破。

A. 施工工艺　　B.《煤矿安全规程》　　C. 作业规程

9. 突出矿井的区(队)长、班组长和有关职能部门的工作人员应当全面熟悉两个(　　)综合防突措施、防突的规章制度等内容。

A. 三位一体　　B. 四位一体　　C. 五位一体

10. 小型的突出生产矿井开采深度不得超过(　　)m。

A. 500　　B. 600　　C. 800

三、多选题(每题 4 分,共 40 分)

1.《安全生产法》规定:单位负责人接到事故报告后,应当迅速采取有效措施,组织抢救,防止事故扩大,减少人员伤亡和财产损失,并按照国家有关规定立即如实报告当地负有安全生产监督管理职责的部门,不得(　　),不得故意破坏事故现场、毁灭有关证据。

A. 隐瞒不报　B. 误报　C. 谎报　D. 迟报

2. 生产经营单位的从业人员(　　)或者操作规程的,由生产经营单位给予批评教育,依照有关规章制度给予处分;构成犯罪的,依照刑法有关规定追究刑事责任。

A. 不遵守劳动纪律　B. 不落实岗位安全责任

C. 不服从管理　D. 违反安全生产规章制度

3.《劳动合同法》规定,订立劳动合同,应当遵循(　　)、协商一致、诚实信用的原则。

A. 合法　B. 公平　C. 平等自愿　D. 开诚布公

4. 制定《职业病防治法》是为了(　　),防治职业病,保护劳动者健康及其相关权益,促进经济发展。

A. 预防　B. 治理

C. 控制　D. 消除职业病危害

5. (　　),对用人单位利益造成重大损害的,用人单位可以解除劳动合同。

A. 上班迟到　B. 严重失职

C. 营私舞弊　D. 打架斗殴

6. 从业人员有权(　　);当工作地点出现险情时,有权立即停止作业,撤到安全地点。

A. 制止违章作业　B. 拒绝违章指挥

C. 不听指挥　D. 拒绝施工

7. 井巷揭穿突出煤层和在突出煤层中进行采掘作业时,必须采取避难硐室、(　　)等安全防护措施。

A. 反向风门　　B. 压风自救装置

C. 隔离式自救器　　D. 远距离爆破

8. 任何人发现井下火灾时，应当视(　　)，立即采取一切可能的方法直接灭火，控制火势，并迅速报告矿调度室。

A. 火灾性质　　B. 火灾起因

C. 灾区通风　　D. 瓦斯情况

9. 煤矿防治水工作应当坚持“(　　)、先治后采”的原则。

A. 预测预报　　B. 有疑必探

C. 探访结合　　D. 先探后掘

10. 冲击地压防治应当坚持“(　　)、分类防治”的原则。

A. 区域先行　　B. 综合防治

C. 局部跟进　　D. 分区管理

模块三 生产安全事故报告、调查及处理

【学习提示】

我们常说，事故是安全生产的头号敌人，煤矿一旦发生生产安全事故，势必会造成人员伤亡和财产损失，势必会引发亲人伤痛和家庭悲剧，也势必会影响企业发展和社会稳定等，因此国家先后制定了一系列预防生产安全事故的法律和规章。本模块主要围绕《生产安全事故报告和调查处理条例》(国务院令第 493 号)、《〈生产安全事故报告和调查处理条例〉罚款处罚暂行规定》(国家安全生产监督管理总局令第 13 号)和《矿山生产安全事故报告和调查处理办法》(矿安〔2023〕7 号)有关生产安全事故的分类、报告及处罚等内容，结合笔者多年来的教学思考和培训实践，把相关知识点逐一分解，供培训职工学习和借鉴。同时，笔者认为作为煤矿从业人员，有必要把这部分知识搞懂、学实，这既是为了提高我们自身事故防范的法律意识，也是为了维护自己的合法权益，更是为了预防各类生产安全事故的发生，为矿井长治久安履行好自己应尽的义务，更好地服务于企业安全生产和长期稳定发展。

1. 生产安全事故是怎样分类的?

答:按照规定，生产安全事故分为以下四大类:

① 特别重大事故;

② 重大事故;

③ 较大事故;

④ 一般事故。

以上事故的具体认定条件由相关法规确定并公布。事故类别的认定条件主要是事故造成的人员伤亡和财产损失两个方面，不同类别事故的报告、调查、处理等各不相同。

2. 什么是特别重大事故?

答:特别重大事故是指造成30人以上死亡,或者100人以上重伤(包括急性工业中毒,下同),或者1亿元以上直接经济损失的事故。(注:以上包括本数,以下不包括本数,下同)

3. 什么是重大事故?

答:重大事故是指造成10人以上30人以下死亡,或者50人以上100人以下重伤,或者5 000万元以上1亿元以下直接经济损失的事故。

4. 什么是较大事故?

答:较大事故是指造成3人以上10人以下死亡,或者10人以上50人以下重伤,或者1 000万元以上5 000万元以下直接经济损失的事故。

5. 什么是一般事故?

答:一般事故是指造成3人以下死亡,或者10人以下重伤,或者1 000万元以下直接经济损失的事故。

6. 事故发生后,事故调查组对事故的调查和认定有哪些方面?

答:事故发生后,事故调查组会按规定成立,并进驻发生事故的企业,依法履行事故调查职责,主要围绕以下方面对事故展开调查和认定:

① 查明事故单位的基本情况。

② 查清事故发生的经过、报告过程、原因、类别、人员伤亡情况及直接经济损失;隐瞒事故的,应当查明隐瞒过程。

③ 认定事故的性质和事故责任;提出对事故责任单位和人员的处理建议。

④ 评估应急处置工作。

⑤ 总结事故教训,提出防范和整改措施。

⑥ 在规定时限内提交事故调查报告。

7. 事故发生后,事故现场有关人员应该怎样报告?

答:事故发生后,事故现场有关人员应当立即向本单位负责人报告;情况紧急时,事故现场有关人员可以直接向事故发生地县级以上人民政府矿山安全监管部门报告。实践中,如果联系不上本单位负责人时,可以立即向矿调度室报告。

8.《安全生产法》对相关事故单位的经济处罚是如何规定的?

答:《安全生产法》第114条规定,发生生产安全事故,对负有责任的生产经营单位除要求其依法承担相应的赔偿等责任外,由应急管理部门依照下列规定处以罚款:

① 发生一般事故的,处30万元以上100万元以下的罚款;

② 发生较大事故的,处100万元以上200万元以下的罚款;

③ 发生重大事故的,处200万元以上1 000万元以下的罚款;

④ 发生特别重大事故的,处1 000万元以上2 000万元以下的罚款。

发生生产安全事故,情节特别严重、影响特别恶劣的,应急管理部门可以按照前款罚款数额的2倍以上5倍以下对负有责任的生产经营单位处以罚款。

9. 事故发生后,谎报、瞒报事故的单位或个人应承担什么样的法律责任?

答:事故发生后,谎报、瞒报事故的,对事故发生单位处100万元以上500万元以下的罚款;对主要负责人、直接负责的主管人员和其他直接责任人员处上一年年收入60%至100%的罚款;属于国家工作人员的,并依法给予处分;构成违反治安管理行为的,由公安机关依法给予治安管理处罚;构成犯罪的,依法追究刑事责任。

10. 从业人员发现直接危及人身安全的紧急情况时,应该怎么做?

答:从业人员在生产作业过程中,发现直接危及人身安全的紧急情况时,一是根据规定,有权停止作业或者在采取可能的应急措施后撤离作业场所;二是根据现场实际情况,迅速正确地采取自救互救措施,及时向矿调度室报告情况,并沿避灾路线撤离。

11. 事故发生后,职工如果被调查组调查,应该注意什么?

答:在事故调查的实践中,事故单位的事故当事人或相关职工,包括相关安全培训部门等,都有可能会被事故调查组进行调查和询问。需要提醒大家的是,在被调查人员调查期间不得擅离职守,并应当随时接受事故调查组的询问，如实提供有关情况，不得瞒报、谎报、漏报，否则会承担相应的法律责任。在事故调查同时，对事故报告和调查处理中的违法行为，有权向安全生产监督管理部门、监察机关或者其他有关部门举报。

12. 在保护事故现场方面，相关单位和人员应当怎么做？

答：事故发生后，相关单位和人员应当妥善保护事故现场以及相关证据，任何单位和个人不得破坏事故现场、毁灭相关证据。因抢救人员、防止事故扩大以及疏通交通等原因，需要移动事故现场物件的，应当积极予以配合。

13. 事故发生后，事故发生单位及其有关人员哪些行为会受到处罚？

答：事故发生后，事故发生单位及其有关人员有下列行为之一的会受到相应的法律处罚：

① 谎报或者瞒报事故的；

② 伪造或者故意破坏事故现场的；

③ 转移、隐匿资金、财产，或者销毁有关证据、资料的；

④ 拒绝接受调查或者拒绝提供有关情况和资料的；

⑤ 在事故调查中作伪证或者指使他人作伪证的；

⑥ 事故发生后逃匿的。

14. 新修订的《安全生产法》对事故的处罚有哪些变化？

答：新修订的《安全生产法》提高了对事故的处罚力度，无论是罚款数额，还是罚款方式和措施都有明显变化，具体体现在：

① 对生产经营单位罚款，由最高 2 000 万元提高到 1 亿元；

② 对单位主要负责人的罚款，由上一年年收入的 30%～80%提高到 40%～100%；

③ 对生产经营单位新规定，未采取措施消除事故隐患的，一经发现即责令整改并处罚款，拒不整改的，责令停产停业整顿，并可以按照原处罚数额按日连续处罚，拒不停产整顿的，提请地方人民政府予以关闭；

④ 增加了加大执法频次、暂停项目审批、上调有关保险费用、行业或职业禁入等联合惩戒措施。

15. 生产安全事故的调查分别由谁来负责进行?

答:按照规定,不同类型的事故,分别由不同的调查组进行调查:

① 特别重大事故由国务院或者国务院授权有关部门组织事故调查组进行调查;

② 重大事故由事故发生地省级人民政府组织事故调查组进行调查;

③ 较大事故由设区的市级人民政府组织事故调查组进行调查;

④ 一般事故由县级人民政府负责调查;

⑤ 未造成人员伤亡的一般事故,县级人民政府或者国家矿山安全监察局省级局也可以委托事故发生单位或者有关部门组织事故调查组进行调查。

省级人民政府、设区的市级人民政府、县级人民政府可以直接组织事故调查组进行调查,也可以授权或者委托有关部门组织事故调查组进行调查。

16. 什么是事故瞒报?

答:因故意隐瞒已经发生的事故,并经有关部门查证属实的,属于"瞒报"。

17. 什么是事故漏报?

答:因过失对应当上报的事故或者事故发生的时间、地点、类别、伤亡人数、直接经济损失等内容遗漏未报的,属于"漏报"。

18. 什么是事故谎报?

答:故意不如实报告事故发生的时间、地点、类别、伤亡人数、直接经济损失等有关内容的,属于"谎报"。

19. 什么是事故迟报?

答:报告事故的时间超过规定时限的,属于"迟报"。主要负责人接到事故报告后,应当于1小时内报告事故发生地县级以上人民政府矿山安全监管部门,同时报告国家矿山安全监察局省级局。

20. 法规对政府安全监管部门有关事故报告和举报方面有什么规定?

答:按规定,政府应急管理部门和负有安全生产监督管理职责的有关部门应当建立值班制度，并向社会公布值班电话，受理事故报告和举报。

复习思考题

1. 从业人员在生产过程中，发现直接危及人身安全的紧急情况时应该怎么做？

2. 事故发生后，事故现场有关人员应该怎样报告？

3. 生产安全事故分为哪几类？

4. 事故发生后，职工如果被调查组调查，应该注意什么？

5. 在保护事故现场方面，相关单位和人员应该怎么做？

模块三自测试题

（共 100 分，80 分合格）

得分：________

一、判断题（每题 3 分，共 30 分）

1. 从业人员发现事故危及人身安全时，有权停止作业和撤离。（　）

2. 单位负责人接到事故报告后，应当于 2 小时内向事故发生地县级以上人民政府应急管理部门和负有安全生产监督管理职责的有关部门报告。（　）

3. 事故发生后，事故现场有关人员应当立即向本单位负责人报告。（　）

4. 事故造成 5 人死亡，同时造成 6 000 万元的直接经济损失的事故是较大事故。（　）

5. 重大事故由事故发生地设区的市级人民政府组织事故调查组进行调查。（　）

6. 事故调查结束后，总结事故教训、提出防范和整改措施由事故

单位书面提交当地政府审批后实施。 ( )

7. 死亡 10 人的事故属于重大事故。 ( )

8. 新修订的《安全生产法》对生产经营单位的事故罚款最高为 2 000 万元。 ( )

9. 伪造或者故意破坏事故现场的,将会受到相应的法律处罚。 ( )

10. 生产安全事故按照造成的人员伤亡和财产损失分为 5 类。 ( )

二、单选题(每题 3 分,共 30 分)

1. 以下属于特别重大事故的是( )。

A. 死亡 20 人　　B. 重伤 80 人

C. 直接经济损失 1 亿元

2. 以下属于一般事故的是( )。

A. 死亡 5 人　　B. 重伤 8 人

C. 直接经济损失 2 000 万元

3. 以下属于较大事故的是( )。

A. 死亡 15 人　　B. 重伤 8 人

C. 直接经济损失 2 000 万元

4. 以下属于谎报事故的是( )。

A. 隐瞒已经发生的事故　　B. 报告事故时间超限

C. 故意不如实报告事故伤亡人数

5. 以下属于瞒报事故的是( )。

A. 故意不如实报告事故死亡人数

B. 隐瞒已经发生的事故

C. 超过规定时间上报

6. 因过失对应当上报的事故或者事故发生的时间、地点、类别、伤亡人数、直接经济损失等内容遗漏未报的,属于( )。

A. 瞒报　　B. 漏报　　C. 谎报

7. 特别重大事故由( )负责调查。

A. 国务院或国务院授权有关部门组织事故调查组

B. 事故发生地省级人民政府组织事故调查组

C. 县级人民政府

8. 重大事故由(　　)负责调查。

A. 国务院或国务院授权有关部门组织事故调查组

B. 事故发生地省级人民政府组织事故调查组

C. 县级人民政府

9. 较大事故由(　　)负责调查。

A. 国务院或国务院授权有关部门组织事故调查组

B. 事故发生地省级人民政府组织事故调查组

C. 设区的市级人民政府组织事故调查组

10. 一般事故由(　　)负责调查。

A. 国务院或国务院授权有关部门组织事故调查组

B. 事故发生地省级人民政府组织事故调查组

C. 县级人民政府

三、多选题(每题4分,共40分)

1. 事故责任调查和追究的内容一般包括(　　),提交事故调查报告等。

A. 查明事故发生的经过、原因、人员伤亡情况及直接经济损失

B. 认定事故的性质和事故责任

C. 提出对事故责任者的处理建议

D. 总结事故教训,提出防范和整改措施

2. 按规定,政府应急管理部门和负有安全生产监督管理职责的有关部门应当建立值班制度,并向社会公布值班电话,受理(　　)。

A. 事故赔偿　　B. 事故举报

C. 事故报告　　D. 事故捐赠

3. 事故"漏报"是指因过失对应当上报的事故或者事故发生的时间、(　　)、直接经济损失等内容遗漏未报的。

A. 过程　　B. 地点　　C. 类别　　D. 伤亡人数

4. 生产安全事故分为(　　)。

A. 特别重大事故　　B. 重大事故

C. 较大事故　　D. 一般事故

5. 事故类别的认定条件主要有(　　)。

A. 死亡人数　　B. 受伤人数

C. 直接经济损失　　D. 间接经济损失

6. 事故发生后,谎报、瞒报事故的单位或者个人应承担的法律责任有(　　)。

A. 对事故发生单位处100万元以上500万元以下的罚款

B. 对主要负责人和其他直接责任人员处上一年年收入40%至60%的罚款

C. 属于国家工作人员的,并依法给予处分

D. 构成犯罪的,依法追究刑事责任

7. 从业人员发现直接危及人身安全的紧急情况时,应该(　　)。

A. 停止作业　　B. 撤离作业现场

C. 采取自救互救措施　　D. 上报矿长

8. 事故发生后,事故发生单位及其有关人员(　　)会受到处罚。

A. 谎报或者瞒报事故的

B. 伪造或者故意破坏事故现场的

C. 转移、隐匿资金、财产,或者销毁有关证据、资料的

D. 拒绝接受调查或者拒绝提供有关情况和资料的

9. 2021版《安全生产法》对事故的处罚变化有(　　)。

A. 对生产经营单位罚款,由最高2 000万元提高到1亿元

B. 对单位主要负责人的罚款,由上一年年收入的30%～80%提高到40%～100%

C. 对生产经营单位新规定,未采取措施消除事故隐患的,一经发现即责令整改并处罚款,拒不整改的,责令停产停业整顿,并可以按照原处罚数额按日连续处罚,拒不停产整顿的,提请地方人民政府予以关闭

D. 增加了加大执法频次、暂停项目审批、上调有关保险费用、行业或职业禁入等联合惩戒措施

10. 事故“谎报”是指故意不如实报告事故发生的（　　）、伤亡人数、直接经济损失等有关内容的。

A. 时间　　B. 地点

C. 类别　　D. 间接经济损失

模块四　煤矿安全心理知识及案例

【学习提示】

我们为什么要学习安全心理知识？因为近年来众多的事故统计表明，除客观的社会因素和自然灾害外，很多责任事故源于人员的心理缺陷，包括安全意识淡薄，自我保护意识不强和主观性、习惯性违章违纪等。同时我们也看到，每一次触目惊心的煤矿安全事故，都有当事人侥幸心理下严重违章行为的痕迹，这不仅直接伤害了自己、工友，更是对家庭、亲人造成无可挽回的伤害。此外，职工受到领导批评、节假日前后过度兴奋、与同事闹矛盾心情不好、工作太过劳累精神不集中等，也常导致情绪失控、注意力分散，因此必须懂得如何调节个人的情绪，保持乐观的心态，这对保障工作安全也至关重要。

此次《安全生产法》的修订，要求加大对从业人员的人文关怀，规定生产经营单位应当关注从业人员的身体、心理状况和行为习惯，加强对从业人员的心理疏导、精神慰藉，严格落实全员岗位安全生产责任，防范从业人员行为异常导致事故发生。因此，我们必须从思想和行动上高度重视心理知识的学习和实际运用，增强自主安全意识，消除侥幸、麻痹心理，不断提高抗风险能力，充分发挥好“心理援助”这一特殊手段和途径，为新形势下职工的生命安全保驾护航。

1. 为什么说人的“心理中的安全隐患”是更为根本的安全隐患？

答：心理学原理告诉我们，人的行为由心理所支配，一个人要干什么或不干什么，是这样干还是那样干，其背后起支配作用的是人的心理，其影响程度很多时候会胜过物的安全隐患。所以说人的“心理中的安全隐患”是更为根本的安全隐患。

2. 结合掘进工作面迎头冒顶事故,说明“不安全行为”的心理影响有哪些?

答:如掘进工作面作业人员没有敲帮问顶和超前支护(不安全行为),在打眼的振动条件下顶板垮落,致使正在打眼作业的工人伤亡。分析这种“不安全行为(没有敲帮问顶和超前支护)”的心理影响主要有以下几种情况:① 因为工作时间太长,过于疲劳,图省事而忽视了按章操作;② 因为以往也有过类似的作业经历,且并没有发生事故,为了抢进度,经验主义作怪;③ 因为现场人手不够,凑合一次不会那么巧就发生事故,侥幸心理致使冒险作业;④ 因为教育培训不到位,不掌握相关操作规程,无知无畏,盲目操作(蛮干)等。

3. 疲劳与作业安全有什么内在联系?

答:疲劳作业是国际公认的主要事故致因之一。疲劳可使作业者产生一系列精神症状和身体症状,这样就必然影响到作业人员的作业可靠性,并常因此引起伤亡事故。对于煤矿而言,由于工作条件一般都比较艰苦,劳动强度较大,从事井下生产作业的矿工又多兼顾农业生产和家庭事务,因此疲劳在煤矿事故发生的原因中占有突出地位。

4. 举例说明疲劳对作业安全(事故)的影响有哪些?

答:例一,某矿一职工下了夜班就去忙麦收,没有得到休息,晚上又继续上夜班,在井下抬钢轨的过程中感到体力不支,难以控制自己的动作,结果摔倒在地,钢轨砸在身上,造成严重的脑震荡和胸骨骨折。这显然是由于过度疲劳直接引起的事故。

例二,很多煤矿井上地面铁路纵横交错,道口很多,而且大多是不设过路天桥和无人看守的道口,疲劳状态下的工人在下班途中或作业中常不能敏锐地察觉侧面和后面来车,因而很容易引起伤亡事故。

例三,某矿 3 名工人因疲劳靠在井壁处休息,突然井壁塌落,1 名坐着休息的工人被砸死,2 名站着休息的工人受重伤。这起事故的原因一方面是没有正确选择休息地点,另一方面是因为疲劳后感官敏感度下降,不能及时觉察井壁塌落预兆。

5. 为什么人在连续劳动、加班加点或激烈活动之后，需要在工间适当休息？

答：根据研究，在煤矿井下工作过程中，员工快下班时在现场作业中遭受冒顶、片帮的伤害，以及发生运输等事故的概率要比刚上班时大，尤其是高劳动强度工作之后更容易导致事故伤害。这些看起来是受害者分心或不注意造成的，实则上可能是过度疲劳或过度紧张所致。因此，人在连续劳动、加班加点或激烈活动之后，应在工间稍加休息，以减少事故发生的概率。

6. 消除事故疲劳致因，通常应采取哪些预防措施？

答：疲劳与安全是密切相关的，防止过度疲劳是安全生产的关键之一。我们应针对造成劳动者疲劳的各种因素，采取有效的措施，努力改善劳动条件，减轻繁重的体力劳动，以及严格控制加班加点、延长劳动时间，以防止工人过度疲劳，从而达到减少事故的发生。还可以采取多次短暂的工间休息的办法，以调节工作与休息的节奏，不使疲劳过度积累。此外，更应尽量为矿工创造工余休息的条件，如热水浴、各种临时休息室以及旅馆化的矿工公寓等，以保证工人能很快地消除疲劳。

7. 怎样理解“从众现象”或行为与安全生产的关系(举例说明)？

答：在企业生产班组里，从众现象是一种值得重视的心理现象，因为在安全生产方面，整个生产班组对安全生产的态度会直接影响班组每个成员的态度。例如，有的班组重规守纪，按章作业，并形成了互相监督的风气，那么就会对个别安全意识差的职工产生压力，使他不敢违章生产。与此相反，班组如果忽视安全生产，把执行安全措施和按照安全规程操作看成胆小怕事、技术不熟练的表现，而把冒险作业看成是有勇气、有能力，则使那些想按章作业的人感到相反的压力，即由于怕人说胆小鬼、没本事而可能违背自己的原则去违章作业。例如，一次某矿掘进工作面急需用料，但在用绞车拉料时，一名工人发现钢丝绳有断丝，而且也没有保险装置，便提出这样运料危险，建议更换钢丝绳。他的话音刚落，其他几名工人便一同指责他胆小怕事，多操心。这名工人的老乡也劝他：“这次就凑合着拉两车吧，咱们还可早上井喝两盅。”由于多人的反对和老乡的劝导，这名工人便产生了从众心理，不再坚持自己的意见,结果在运料途中钢丝绳断了,造成了跑车事故。综上所述,从众心理(行为)对安全生产既有不利的一面,也有积极和有利的一面。

8."节假日"对安全生产影响的内在原因是什么?

答:在节假日前后,比较容易发生事故,这是因为在节假日期间或前后,与假日有关的事情会在劳动者的头脑中起干扰作用,容易使他们在劳动过程中分散注意力,比如盘算着下班或放假后如何安排假日生活、与家人团聚以及走亲访友等,或者为防延点耽误假日的安排而采取草率的工作方式。由于煤矿生产现场的危险因素较多,客观上要求每个劳动者必须集中精力工作,因此,在职工喜庆、婚丧、节假日前后,无论是管理者还是普通作业人员都必须引起高度重视,及时做好提醒、告诫等思想工作,并采取有关预防措施,保证节假日前后和期间的安全工作。

9. 什么是故意性不安全行为?

答:故意性不安全行为是不安全行为的一种心理状态表现,是指行为主体知道自己的行为是违反安全法规、规程或其他安全规定的,但由于某种冒险动机的作用,使他们有意识地进行可能带来危险的操作或指挥。通常把这类不安全行为定性为冒险行为范畴。

10. 故意性不安全行为(冒险行为)的主要心理原因有哪些?

答:故意性不安全行为(冒险行为)的主要心理原因有以下几种:

① 重生产、轻安全;

② 侥幸心理;

③ 冒险倾向性格;

④ 时间紧迫感或焦急心理状态;

⑤ 重体力劳动下的图省事(凑合)心理;

⑥ 迷信心理;

⑦ 麻痹心理。

11. 什么是非故意性不安全行为?

答:非故意性不安全行为是不安全行为的一种心理状态表现,是指作业者对自己行为的不安全性或危险性并没有清醒的认识,在个人不能随意控制其行为性质的情况下采取的行为。由于这类不安全行为是非故意性的，所以有时我们将其称为“意外差错”或“无意性失误”。（疏忽、大意）这类不安全行为，主要是由不良的管理行为因素、个人因素和作业环境因素，加之作业者不适宜的内外部条件，以及不利的心理和生理状态，导致作业者作业可靠性降低所造成的。

12. 非故意性不安全行为(意外差错)的主要心理原因有哪些?

答：非故意性不安全行为（意外差错）的主要心理原因有以下几种：

① 缺乏知识和经验；

② 情绪低落和注意力分散；

③ 过度应激或惊慌状态下导致的失误；

④ 过度疲劳及其他特殊状态下导致的失误；

⑤ 感知、判断与记忆失误等。

13. 由于联络和确认不充分而相互误解信号造成的失误一般有几种情况?

答：该种失误一般有四种情况：

① 联络信号及其方法不完备或信号装置有故障；

② 联络信号实施时不明确、不彻底；

③ 接收信号的一方没有确认信号的意义，产生误解而发生失误；

④ 发信号的人误发信号或双方都没有经过确认。

例如，某矿一刮板输送机司机因误发信号，在转载机和刮板输送机交叉处被挤压致伤，骨盆部粉碎性骨折，腿部严重创伤，左腿高位截肢。当时有两个大煤块卡在刮板输送机和转载机之间，该职工就将刮板输送机和转载机停下来，用锤破碎大煤块。由于两个大煤块一上一下把煤堆得很高，该职工就站在刮板输送机机头采空区一侧的转载机上方，左脚踏在下面的煤块上破碎上面的煤块，完成后他发出信号想把下面的煤块拉出后再处理，然而，本应发出一长一短的点车信号，却误发两点的开车信号，支持重心的左腿随即被拉进刮板输送机机头下面，虽大声呼救但为时已晚。

14. 解决作业过程中“判断失误”比较有效的方法是什么?

答：解决作业过程中“判断失误”比较有效的方法是：实行“接受复诵”制或可叫作“接受确认”制。即受方应向发信号人复诵一遍，使双方都真正确认无误后再操作。例如，井下把钩工、信号工向绞车司机发信号后，绞车司机回一次相同的信号（俗称“回铃”），即复诵自己收到的信号。有的事故是未经联络造成的。如一绞车司机往轨道下山放车，车到位后，信号把钩工发出停车信号并前去摘钩头，而绞车司机停车后发现发出余绳过多，在未经联络的情况下就急忙重新启动绞车，结果将矿车又上拉造成车掉道，把钩工被砸成重伤。

15. 为什么“遗忘”心理现象有时候会导致事故的发生？

答：在井下生产作业的许多场合，都存在人员之间互相配合和协作来完成一项具体工作任务的情况，这时，经常需要用口头表达的方式来说明工作意图、要求、指令等。但是，这些口述的指令要求和接受者的应诺很容易被听错、曲解或遗忘，而导致操作失误，并常导致人员伤亡。例如，某矿一掘进班在喷浆施工过程中，由于喷枪堵塞，班长让工人小赵到后面去关进风阀，以便安全地排除故障，小赵答应着去关了。但当班长将喷头卸开时，却有一股强大的风压带着混凝土浆料喷射到班长脸部，造成班长双目失明的重伤事故。原来，小赵正由于失恋而被烦恼的情绪所缠绕，班长的指令在小赵脑中转眼即忘，结果他并没有去关进风阀，而关了供水阀。

16. 个人情绪调节对安全作业有什么重要意义？

答：个人心理状态主要是指人的情绪状态。稳定的情绪是劳动安全的第一重要心理因素，消极低落的情绪是安全生产的一大威胁。所以，实际工作中保持平静和积极的情绪十分重要。同时，安全与健康密不可分，良好的情绪对人的健康也是极其重要的，是人的生命与生活质量的主要指标。不良情绪还是大多数严重疾病的主要原因，只有在生活中保持积极、快乐的情绪，才能够在工作中排除心理干扰；只有保持良好的心理状态，才能具有充沛的精力、保持旺盛的斗志，才能减少工作中的失误，预防事故发生，保证安全生产。

17. 我们如何才能保持积极乐观的情绪？

答：① 要做到知足常乐。痛苦来自攀高的比较之中。有句话叫作“人比人该死，货比货该扔”，很多问题就出在愚蠢的比较上。当然，要做到知足常乐并不容易，只有你对生活中不满意的事情有了正确认识才能做到。

② 对人生的得失要有正确认识。首先,人活着就要不断地新陈代谢,从环境中获取物质,所以得失问题是客观存在的,只不过我们不可执着于得失。其次,得失本无绝对标准,一个人往往从一个地方失去,而从另外一个地方得到,正所谓“塞翁失马,焉知非福”。

③ 对于不可改变的事情要看得开、放得下,不可执着。任何人的能力都是有限的,整个人类的能力也是很有限的,对于不可改变的事,对于超出自己能力的事,不论有多么遗憾和令人气愤,都要尽量平静地对待。俗话说,“人有悲欢离合,月有阴晴圆缺”,对于已经发生的不良生活事件,我们最好是抱着“既然如此,只能如此”的态度。

18. 什么是情绪调节的“注意力转移法”?

答:在现实生活生产中,遇到烦恼的事,可有意识地转移自己的注意力,多想想高兴的事;当前一阶段工作取得成绩时,在高兴之余,多考虑一点下一阶段的安排和可能遇到的问题。在非工作时间,可以看电视、听音乐、串门、聊天等,或发展一些业余爱好,并投身其中,以缓冲或消除不愉快的心情,从而有益于在生产活动中保持良好和平和的情绪。

19. 什么是情绪调节的“情绪宣泄法”?

答:个人的烦恼、焦虑和苦衷不要长期闷在心里,要用适当的方式,向自己的领导、朋友、亲属、同事等倾泄出来,让别人分担一些自己的苦痛,得到别人的理解、安慰、同情、劝解,以减少自己内心的痛苦,从而有益于在生产活动中保持良好和平和的情绪。

20. 什么是情绪调节的“语言暗示调节法”?

答:语言对人的情绪体验与表现有着重要的作用,亦可起到有效的暗示作用。语言既能引起情绪反应,也能抑制情绪反应。即使是不出声的“内部”语言也能起到控制自己情绪的作用。例如,当暴怒时默默提醒自己“要止怒”;在心情紧张时口中默念“要镇静”;在恐惧时心里念叨“别害怕”“没什么好怕的”等,对控制情绪都有一定的作用,从而有益于在生产活动中保持良好和平和的情绪。

21. 什么是情绪调节的“角色转换法”?

答:角色转换法是我们日常生活中常用的疏导思想情绪的方法。

当人和人之间产生矛盾冲突时，可以采用角色对换的方法，站在对方的立场或角度想一想，就能够在一定程度上消除负面情绪，从而有益于在生产活动中保持良好和平和的情绪。

22. 人在哪些情况下容易造成注意力分散(分心)?

答：众多研究表明，注意力分散（分心）是操作失误并导致事故发生的主要原因之一。长期的煤炭生产安全工作实践表明，以下几种情况容易造成注意力分散（分心）：

① 不安心井下工作时容易分心；

② 节前筹备过节时容易分心；

③ 连续延点时间过长或休息不好筋疲力尽时容易分心；

④ 下班回家心切时容易分心；

⑤ 受到批评或处分，思想有压力时容易分心；

⑥ 身体不适、病理刺激时容易分心；

⑦ 家庭负担过重时容易分心；

⑧ 家庭不和闹纠纷时容易分心；

⑨ 亲人有病牵肠挂肚时容易分心；

⑩ 谈恋爱、热恋、失恋时容易分心。

23. 什么是事故的“心理援助”?

答：事故“心理援助”是指在事故发生后，由专门的心理专家或相关心理咨询师，及时地对事故受伤人员进行针对性的心理疏导、干预和调理等，以减轻或消除事故当事人因事故可能造成的惊恐、慌乱、失语、失眠、烦躁等心理障碍或其他不良心理表征，以帮助当事人尽快恢复身心健康的一种特殊的心理治疗手段。

24. 从引起事故致因的心理因素分析，易造成煤矿事故的“七种人”指哪些人?

答：这“七种人”分别是：

① 不懂安全知识的新工人；

② 盲目蛮干的“粗鲁人”；

③ 新婚前后的“幸福人”；

④ 图省事怕麻烦的“懒惰人”；

⑤ 探亲归来的“疲劳人”；

⑥ 受处分的“情绪人”；

⑦ 因家庭问题精神受刺激的“沉闷人”。

25. 导致下述冒顶事故案例的心理原因是什么？

麦收回来赶夜班，过度疲劳遭灾难

(1) 事故简况

某矿一掘进工作面发生冒顶事故，导致一人遇难。

(2) 事故经过

发生的班次是夜班，当时 6 名职工进行机掘架棚施工，事故发生前已支设 2 架棚。当支设第三架棚时顶板突然来压，并向下掉煤渣，班长发觉后立即向外跑，并大声呼喊撤退。遇难矿工因反应迟钝、动作缓慢，被塌落的第二架棚砸压倒下，虽然 20 min 后即被救出，但因伤势过重，抢救无效身亡。

(3) 原因分析

① 过度疲劳。该矿工家住农村，事故发生前刚忙完麦收，白天浇地一天未得到休息。晚上上班时，该矿工已经处于疲劳状态，事故发生时又已工作近 7 h，身体十分疲劳，对现场危险信息的感知觉和反应能力严重下降，未听清撤退的第一喊声，撤退时反应又慢，导致不幸。

② 情绪因素。白天浇地时，因时常停电，浇地常常被迫中断，心情烦躁，造成回矿工作时注意力分散，对呼喊声反应迟钝。

(4) 后果与教训

该工人年近 40 岁，上有年迈的父母，下有正在上学的两个孩子，一人的遇难，造成一个家庭的惨剧。

在身体过度疲劳的情况下，应想办法先休息，等体力有所恢复时再下井作业。另外，施工过程中要根据顶板情况制定支护措施，确保足够的强度。

26. 导致下述爆破事故案例的心理原因是什么？

祸不单行，妻子生病住院，自己爆破崩瞎眼

(1) 事故简况

某矿 2 名爆破工在处理瞎炮时炮响被崩伤，一名矿工左眼失明，另一名矿工一眼失明另一眼弱视。

(2) 事故经过

当日早班刚上班不久，某掘进工区进行采煤开切眼掘进。夜班遗留一未处理完的拒爆炮眼。在进行打眼施工前，爆破工甲不听乙“先点选眼位再打眼”的劝告，抱起煤电钻就打，结果钻头打滑，打入拒爆炮眼中，一声巨响，两人同时倒下，虽及时送医院治疗，但两人却均受重伤。

爆破工甲从事爆破工作已多年，工作认真，技术过硬，从未出过差错，这次为何如此急躁冒险呢？

(3) 原因分析

爆破工甲家住农村，两个男孩上学，父母年迈多病，妻子一人务农并操持家务，家境贫困，借债不少。上早班之前，家中打来电话，说妻子病了，已住进医院，让他马上回家。他已请好假，又向同宿舍的工友借款 300 元，并将行李整理好，送到矿门口一商店内，准备下班后马上回家。由此可以分析，其心理因素应有以下几个方面：

① 急躁心理。如此冒失地工作是为了节省时间尽快干完工作早点升井回家，这应是他违反“先点选眼位再打眼”安全作业规范，冒险作业的主要心理原因。

② 情绪低落。家境本来就十分困难，妻子又生病住院，对他来说犹如雪上加霜，情绪低落忧伤。而人在情绪低落的情况下，感知、判断和思维能力都会明显下降。

③ 注意力分散。注意力分散也有可能。打眼作业时妻子生病住院的愁事难免在心中缠绕，这样很容易导致动作失误。

(4) 经验教训

对于接到家中报忧电话的职工，以及情绪明显波动的职工，要像执行规程“喝酒者严禁下井”一样，坚决不让其下井，这样肯定会减少事故发生。

27. 导致下述电机车运输事故案例的心理原因是什么？

盖房上班两不误，井下瞌睡命呜呼

(1) 事故简况

凌晨 4 时，某矿一把钩工因过度疲劳在井下打瞌睡时被电机车致创身亡。

(2) 事故经过

当日夜班,为保障掘进队矿车和物料的供应,一电机车司机负责开车,遇难者作为把钩工被安排在一斜井井底车场负责料车的连环摘挂。凌晨4时许,电机车司机将5辆装满物料的车送往目的地后按原路返回,在距车场几十米时感到车辆一震,于是立即停车查看,发现把钩工被压在车下。由于伤势过重,把钩工经抢救无效身亡。

(3) 原因分析

该事故主要是当事者过度疲劳和睡眠不足所致。经调查得知,遇难者近期家中盖房子,事故当日是刚盖完房子的第一个班。整个盖房期间遇难者未请几天假,经常是白天在家盖房,晚上照常上夜班,身心非常疲劳,多次出现上班打瞌睡的情况。这次出事就是因为他坐在轨道上困乏入睡而导致遇难。此外,时至凌晨,电机车司机也已精力不济,开车时意识清醒程度下降,未发现前方有人在道轨上坐着,所以悲剧就此发生了。

该工人是有十几年工龄的老工人了,应该知道坐在道轨上休息是不安全的,但由于其长时间操劳,疲劳积累而未得到休息,很可能当时困乏至极难以控制,在不自觉中睡着了,以至于车辆到来时未能及时醒来。

(4) 严重后果

该工人38岁,初中文化程度,家在农村,受过专门培训。他家中上有年老的父母,下有两个正在上学的孩子,妻子在家务农,家庭经济负担较重。他之所以选择既盖房又上班,恐怕与此有关。事故的发生,给这个家庭带来了严重后果。除了妻子遭受严重精神打击外,其父母也经受了老年丧子的沉重心理创伤,健康严重受损,两个孩子幼年丧父,造成终生心灵伤害,将来还可能因失去经济来源而面临失学的后果。

(5) 经验教训

对于身心疲惫的矿工,个人一定要心中有数,最好是请假休班。此次事故,把钩工单独一人进行风险性较大的作业,本身就存在很大的安全隐患。若有两个工人同时工作,就能起到监护作用,预防事故的发生。对于矿工自己，遇到家中盖房子等大事，不要因考虑经济利益而两处兼顾，否则是很危险的。

28. 导致下述采掘机械事故案例的心理原因是什么?

下班时间已超过，人心慌乱出差错

（1）事故简况

某矿掘进工作面因掘进机误启动，使一工人被掘进机截割齿割伤，导致重伤。

（2）事故经过

事故当日 14 时 15 分，某矿掘进工作面“掘锚”（煤巷掘进＋锚喷支护）施工。当时，迎头共 6 人，1 人是掘进机司机，1 人为副司机加监护人，2 人负责打注顶部锚杆，受伤者（以下称为“甲”）和另一工人负责打注两帮锚杆。在完成当班“掘锚”工作后已超过下班时间近 20 min，这时大部分人开始收工撤离，还剩掘进机司机和工人甲两人做最后收尾工作。此时，工人甲站在掘进机铲板上准备将煤电钻放至掘进机上，而司机想最后调整一下掘进机位置，但未注意观察截割头附近是否有人，将掘进机启动，结果截割头带动挂在截齿上的煤电钻电缆将甲甩至一侧煤帮，并将甲严重割伤，导致截肢。

（3）原因分析

此事故直接原因有两个：

一是掘进机司机临下班慌乱，未注意观察，动作发生失误（应属意外差错）所致。按照操作规程要求，在掘进机启动前必须提前 3 min 发出警报，并在掘进机前方及两侧无人时方可启动，而该职工违反了这一规定。

二是甲安全意识淡薄，在设备未停电、闭锁的情况下冒险进入掘进机截割头活动范围（据了解，此种行为并非独此一次），应属在侥幸心理作用下的故意性不安全行为。

（4）经验教训

事故的发生是由于危险源或致创物与人的不安全行为在时间和空间上相遇的结果。掘进机伤人事故主要是其运转部位未与人在空间上隔离，或其运转时不能与人的出现在时间上进行隔离所致。因此，防止此类事故发生的有效措施是在安全优先的原则下，严格限定一个班次的工作量定额，使工作时间稍宽裕。本事故反映了现场安全管理缺失、缺乏操作监护，致使在收工时人的行为无序而引发事故。

29. 导致下述触电事故案例的心理原因是什么？

鲜血写成的规程，不要再用鲜血去验证

（1）事故简况

某矿一电工在维修一井下绞车电气开关故障时，触电身亡。

（2）事故经过

当日中班14时30分，采区一提升小绞车发生故障，无法启动（故障现象是：通电后只听见嗡嗡响声，但电机不转，真正故障原因是一相掉电）。小绞车司机请电工维修。该电工停下绞车上级电源，并上好闭锁，然后打开绞车电源开关开始检修。然而，他并没有完全把电气维修的规程继续执行下去，在打开绞车电源开关后并未按规程要求“用专用验电笔验电，并放电后再进行维修”，而是直接用手验电准备维修，导致触电身亡。

（3）原因分析

① 侥幸心理。本事故直接原因是该电工的故意违章作业行为。而在行为的背后，是受害者在图省事的趋利意识作用下的侥幸心理。

② 性格因素。该职工29岁，受过电工安全技术培训，从事电工作业有多年，但其粗心、做事急躁、麻痹心理严重，常有不按规程作业的做法，也有因侥幸引发事故的经历。从维修前停掉上级电源并加上闭锁的做法看，他在执行规程上有些自觉性，而由于他粗心，带有冒险倾向性因素，还是没有把规程严格地执行下去。

（4）经验教训

可以说这次事故并非偶然。规程的任何规定都是用鲜血和生命换来的，正如广大职工在实践中总结的那样：“鲜血写成的规程，不要再用鲜血去验证”。

复习思考题

1. 为什么说人的“心理中的安全隐患”是更为根本的安全隐患？

2. 为什么人在连续劳动、加班加点或激烈活动之后，需要在工间适当休息？

3. 怎样理解"从众现象"或行为与安全生产的关系？

4. "节假日"对安全生产影响的内在原因是什么？

5. 什么是故意性不安全行为？

6. 什么是非故意性不安全行为？

模块四自测试题

（共100分，80分合格）

得分：________

一、判断题（每题3分，共30分）

1. 疲劳可使作业者产生一系列精神症状和身体症状，这样就必然影响到作业人员的作业可靠性，并常因此引起伤亡事故。（　　）

2. "心理援助"通常是在事故发生前，由专门的心理专家或相关心理咨询师对职工开展的针对性的心理疏导、干预和调理等。（　　）

3. 注意力发散（分心）是操作失误并导致事故发生的主要原因之一。（　　）

4. 在节假日后，由于员工得到了充足的休息，因此不容易发生事故。（　　）

5. 故意性不安全行为是不安全行为的一种心理状态表现，是指行为主体知道自己的行为是违反安全法规、规程或其他安全规定的，但由于某种冒险动机的作用，使他们有意识地进行可能带来危险的操作或指挥。（　　）

6. 接收信号的一方没有确认信号的意义，容易产生误解而发生操作失误。（　　）

7. 过度疲劳及其他特殊状态下导致的失误是故意性不安全行为。（　　）

8. 重生产、轻安全属于故意性不安全行为（冒险行为）。（　　）

9. 解决作业过程中“判断失误”比较有效的方法是实行“接受复诵”制或可叫作“接受确认”制。（　　）

10. 稳定的情绪是劳动安全的第一重要心理因素，消极低落的情绪是安全生产的一大威胁。所以，实际工作中保持平静和积极的情绪十分重要。（　　）

二、单选题(每题3分，共30分)

1. 人在(　　)情况下容易造成注意力分散。

A. 不安心井下工作　B. 劳逸结合　C. 精神集中

2. 疲劳与安全是密切相关的，防止(　　)是安全生产的关键之一。

A. 疲劳　B. 过度疲劳　C. 辛苦工作

3. 故意性不安全行为是指行为主体(　　)自己的行为是违反安全法规、规程或其他安全规定的，但由于某种冒险动机的作用，使他们有意识地进行可能带来危险的操作或指挥。

A. 不知道　B. 不清楚　C. 知道

4. 重体力劳动下的图省事(凑合)心理属于(　　)。

A. 故意性不安全行为

B. 非故意性不安全行为

C. 安全生产行为

5. 侥幸心理属于(　　)。

A. 故意性不安全行为

B. 非故意性不安全行为

C. 安全生产行为

6. 情绪低落和注意力分散属于(　　)。

A. 故意性不安全行为

B. 非故意性不安全行为

C. 安全生产行为

7. 麻痹心理属于(　　)。

A. 故意性不安全行为

B. 非故意性不安全行为

C. 安全生产行为

8. 缺乏知识和经验属于(　　)。

A. 故意性不安全行为

B. 非故意性不安全行为

C. 安全生产行为

9. 当人和人之间产生矛盾冲突时,可以采用(　　),站在对方的立场或角度想一想,就能够在一定程度上消除负面情绪,从而有益于在生产活动中保持良好和平和的情绪。

A. 注意力转移法　B. 语言暗示调节法　C. 角色转换法

10. 容易导致煤矿事故发生的人不包括(　　)。

A. 图省事怕麻烦的“懒惰人”

B. 盲目蛮干的“粗鲁人”

C. 懂安全知识的新工人

三、多选题(每题 4 分,共 40 分)

1. 故意性不安全行为(冒险行为)的主要心理原因有(　　)。

A. 情绪低落　B. 冒险倾向性格

C. 侥幸心理　D. 麻痹心理

2. 非故意性不安全行为(意外差错)的主要心理原因有(　　)。

A. 情绪低落和注意力分散

B. 过度惊慌状态下导致的失误

C. 过度疲劳状态下导致的失误

D. 重体力劳动下的图省事(凑合)心理

3. 容易造成煤矿事故的“七种人”有(　　)。

A. 新婚前后的“幸福人”　B. 受处分的“情绪人”

C. 探亲归来的“疲劳人”　D. 盲目蛮干的“粗鲁人”

4. 以下属于情绪调节方法的是(　　)。

A. 情绪宣泄法　B. 注意力转移法

C. 角色转换法　D. 语言暗示调节法

5. 以下属于联络和确认不充分而相互误解信号造成失误的情况是(　　)。

A. 联络信号及其方法不完备或信号装置有故障

B. 联络信号实施时不明确、不彻底

C. 接收信号的一方没有确认信号的意义,产生误解而发生失误

D. 发信号的人误发信号或双方都没有经过确认

6. 只有在生活中能保持积极、快乐的情绪,才能在工作中排除心理干扰,只有保持良好的心理状态,才能(　　),保证安全生产。

A. 具有充沛的精力　　B. 保持旺盛的斗志

C. 减少工作中的失误　　D. 预防事故发生

7. 在职工(　　)前后,无论是管理者还是普通作业人员都必须引起高度重视,及时做好提醒、告诫等思想工作,并采取有关预防措施,保证节假日前后和期间的安全工作。

A. 喜庆　　B. 婚丧　　C. 节假日　　D. 上下班

8. 当暴怒时默默提醒自己(　　);在心情紧张时口中默念(　　);在恐惧时心里念叨(　　)等,对控制情绪都有一定的作用,从而有益于在生产活动中保持良好和平和的情绪。

A. 要镇静　　B. 要止怒　　C. 别害怕　　D. 要休息

9. 保持积极乐观情绪的方法有(　　)。

A. 要做到知足常乐

B. 要学会攀比

C. 对人生的得失要有正确认识

D. 对于不可改变的事情要看得开、放得下,不可执着

10. 人在(　　)情况下容易分心。

A. 节前筹备过节时

B. 连续延点时间过长或休息不好筋疲力尽时

C. 受到批评或处分,思想有压力时

D. 家庭不和闹纠纷时

模块五　煤矿生产基本常识

【学习提示】

我们为什么要学习煤矿生产基本常识？因为煤矿井下工作条件较差、危险因素较多，只有了解煤矿生产基本常识，员工才能对井下工作有总体的认识，这是员工做好井下工作、保障自身安全的基础。通过本模块的学习，应了解煤矿地质及采掘基本知识，熟悉不同地质构造、采煤工艺以及采煤方法的特点，掌握地质构造识别、分析、判断、处理方法，熟悉矿井开拓方式及各类井巷的作用，掌握不同采煤工艺应注意的问题以及顶板事故预防的基本知识。了解矿井通风系统组成及井下主要通风设施的构建原理及作用；掌握井下供电、用电基本常识，明确井下用电安全注意事项；熟悉井下煤、矸、物料、人员运输方式，对矿井运输设备等进行初步了解。

一、煤矿生产概况

1. 什么是煤矿井巷工程?

答:井巷工程包括井筒、井底车场巷道及硐室、主要石门、运输大巷、采区巷道和回风巷道等全部工程。井巷工程施工主要特点是:作业空间狭小、通风照明条件差、噪声大、劳动条件恶劣。同时,井巷经常要穿过各种不同的岩层,地质条件复杂,潜在的不安全因素多,危险性大,会发生冒顶、片帮、透水、爆炸、机械伤害、尘毒危害等事故,造成人员伤亡和财产损失。因此,煤矿安全生产必须十分重视井巷掘进的安全问题。

2. 矿井开采方式有哪些?

答:矿井开采方式分为井工开采、露天开采和井工与露天联合开采。井工开采是通过地下巷道工程把矿床划分为井田、盘区、矿块进行开采工作；露天开采是使用采、装、运设备，在敞露的空间从事开采工作；联合开采则是上部或浅部用露天开采方式，深部用井工开采方式。

二、煤矿地质常识

3. 煤是如何形成的？

答：煤是由地质历史上植物遗体演变而形成的。在地质历史上的成煤时期，死亡的植物遗体堆积在湖泊、沼泽底部，在细菌参与的生物化学作用下，变成泥炭层。随着时间推移，地壳继续缓慢下沉，泥炭层在压力和温度的作用下，逐渐失去水分而变得致密，这时，泥炭就变成了褐煤。随着地壳继续下沉，褐煤在地下深处受到高温和高压的作用，逐渐变成烟煤。随着变质程度的进一步升高，烟煤变成无烟煤。

4. 什么是煤层厚度？

答：煤层顶、底板之间的垂直距离，称为煤层厚度。煤层厚度相差很大，是影响采煤方法的主要因素之一。根据煤层结构的不同，煤层厚度分为总厚度、有益厚度和可采厚度。总厚度是指煤层顶、底板间各分煤层厚度和各夹层厚度的总和；有益厚度是指煤层顶、底板间各分煤层厚度的总和；可采厚度是指达到国家规定的最低可采厚度以上的煤层厚度或煤分层厚度之和。

根据煤层厚度对开采技术的影响，可将煤层分为以下3类：

① 薄煤层：厚度为1.3 m以下的煤层。

② 中厚煤层：厚度为1.3～3.5 m的煤层。

③ 厚煤层：厚度大于3.5 m的煤层。

在煤矿生产中，习惯上将厚度大于6 m的煤层称为特厚煤层。

5. 什么是含煤地层？

答：在煤的形成过程中，煤层上下会同时形成许多岩层。这些夹有煤层的岩层是在同一成煤时期形成的，通常称为某一地质年代的煤系地层。煤系是指含有煤层的沉积岩系，又称含煤地层，它们彼此间大致连续沉积，并在成因上有密切联系。

6. 什么是煤（岩）层产状？

答：煤（岩）层在空间的产出状态，称为煤（岩）层产状。倾斜煤层的产状,可以用煤层层面的走向、倾向和倾角 3 个要素的数值表示,称为煤层的产状要素,如图 5-1 所示。

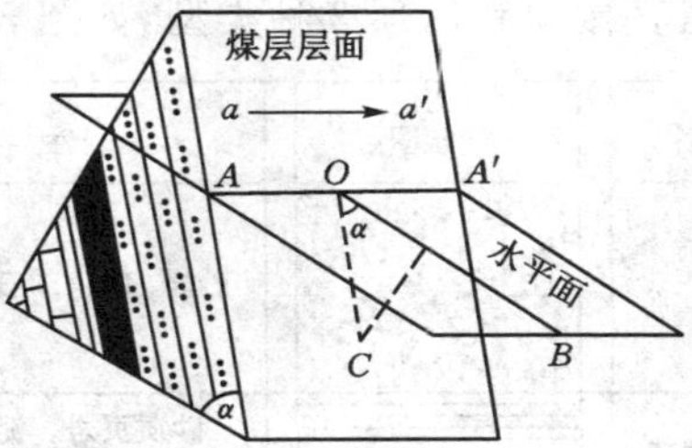

AA'—走向线;aa'—走向;OB—倾向线;OC—倾斜线;α—煤层倾角。

图 5-1　煤层产状要素

① 走向。倾斜煤(岩)层层面与水平面的交线称为走向线,如图 5-1 中 AA'所示。走向线是煤层面上的一条水平线,表示煤层在水平面上的延展方向,它的两端延伸方向为煤层的走向。

② 倾向。在煤层层面上,与走向线垂直并沿层面倾斜向下引出的直线称为倾斜线,如图 5-1 中 OC 线。倾斜线在水平面上的投影线所指煤层倾斜一侧的方向为煤层的倾向,如图 5-1 中 OB 所示。

③ 倾角。倾角是指煤层面和水平面之间的夹角,如图 5-1 中的 α 所示。

煤层倾角对采煤方法的选择影响极大。一般来讲,倾角越小,开采越容易;倾角越大,开采越困难。根据煤层倾角对开采技术的影响,可将煤层分为以下 4 类:

① 近水平煤层:倾角在 8°以下的煤层。

② 缓倾斜煤层:倾角为 8°～25°的煤层。

③ 倾斜煤层:倾角为 25°～45°的煤层。

④ 急倾斜煤层:倾角在 45°以上的煤层。

7. 什么是煤层顶板与底板?

答:煤多以层状的形态赋存于地下,并与上、下岩层有明显的分界面。位于上、下两个界面之间的煤及其所夹的矸石层称为煤层,赋存在煤层之上的邻近岩层称为煤层的顶板;赋存在煤层之下的邻近岩层称为煤层的底板。

根据顶板在煤层开采中垮落的难易程度及其与煤层的相对位置，将顶板分为基本顶、直接顶和伪顶3种类型，如图5-2所示。

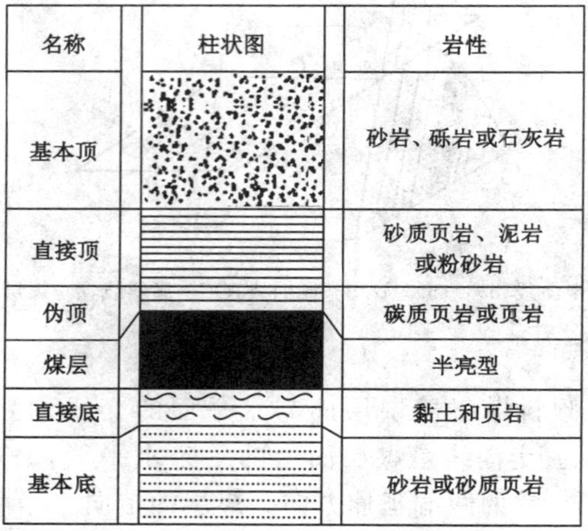

图5-2　煤层顶、底板类型

① 伪顶。伪顶是指直接位于煤层之上的较薄岩层，极易破碎，随采随落。通常为碳质页岩、页岩等，厚度一般在0.5 m以下。

② 直接顶。直接顶是指位于伪顶之上或直接位于煤层之上（煤层没有伪顶时）的一层或几层岩层，通常由砂质页岩、泥岩、粉砂岩等比较容易垮落的岩层组成。直接顶在煤层采动后随支柱回收或移架而自行垮落，有时需要人工放顶。

③ 基本顶。基本顶是指位于直接顶或煤层之上，通常为厚度较厚、岩石强度较大、难以垮落的岩层，通常由砂岩、砾岩或石灰岩等组成。

根据煤层底板的性质、煤层底板与煤层的关系，煤层底板可分为直接底和基本底2种类型。

① 直接底。直接底是指直接位于煤层之下的岩层，一般由黏土和页岩组成。其主要特点为遇水容易膨胀，引起底鼓现象。

② 基本底。基本底是指位于直接底或煤层之下的岩层，一般由砂岩或砂质页岩等坚固的岩层组成。

8. 什么叫地质构造？

答：由地壳运动形成的岩层空间形态称为地质构造。可分为单斜构造、褶皱构造和断裂构造3种基本类型。

① 单斜构造。由于地壳运动的影响，地壳表层中的岩层绝大部分是倾斜的，极少数是水平的或接近水平的。在一定范围内，煤层或岩层大致向一个方向倾斜，这样的构造形态称为单斜构造。单斜构造往往是其他构造形态的一部分，或是褶曲的一翼，或是断层的一盘。

② 褶皱构造。岩层受地壳运动水平力的作用发生变形，呈现波状弯曲，但仍保持了岩层的连续性和完整性的构造形态，称为褶皱。褶皱构造中岩层的任何一个弯曲叫褶曲，褶曲是组成褶皱的基本单位。褶曲有两种基本形态：背斜和向斜。

③ 断裂构造。岩层受力后遭到破坏，发生断裂，失去了连续性和完整性的构造形态叫断裂构造。根据岩层断裂后两侧岩块有无显著位移，可把断裂构造分为节理和断层两大类。

9. 断层是如何分类的？其对煤矿安全生产的主要影响有哪些？

答：根据断层上下盘相对位移方向可分为正断层、逆断层和平推断层。

根据断层走向与岩层走向的关系可分为走向断层、倾向断层、斜交断层。

断层破碎带对煤矿安全生产的影响：断层破碎带是水和瓦斯的良好通道。地表水和含水层水能沿着断层破碎的缝隙流入井下，有时还可能发生透水事故，井巷通过破碎带时必须注意防止瓦斯、冒顶事故。

10. 褶曲是如何分类的？其对煤矿安全生产有什么影响？

答：褶曲分为向斜和背斜，向斜与背斜相间存在。褶曲轴部附近顶板压力常有增大现象，必须加强支护，否则容易发生局部和大面积冒顶事故，给顶板管理带来困难，有瓦斯突出的矿井，向斜附近是瓦斯突出区。

11. 裂隙对煤矿安全生产的主要影响有哪些?

答:① 影响钻眼与爆破效果;

② 影响回采效率;

③ 影响顶板管理;

④ 影响工作面的布置,当顶板裂隙发育时,工作面应与主要的裂隙面斜交。

另外,裂隙发育的地段,是地下水和瓦斯的良好通道,管理不慎容易恶化环境,甚至引发水灾和瓦斯事故。

三、煤矿开拓常识

12. 什么是矿井储量?

答:井田范围内煤炭的埋藏量称为矿井储量。

13. 什么是矿井生产能力?

答:矿井生产能力指矿井一年内能生产煤炭的量。按生产能力大小可把矿井分为大型矿井、中型矿井和小型矿井。

14. 什么是矿井开拓方式?

答:矿井开拓指在矿井范围内,从地表向地下开掘一系列井巷进入矿体,并建立矿井提升、运输、通风、排水及动力供应等生产系统。

① 平硐开拓:利用水平巷道由地面进入煤层进行开采的方式。

② 斜井开拓:利用倾斜巷道由地面进入,并通过一系列巷道到达煤层的一种开拓方式。

③ 立井开拓:利用垂直巷道由地面进入,并通过一系列巷道到达煤层的一种开拓方式。

④ 综合开拓:利用上述 2 种或 3 种方式来开拓一个井田,这种开拓方式称为综合开拓。

15. 矿井井巷是如何分类的?

答:在煤矿井下开采中,为了提升、运输、通风、排水、动力供应等需要而开掘的井筒、巷道和硐室总称为矿井井巷。

(1) 矿井井巷根据井巷的长轴线与水平面的关系可以分为直立巷道、水平巷道和倾斜巷道 3 类。

① 直立巷道：巷道的长轴线与水平面垂直，如立井、暗立井等；

② 水平巷道：巷道的长轴线与水平面近似平行，如平硐、平巷、石门等；

③ 倾斜巷道：巷道的长轴线与水平面有一定夹角，如斜井、上山、下山、斜巷等。

(2) 按巷道的用途和服务范围分类，常见巷道可分为开拓巷道、准备巷道和回采巷道。

① 一般来说，为全矿井、一个水平或若干采区服务的巷道，如井筒、井底车场、主要石门、运输大巷和回风大巷（或总回风道）、主要风井，称为开拓巷道。

② 为一个采区或数个区段服务的巷道，如采区上下山、采区车场、采区硐室，称为准备巷道。

③ 仅为采煤工作面生产服务的巷道，如区段运输平巷、区段回风平巷、开切眼，称为回采巷道。

16. 各类井巷有什么作用?

答：① 立井又称竖井，为直接与地面相通的直立巷道。专门或主要用于提升煤炭的立井叫作主井。主要用于提升矸石、下放设备器材、升降人员等辅助提升工作的立井叫作副井。暗立井又称盲竖井、盲立井，为不与地面直接相通的直立巷道，其用途同立井。

② 平硐是直接与地面相通的水平巷道。它的作用类似于立井，有主平硐、副平硐、排水平硐和通风平硐等。

③ 平巷是与地面不直接相通的水平巷道，其长轴方向与煤层走向大致平行。平巷布置在煤层中的称为煤层平巷，平巷布置在岩层中的称为岩石平巷。

④ 为开采水平服务的平巷常称为大巷，如运输大巷。直接为采煤工作面服务，以担负煤炭运输为主要任务的平巷叫作运输平巷（也称下顺槽）；以担负工作面回风为主要任务的平巷叫作回风平巷（也称上顺槽）。

⑤ 石门是与地面不直接相通的水平巷道，其长轴线与煤层直交或斜交。为开采水平服务的石门称为主要石门，为采区服务的石门称为

采区石门。

⑥ 采区上、下山是指服务于一个采(盘)区的倾斜巷道,上山用于开采其开采水平以上的煤层,下山用于开采其开采水平以下的煤层。安装输送机的上、下山叫作运输上、下山,铺设轨道的上、下山叫作轨道上、下山,用作通风、行人的上、下山叫作通风行人上、下山。

⑦ 硐室是空间上3个轴线长度相差不大且又不直通地面的地下巷道,如绞车房、变电所、煤仓等。

四、煤矿生产系统

17. 煤矿巷道是如何分类的?

答:① 巷道按其断面岩石的组成不同分为岩巷、煤巷和半煤岩巷。

② 巷道按其施工的角度不同分为平巷、斜巷和立井。

③ 巷道按其施工的方法不同分为钻爆法施工巷道和机械法施工巷道。

18. 巷道施工方法及工序是什么?

答:根据巷道围岩的强度、整体性、含水量及其他地质条件,巷道施工方法可分为钻爆法和机械法。

巷道施工主要由掘进和支护两道工序组成,在巷道具体施工中又将掘进工序细分为破岩、岩石装运两道工序,即巷道施工由破岩、岩石装运和支护三大工序组成。

19. 什么是破岩工序?

答:破岩是巷道施工的第一道主要工序,即采用一定的方法和设施将巷道所处位置中的岩石掏出,为后续的岩石装运和巷道支护工作做好准备,使巷道空间能够满足矿井生产需求。

巷道施工中通常采取钻爆法和机械法破岩。

20. 什么是钻爆法破岩?

答:钻爆法破岩即采用钻眼、装药、爆破的方法破碎岩石,采用机械方法装运岩石,人工或人工配合机械支护巷道的方法。它是目前巷道施工采用的主要方式,在岩巷掘进中使用最为普遍。进行爆破破岩必须先钻出炮眼,然后再安放炸药进行爆破。

① 钻眼。钻眼工作需要使用钻眼机械。

② 爆破。装药爆破是岩石破碎的一道重要工序，它是采用在炮孔中安设炸药，通过炸药爆炸产生的能量对巷道围岩进行冲击破碎，从而达到破岩的目的。

21. 什么是机械法破岩？

答：机械法利用掘进机对巷道围岩进行冲击破碎，从而达到破岩的目的。机械法破岩主要采用掘进机进行施工。

22. 什么是岩石装运工序？

答：岩石装运（简称装岩）就是将破碎的岩石装运出施工地点，以便进行巷道支护工作。在装岩工序中可以采用人工和机械两种方法进行岩石的装运工作，但人工装岩效率低、速度慢、工人体力消耗大、劳动环境差，故很少采用，现多采用机械方法进行岩石装运工作。

装岩工作包括工作面装岩和调车运输两项工作。这两项工作必须做到配备人员适当、协调一致、操作熟练、机械故障少等才能取得较好的效果。

装岩前必须检查顶板及两帮、消除悬石、修理支架、检查电力供应线路、清理轨道，使工作面处于安全状态。

23. 常见的装岩机有哪些类型？

答：装岩机的类型较多，如按用途可分为平巷用、斜巷用、装煤用、装岩用 4 种；按行走机械分为轮轨式、履带式、轮胎式 3 种；按使用的动力分为电动、风动、内燃机驱动等；按工作机构分类更多，其中井下常用的有铲斗式、耙斗式、侧卸式、蟹爪式和立爪式等。

目前国内使用较多的是铲斗后卸式装岩机和耙斗式装岩机，侧卸式装岩机次之，蟹爪式、立爪式装岩机正在不断完善和发展。

24. 什么是支护工序？

答：经过破岩和装岩工序后，为保障巷道在一定年限内能够满足矿井的生产需求，应对巷道的围岩进行加固和维护，即巷道支护。较早施工的巷道大多是架设棚式支架与砌筑石材整体式支架，现在多是以提高围岩自承载能力的锚喷支护为主。

25. 什么是巷道支架？一般分为哪些类型？

答：巷道支架为安设在巷道中的人工构筑物，用于控制围岩的移动，防止围岩垮落，以保持巷道安全的使用空间。巷道支架按使用时间长短的不同，分为临时支架和永久支架；按力学性能的不同，分为刚性支架和可缩性支架；按支架材料的不同，分为木支架、金属支架、石材支架、混凝土支架、钢筋混凝土支架等；按照巷道支架承载机理的不同，分为被动支护支架和主动支护支架。

26. 什么是棚式支架？

答：棚式支架简称棚子，是井下常用的一种传统支架。依据使用的材料不同，棚式支架又分为木支架、金属支架、装配式钢筋混凝土支架等多种形式。

27. 什么是锚喷支护？

答：锚喷支护是锚杆与喷射混凝土联合支护的简称，二者可以单独使用，即锚杆支护与喷射混凝土支护。锚喷支护还可与金属网联合支护。锚喷支护具有施工机械化程度高、成本低、节约材料和施工速度快等优点。

① 锚杆支护。锚杆是锚固在岩体内维护围岩稳定的杆状结构物。树脂锚杆是目前国内外使用最广泛的锚杆支护形式，由锚固剂（树脂胶囊）、杆体、托盘和螺母等组成。

锚杆杆体是锚杆的主体，杆体材质及表面结构直接影响锚固范围对围岩的支护阻力。锚固剂将杆体与围岩黏结在一起，在围岩深部与浅部不一致变形过程中，锚固剂将围岩变形传递给杆体，同时将杆体对围岩变形的约束传递给围岩。锚固剂在锚杆与围岩相互作用过程中具有重要作用。树脂锚固剂通常是将树脂、固化剂、促凝剂严密包装在一定长度和直径的胶囊中，树脂和促凝剂装在一室，固化剂与之隔离包装在另一室。锚固剂胶囊被锚头捣破搅拌后，促凝剂促进树脂和固化剂发生化学反应，使锚杆杆体通过锚固剂与钻孔壁固结在一起。

锚杆支护施工包括钻锚杆眼和安装锚杆两个工序。钻锚杆眼和安装锚杆均使用单体轻便式钻锚杆眼的钻机施工。

② 喷射混凝土支护。喷射混凝土是将一定配比的水泥、砂、石子

和速凝剂等混合搅拌均匀，装入喷射机，以压缩空气为动力，使拌合料沿管路吹送至喷头处与水混合并以较高的速度喷射在岩面上，凝结硬化而成的一种新型支护形式。

五、采煤工艺和方法

28. 什么是采煤方法?

答：采煤方法是指采煤工艺与回采巷道布置及其在时间、空间上相互配合的总称。采煤方法包括采煤系统和采煤工艺两部分内容。

采煤系统是指采区巷道的布置方式，掘进和采煤顺序的合理安排以及由采区供电、通风、运输、排水等生产系统共同构成的、完整的煤炭开采系统。采煤工艺是指采煤工作面各工序所用方法、设备及其在时间、空间上的相互配合。

通常按采煤工艺、矿压控制特点和采煤系统构成，将采煤方法划分为壁式体系采煤法和柱式体系采煤法两大类。除少数小型矿井外，我国绝大多数煤矿采用壁式体系采煤法。

29. 什么是长壁式采煤法?

答：长壁式采煤法包括走向长壁采煤法和倾斜长壁采煤法。长壁式采煤法普遍适用于各种倾角与厚度的煤层。

① 走向长壁采煤法。长壁工作面沿煤层倾斜方向布置，沿煤层走向方向推进的长壁采煤方法。此种采煤方法能适应不同倾角的煤层，生产系统较简单，通风安全条件也较好，是我国最主要的煤炭地下开采方法。

② 倾斜长壁采煤法。长壁工作面沿煤层走向布置，沿煤层倾斜方向推进的采煤方法。这种采煤方法的生产系统很简单，采面长度保持不变，掘进率低，回采率高且生产能力较大。只要煤层条件适合，可获得较好的经济效益。这种方法主要用于煤层倾角较小的近水平煤层。

30. 什么是采煤工艺?

答：采煤工艺又称回采工艺，由 5 个主要工序组成：

① 破煤：将煤炭从工作面煤壁上采落下来的工序。

② 装煤：将采落下来的煤炭装入工作面刮板输送机内的工序。

③ 运煤:将工作面采落的煤炭运出工作面的工序。

④ 支护:将破煤后暴露的工作面顶板空间,用支护材料或设备支护的工序。

⑤ 采空区处理:采用全部垮落法处理采空区的工作面,采空区处理是回柱(或移架)放顶工序;采用全部充填法处理采空区的工作面,采空区处理是回柱充填的工序。

我国目前普遍采用的采煤工艺有爆破采煤工艺、普通机械化采煤工艺、综合机械化采煤工艺和综合机械化放顶煤采煤工艺。

31. 什么是爆破采煤工艺?

答:爆破采煤工艺,又称炮采工艺,是指在长壁工作面用爆破方法破煤和装煤、人工装煤、输送机运煤和单体支柱支护的采煤工艺。爆破采煤工艺应用于采矿学科,其材料是炸药。主要工序有:

① 爆破落煤。爆破落煤由打眼、装药、填炮泥、联炮线及爆破等工序组成。一般采用电煤钻打眼,按照不同的煤层条件,采用不同的炮眼布置方式。

② 装煤与运煤。炮采工作面装煤是一项笨重的体力劳动。爆破崩落下来的煤炭除少量落入输送机外,大部分依靠人工铲装,为了减轻装煤工作的劳动量,应大力推广使用攉煤机和提高爆破装煤技术。

③ 工作面支护。为了保证采煤工作连续正常地进行,必须对采煤工作面进行及时支护。炮采工作面的采场支护,大多采用摩擦式金属支柱及铰接顶梁,采用单体液压支柱支护的工作面日益增多,木支柱支护正被逐步淘汰。

④ 采空区处理。随着采煤工作面不断向前推进,顶板悬露的面积越来越大,为了保证工作面的安全生产,满足采煤工作面设备运行、人员行走、材料运输以及通风的需要,必须及时对采空区进行处理。

32. 什么是普通机械化采煤工艺?

答:普通机械化采煤工艺,简称"普采",是用机械化方法破煤、装煤,输送机运煤和单体支柱支护顶板的采煤工艺。普采工作面常用的机械破煤装备是单滚筒采煤机或双滚筒采煤机,其特点是用采煤机完成落煤和装煤工序,工作面支护和采空区处理工序与炮采相同。普采工作面回采工序如下：

① 工作面破煤：通过安装在采煤机螺旋滚筒上的截齿，依靠滚筒旋转的线速度截割煤层，将煤从煤壁上破落下来。

② 工作面装煤：通过安装在采煤机滚筒上的螺旋叶片把碎煤沿轴向推至输送机旁，然后利用螺旋叶片端部将煤抛到输送机内。

③ 工作面运煤：通过可弯曲刮板输送机来实现运煤，同时，刮板输送机也作为采煤机运行的导轨，通常采煤机以刮板输送机作为行驶的轨道。

④ 工作面支护：工作面一般采用单体液压支柱和铰接顶梁组成的悬臂支架进行支护。

⑤ 采空区处理：与炮采相同。

33. 什么是综合机械化采煤工艺?

答：综合机械化采煤工艺，简称“综采”，是用机械方法破煤和装煤，输送机运煤和液压支架支护的采煤工艺。它是指采煤工作面中采煤的全部生产工序如破煤、装煤、运煤、支护和管理顶板等过程都实现了机械化。此外，顺槽中的运输也实现了机械化，以便充分发挥综采设备的生产效能。综合机械化采煤工作面是指用采煤机、可弯曲刮板输送机和自移液压支架等主要设备组合配套，进行生产的采煤工作面。

综采工艺特点：综采是采煤技术发展史上的一次重大变革，它使采煤工作面的采煤与顶板管理等各工序都实现了机械化。尤其是近年来研制出了大功率、大滚筒采煤机和大采高液压支架，使综采可在厚度5.0 m左右的煤层中一次采全高以及在特厚煤层中进行放顶煤开采，其适用范围越来越广，简化了矿井的生产系统，便于集中管理。其主要特点是：高产、高效、安全、低耗。

34. 综采工作面有哪些设备?

答：综采工作面设备主要包括滚筒采煤机（或刨煤机）、液压支架、可弯曲刮板输送机、桥式转载机、可伸缩带式输送机、乳化液泵站、供电设备、集中控制设备、单轨吊车以及其他辅助设备等。综采工作面设备的配套很关键，尤其应使采煤机、输送机和液压支架这三大设备（简称“三机”）均符合工作面的生产条件，并在生产能力、设备强度、空间尺寸等方面配套。

35. 什么是放顶煤采煤工艺?

答:放顶煤采煤工艺是沿煤层的底板或煤层某一厚度范围内的底部布置一个采煤工作面,利用矿山压力将工作面顶部煤层在工作面推进过后破碎垮落,并将垮落顶煤予以回收的一种采煤方法。

36. 什么是充填采矿法?

答:充填采矿法属人工支护采矿法。在矿房或矿块中,随着采煤工作面的推进,向采空区送入充填材料,以进行地压管理、控制围岩崩落和地表移动,并在形成的充填体上或在其保护下进行回采。本法适用于开采围岩不稳固的高品位、稀缺、贵重矿石的矿体;地表不允许陷落,开采条件复杂,如水体、铁路干线、主要建筑物下面的矿体和有自燃火灾危险的矿体等;也是深部开采时控制地压的有效措施。充填法的优点是适应性强,矿石采出率高,贫化率低,作业较安全,能利用工业废料,保护地表等;缺点是工艺复杂,成本高,劳动生产率和矿块生产能力都较低。

六、煤矿通风系统

37. 通风系统的任务是什么?

答:① 供给井下足够的新鲜空气,满足人员对氧气的需要;

② 稀释并排除井下有毒有害气体和粉尘,保证安全生产;

③ 调节井下气候,创造良好的工作环境;

④ 提高矿井的抗灾能力。

38. 矿井通风方式有哪些?

答:矿井通风方式分为中央式通风、对角式通风、分区式通风和混合式通风四类:

① 中央式通风。中央式通风方式又可分为中央并列式和中央分列式(又称中央边界式)两种。

中央并列式通风方式是进风井和回风井都布置在矿区井田的中央,两风井相隔很近(一般相距 30～50 m)。

中央分列式通风方式是进风井布置在矿区井田中央,而回风井则布置在矿区井田上部边界沿走向的中央,两风井相隔一定距离。

② 对角式通风。对角式通风方式可分为两种:两翼对角式和分区对角式。两翼对角式是进风井位于井田中央,两翼分别布置一个回风井。分区对角式是进风井大致位于井田中央,在每个采区各布置一个回风井。

③ 分区式通风。在井田的每个生产区域各布置进、回风井,分别构成独立的通风系统。

④ 混合式通风。混合式通风方式是中央式和对角式组合成的一种混合通风方式,如中央并列式与两翼对角式组合、中央分列式与两翼对角式组合等。

39. 矿井通风构筑物有哪些？其作用是什么？

答:矿井常用的通风设施有风门、密闭、风桥、调节风窗等。

① 风门:可以使人员和车辆通过又能阻断风流的通风设施。

② 密闭:设置在需要隔断风流同时又不需要通车行人的巷道中的构筑物。

③ 风桥:立体交叉设施,使平面交叉通过的新风和乏风互不干扰。

④ 调节风窗:在风门或风墙上方,开一个面积可调的窗口,通过调整小窗口的面积来调节风量。

七、煤矿供电系统

40. 煤矿供电系统的要求是什么？

答:煤矿对供电系统有四个要求:

① 供电安全。供电安全包括人身安全、矿井安全、设备安全三个方面。

② 供电可靠。供电可靠是指不间断供电。根据负荷的重要程度,煤矿电力负荷分为三类,各类负荷对供电的可靠性要求不同,采取的供电方式也不同。

③ 供电质量。供电质量是指供电电压、频率基本稳定为额定值。我国煤矿一般要求电压允许偏差不超过额定电压的±5%,频率允许偏差不超过±(0.2～0.5)赫兹。

④ 供电经济。供电经济是指矿井供电系统的投资、电能损耗及维

护费用尽量少。这就要求合理地确定供电系统,优选质量高、损耗少、价格低的系统设备,但是必须在满足上述三个要求的前提下,尽量保证供电的经济性。此外,考虑到以后的发展,在煤矿供电设计时还应留有扩建的余地。

41. 什么是井下电网的“三大保护”?

答:井下电网的“三大保护”指:过流保护、接地保护、漏电保护。

① 过流保护:过电流就是指流过电气设备和电缆的电流超出额定电流。当出现过电流时采取的切断电源的保护方式称为过流保护。

② 接地保护:将通常情况下不带电,但在绝缘损坏后或其他情况下很有可能带电的电气设备金属材料的一部分,用电线与接地体可靠连接的一种保护接线方式。

③ 漏电保护:当电气设备或导线的绝缘损坏,或人身触及一相带电导体时,电源和大地形成回路,有电流流过的现象称为漏电。当电力网路中漏电电流达到危险值时,能自动切断电源的装置称为漏电保护装置。

42. 煤矿井下用电安全有什么要求?

答:为了保证煤矿电气设备安全运行,除不允许变压器中性点接地外,对用电安全还提出了“七无、七有、两齐、七全、三坚持、十不准”等要求。

① “七无”:无“鸡爪子”、无“羊尾巴”、无明接头、无可延燃电缆、无电缆与易燃物接触、无电缆盘圈和“8”字形、无电缆埋压和泡在水中。

② “七有”:有过流、过负荷和断相保护,有漏电保护、漏电闭锁和接地选择保护,有螺钉和弹簧圈,有密封圈和挡板,有接地装置,有两回电源线路,有中和电液的溶液。

③ “两齐”:电缆悬挂整齐、设备硐室清洁整齐。

④ “七全”:防护装置全(指防护罩及栅栏等)、绝缘用具全、图纸资料全、防火用具全、防火门全、信号照明全、记录全。

⑤ “三坚持”:坚持使用漏电继电器、坚持使用煤电钻综合保护、坚持使用局部通风机风电闭锁装置。

⑥ “十不准”:不准甩掉无压释放和过流保护装置,不准甩掉漏电

继电器，不准甩掉煤电钻综合保护装置，不准甩掉局部通风机风、电、瓦斯闭锁装置，不准明火操作、明火打点、明火爆破，不准用铜、铝、铁丝等代替熔断丝，停风、停电的工作面未经检查瓦斯不准送电，失爆的电气设备不准使用，不准在井下敲打、撞击、拆卸矿灯，不准带电检修、搬迁电气设备、电缆和电线。

43. 煤矿井下停送电制度有什么要求？

答：① 停送电操作人员必须经过培训，并经考试取得合格证后，持证上岗，能独立操作。其他人员严禁进行停送电操作。

② 操作人员必须熟知《煤矿安全规程》《煤矿机电设备完好标准》《煤矿机电设备检修质量标准》及有关标准和规定的相关内容。

③ 熟悉变电所供电系统图和设备分布，了解系统电源情况及各配出开关的负荷性质、容量和运行方式。熟知变电所配电设备的特性、一般构造及工作原理，并掌握操作方法，能排除一般性故障。

④ 停送电操作的验电笔、接地线、放电棒等各种用具须与电源电压相适应，且必须按要求进行试验，并有验审标记，确保完好。

⑤ 需停送电的设备必须确保在操作人员按规程操作的情况下无危害人身的故障存在。

⑥ 停送电首先必须在能确保自身安全的前提下进行。

⑦ 掌握触电急救法及人工呼吸法，并具有电气设备防灭火知识。

⑧ 没有妨碍本职工作的病症。

八、煤矿运输系统

44. 煤矿运输系统的作用是什么？

答：矿井的开拓、巷道的掘进、煤炭的生产，需要将劳动工具、机械设备、支护材料、电气设备、爆破材料以及施工人员由地面运往井下施工地点，将井下开采出的煤炭、矸石送往地面，维修的电气设备、机械设备、支护材料和施工后的人员运出矿井，将这些运进、运出的工作称为煤矿运输。

45. 煤矿运输系统由哪几部分组成？

答：煤矿运输系统由采区运输、主巷运输、提升运输和地面运输四大运输环节组成。

① 采区运输:在矿井单水平或多水平采区中,从工作面到采区车场或是阶段运输大巷车场这一运输工作环节。

② 主巷运输:矿井已开拓或主要运输的水平或倾斜巷道(包括阶段、石门、水平运输大巷)的运输,即从井底车场到地面车场的运输环节。

③ 提升运输:立井和斜井开拓的矿井中,从井底车场到地面车场的运输环节。

④ 地面运输:在矿山地面工业广场内的运输工作。

46. 煤矿主要运输系统设备及运输流程是什么?

答:矿井井筒提升根据井筒的倾角可分为立井提升和斜巷提升。提升设备有单绳缠绕式提升机和多绳摩擦式提升机。提升容器有箕斗、罐笼、矿车和斜井人车等。

平巷运输设备主要采用矿用机车、无极绳绞车。矿用机车主要包括防爆柴油机车、架线式电机车和蓄电池电机车、单轨吊机车等。

采区运输设备主要采用刮板输送机、桥式转载机、带式输送机等。

煤的运输流程如下:工作面采下的煤经工作面刮板输送机→桥式转载机→带式输送机→集中上(下)山带式输送机→采区煤仓→平巷运输列车装煤→矿用机车牵引列车通过运输大巷进入井底车场(或卸煤到井底煤仓)→提升机通过井筒将矿车提升到地面(或箕斗在井底煤仓装煤提升到井口煤仓)。

井下所需要的材料和空矿车的运输流程如下:地面的材料车和空矿车通过副井井筒提升机下放到井底→矿用机车牵引列车送到采区车场→空矿车进行装矸石(材料车通过采区轨道上下山送到采煤工作面)。

九、智能化采矿技术

47. 什么是智能化采矿技术?

答:智能化采矿技术是指通过先进的自动化、智能化设备和系统,实现矿山生产过程的全面优化和控制。

48. 智能化采矿技术主要包括哪几个方面?

答:(1) 自动化设备:采用先进的自动化设备,如无人驾驶的采矿车、自动化钻机等，实现矿山生产过程的自动化和智能化。

(2) 智能化系统：通过建立智能化系统，实现对矿山生产过程的全面监控和调度，提高生产效率和管理水平。

(3) 数据分析与优化：通过对矿山生产过程中产生的数据进行收集、分析和优化，实现对生产过程的精确控制和优化。

49. 智能化采矿技术有哪些优势？

答：(1) 提高生产效率：通过自动化设备和智能化系统，减少人工干预，提高生产效率。

(2) 降低成本：减少人力成本和设备维护成本，降低生产成本。

(3) 提高安全性：通过自动化设备和智能化系统，减少人员伤亡和设备故障，提高生产安全性。

(4) 减少对环境的影响：通过精确控制和优化生产过程，减少对环境的影响。

复习思考题

1. 什么是煤(岩)层产状？
2. 断层对煤矿安全生产的主要影响有哪些？
3. 什么是采煤工艺？
4. 通风系统的任务是什么？
5. 矿井通风构筑物有哪些？其作用是什么？
6. 什么是智能化采矿技术？

模块五自测试题

(共 100 分，80 分合格)

得分：________

一、判断题(每题 3 分，共 30 分)

1. 倾斜煤(岩)层层面与水平面的交线称为走向线。　　(　　)

2. 直接顶在煤层采动后随支柱回收或移架而自行垮落，有时需要人工放顶。（　　）

3. 煤是由地质历史上的动物遗体演变而形成的。（　　）

4. 厚度为 3.5 m 以下的煤层称为中厚煤层。（　　）

5. 在煤矿地下开采中，为了提升、运输、通风、排水、动力供应等需要而开掘的井筒、巷道和硐室总称为矿井井巷。（　　）

6. 为开采水平服务的石门称为主要石门，为采区服务的石门称为采区石门。（　　）

7. 近水平煤层是指倾角在 12°以下的煤层。（　　）

8. 岩层受地壳运动水平力的作用发生变形，呈现波状弯曲，但仍保持了岩层的连续性和完整性的构造形态，称为褶皱。（　　）

9. 采煤工艺是指采煤工作面各工序所用方法、设备及其在时间、空间上的相互配合。（　　）

10. 井下电网的"三大保护"指：过流保护、过压保护、漏电保护。（　　）

二、单选题（每题 3 分，共 30 分）

1. 在煤矿生产中，习惯上将厚度大于（　　）m 的煤层称为特厚煤层。

A. 6　　　　B. 5　　　　C. 4

2. 我国煤矿一般要求电压允许偏差不超过额定电压的（　　），频率允许偏差不超过±(0.2～0.5)赫兹。

A. ±1%　　　　B. ±3%　　　　C. ±5%

3. 倾角为（　　）的煤层称为缓倾斜煤层。

A. 8°～15°　　　　B. 8°～25°　　　　C. 10°～25°

4. 直接位于煤层之上的较薄岩层，极易破碎，随采随落的顶板称为（　　）。

A. 直接顶　　　　B. 伪顶　　　　C. 基本顶

5. 矿井生产能力是指矿井（　　）内能生产的煤炭的量。

A. 一个月　　　　B. 一个季度　　　　C. 一年

6. 利用垂直巷道由地面进入，并通过一系列巷道到达煤层的一种开拓方式称为（ ）。

A. 立井开拓 B. 综合开拓 C. 平硐开拓

7. 用机械方法破煤和装煤，输送机运煤和液压支架支护的采煤工艺称为（ ）。

A. 普采 B. 综采 C. 放顶煤开采

8.（ ）是指长壁工作面沿煤层倾斜方向布置，沿煤层走向方向推进的长壁采煤方法。

A. 走向长壁法 B. 倾斜长壁法 C. 综合长壁法

9.（ ）是指可以使人员和车辆通过又能阻断风流的通风设施。

A. 风门 B. 风墙 C. 风桥

10. 将通常情况下不带电，但在绝缘损坏后或其他情况下很有可能带电的电气设备金属材料的一部分，用电线与接地体可靠连接的一种保护接线方式称为（ ）。

A. 过流保护 B. 接地保护 C. 漏电保护

三、多选题（每题 4 分，共 40 分）

1. 地质构造可分为（ ）等基本类型。

A. 单斜构造 B. 褶皱构造

C. 断裂构造 D. 溶洞

2. 供电安全包括（ ）等方面。

A. 系统安全 B. 人身安全

C. 矿井安全 D. 设备安全

3. 采煤方法包括（ ）两部分内容。

A. 采煤系统 B. 采煤机

C. 采煤工艺 D. 运输设备

4. 采煤工艺又称回采工艺，由（ ）、采空区处理等主要工序组成。

A. 破煤 B. 装煤 C. 运煤 D. 支护

5. 长壁采煤方法包括（ ）。

A. 走向长壁采煤法　　B. 倾斜长壁采煤法
C. 综采　　D. 炮采

6. 巷道支架按使用时间长短的不同，分为(　　)。
A. 木支架　　B. 临时支架
C. 永久支架　　D. 金属支架

7. 巷道支架按照承载机理的不同，分为(　　)。
A. 被动支护支架　　B. 主动支护支架
C. 混凝土支架　　D. 钢筋混凝土支架

8. 以下(　　)属于开拓巷道。
A. 井底车场　　B. 运输大巷
C. 回风大巷　　D. 开切眼

9. 采区运输设备主要采用(　　)等。
A. 采煤机　　B. 桥式转载机
C. 带式输送机　　D. 刮板输送机

10. 智能化采矿技术的优势是(　　)。
A. 提高生产效率　　B. 降低成本
C. 提高安全性　　D. 减少对环境的影响

模块六　煤矿入井安全常识

【学习提示】

我们为什么要学习煤矿入井安全常识？首先，由于煤炭行业的安全特殊性，绝大部分矿井井下存在着不同等级、不同程度的安全风险和事故隐患，学习和掌握必要的入井安全常识，既是法律规定，也是个人入井安全防护的需要；其次，组织职工入井前学好这部分安全常识，也体现了企业对广大职工的爱护和对生命安全的负责；最后，入井安全常识是煤矿安全知识的基础，是今后学习其他安全生产知识和技能的前提，大家绝不可轻视，正如俗话说：基础不牢地动山摇。

本模块主要讲述入井安全常识，内容包括：煤矿安全常识、入井前的准备、井下运输工具乘坐安全、井下行走安全、井下交接班安全和井下工作安全必须注意的事项。

一、煤矿安全常识

1. 煤矿“五大系统”指什么？

答：煤矿“五大系统”指的是矿井“采煤、掘进、机电、运输、通风”等五大生产系统。

2. 煤矿“三大规程”指什么？

答：煤矿“三大规程”指的是《煤矿安全规程》、作业规程和操作规程。“三大规程”分别由煤炭行业不同的主管部门或机构组织制定，均具有法律强制属性，必须在生产过程中对照执行。

3. 煤矿“一通三防”指什么？

答：煤矿“一通三防”中的“一通”指的是矿井通风，以保障井下新鲜风流；“三防”指的是防治瓦斯、防灭火和防治煤尘。“一通三防”概括说明了矿井通风的目的、任务与重要性。

4. 煤矿“五大自然灾害”指什么?

答:传统煤矿的“五大自然灾害”指的是水、火、瓦斯、煤尘和顶板灾害。但随着煤矿采深增加、采区延伸和煤田地质构造的不断变化等,一些矿井逐渐出现一系列新的自然灾害,比如煤与瓦斯突出、冲击地压等,造成矿井开采的安全风险增大。

5. 什么是矿井瓦斯,有什么危害?

答:矿井瓦斯指的是矿井中以甲烷为主的有害气体,有时单独指甲烷(CH_4)。瓦斯的危害性包括燃烧、爆炸、突出灾害以及造成人员窒息伤害等。

6. 什么是煤尘,有什么危害?

答:煤尘指的是在煤矿生产过程中产生的,在巷道中飞扬着的或局部积聚的煤粉。煤尘的危险性包括污染空气,影响矿工身体健康(煤肺病),达到一定浓度时遇火会引起燃烧或爆炸造成灾害等。控制煤尘危害,矿井一般采取综合防尘措施。

7. 什么是煤与瓦斯突出?

答:煤与瓦斯突出是指采掘工作面在一瞬间(几秒钟或几分钟内)突然喷出大量瓦斯(二氧化碳)和煤炭(岩石),并伴随有强烈的声响和强大的冲击动力现象。煤与瓦斯突出属于矿井重大危险源和重大事故隐患,我们必须高度重视,并严格采取措施进行防范。

8. 煤矿“三违”指什么?

答:煤矿“三违”指的是违章指挥、违章作业和违反劳动纪律。其中,违章指挥针对的是管理人员;违章作业和违反劳动纪律针对的是普通职工。“三违”是煤矿井下典型的不安全行为,是很多事故发生的源头。

9. “四不伤害”的内容是什么?

答:安全生产“四不伤害”指的是,在生产作业过程中所有职工要做到不伤害自己、不伤害他人、不被他人伤害和保护他人不被伤害。“四不伤害”是职工自救互救的原则要求,是煤矿安全实现“个防”与“群防”目标的统一路径。

10. “四不生产”的内容是什么?

答:“四不生产”指的是在以下四种情况下,企业不得组织生产作业:不安全不生产、隐患不处理不生产、安全措施不落实不生产、工程质量不达标不生产。

11. 什么是“手指口述”操作法?

答:“手指口述”是针对煤矿高危及操作环节复杂等特点,在岗位分析描述的基础上,通过心想、眼看、手指、口述等一系列行为,对工作过程中的每一道工序进行确认,使人的注意力和物的可靠性达到高度统一,同时使规程教学口语化、现场操作程序化、工序更替确认化,并配合肢体语言强化职工对规程的理解和掌握,从而达到避免违章、消除隐患、杜绝事故的一种科学管理方法。另外,“手指口述”操作法近年来被广泛应用于安全培训的实操训练和考核。

12. 什么是失爆?

答:失爆是指煤矿井下电气设备外壳失去隔爆性和耐爆性。失爆是引起井下瓦斯、煤尘爆炸的火源条件之一,很多爆炸事故的发生都与电气设备失爆有关。所以,它是煤矿井下严重的安全隐患,一旦被发现,相关单位和人员会受到严厉的处罚。同时,它也是煤矿安全生产标准化一项重要的评估内容,我们必须高度重视排查和防范,严禁失爆情况存在。

13. 什么是采煤工作面“上行通风”?

答:采煤工作面上行通风指的是风流沿采煤工作面由下向上流动的通风方式。在工作面作业的职工应该知道工作地点的通风方式,掌握风流的基本方向。

14. 什么是采煤工作面“下行通风”?

答:采煤工作面下行通风指的是风流沿采煤工作面由上向下流动的通风方式。在工作面作业的职工应该知道工作地点的通风方式,掌握风流的基本方向。

15. 为什么每年进行一次全矿井反风演习?

答:矿井反风是在矿井发生火灾时的一项重要而有效的风流调度救灾措施,其目的是在灾害发生时,保证井下作业人员安全撤离和缩小灾害范围。《煤矿安全规程》规定矿井每年应进行一次反风演习。实践中，反风演习通常是根据相关演习预案开展的，现场职工需要参与和配合。

16. 什么是矿井循环风？

答：矿井循环风是指局部通风机的回风部分或全部再进入同一部局部通风机的进风风流中。循环风会影响掘进工作面迎头供风质量，应予以杜绝。

17. 井下哪些地点积(产)尘量较多？

答：在煤矿生产中，采掘工作面产生的矿尘最多，约占全部矿尘的80%；此外，运输系统的各转载点，煤(岩)遭到进一步破碎，也产生相当数量的矿尘，这些地点也是积尘量较多的地点。

18. 掘进工作面的主要防尘措施有哪些？

答：掘进工作面防尘措施主要有：

① 掘进工作面必须有完善的防尘系统，三通阀门齐全，洒水软管必须在 20 m 以上，净化水幕的设置，即开口以里 30 m、距掘进工作面 20～50 m 各一道，并达到每 300 m 一道；耙斗机上应安设喷头。

② 装煤(岩)时，应对工作面 20 m 的巷道进行洒水降尘。

③ 综掘工作面必须使用机组内外喷雾，内喷雾水压不小于 2 MPa，外喷雾水压不小于 4 MPa。

19. 井下为什么严禁瓦斯超限作业？

答：一是瓦斯超限，极易使人缺氧窒息，造成伤害；二是瓦斯超限很可能达到瓦斯爆炸下限，遇火源引发瓦斯、煤尘爆炸，造成矿难。

20. 什么是掘进工作面“空顶作业”？

答：空顶作业指的是在煤矿掘进工作面巷道顶板未采取任何支护或支护失效的情况下，人员仍然进行掘进生产作业。在这种情况下，一旦发生冒顶，就会造成人员伤亡，所以煤矿井下严禁任何人持侥幸心理空顶作业，应严格按规程规定做好巷道支护工作。

21. 掘进工作面空顶的标准是什么？

答：依照相关规定，以下三种情形属于空顶：

① 架棚巷道未按规程(或措施)要求使用前探梁等临时支护或冒顶高度超过 0.5 m 不接实继续作业的；

② 锚(网)喷支护巷道未按规程(或措施)要求在前探梁、临时棚或点柱掩护下作业的;

③ 在最大控顶距内未按措施规定完成顶部永久支护,继续向前施工作业的。

22. 如何进行敲帮问顶,有哪些注意事项?

答:敲帮问顶是指井下生产作业开始前,用撬棍、钢钎或镐等敲击井巷、工作面已经暴露,但还未进行管理的顶板及侧帮,根据发出的声响发现浮石、剥层的方法,包括听声法和震动法两种。

敲帮问顶操作需要注意的事项是:

① 进行敲帮问顶操作的人员的站位必须安全可靠;

② 用撬棍、钢钎或镐等敲击顶板时,必须有一定的角度,不得垂直操作;

③ 应由有一定实践经验的人员进行操作。

23. 井下的独头盲巷为什么不能擅自进入?

答:井下的独头盲巷不允许擅自进入是因为,一方面,矿井井下独头盲巷通风普遍不好,氧气含量很低,有的还可能存在其他有毒有害气体,人员擅自进入极易发生窒息或有毒有害气体中毒事故;另一方面,很多矿井的独头盲巷年久失修,支护情况不好,也没有照明系统,人员擅自进入有可能发生冒顶事故,造成不必要的伤害。所以,人员在井下不能擅自进入独头盲巷,要按照相关安全标志通行,更不能拆开相关栅栏冒险进入。

二、入井前的准备

24. 入井人员应符合哪些基本条件?

答:根据有关法律法规的规定,煤矿井下从业人员必须符合下列基本条件:

(1) 身体健康,无职业禁忌证。凡是有下列病症的不得从事煤矿井下作业:

① 活动性肺结核和肺外结核病;

② 严重的上呼吸道或支气管疾病;

③ 显著影响肺功能的肺脏或胸膜病变；

④ 心、血管器质性疾病；

⑤ 经医疗鉴定，不适于从事粉尘作业的其他疾病；

⑥ 风湿病(反复活动)；

⑦ 严重的皮肤病；

⑧ 癫痫病；

⑨ 精神分裂症；

⑩ 经医疗鉴定，不适于从事井下工作的其他疾病。

(2) 年满18周岁且不超过国家法定退休年龄。

(3) 具有初中及以上文化程度。

25. 煤矿入井人员的基本行为规范有哪些?

答：① 入井(场)人员必须佩戴安全帽等个体防护用品，穿带有反光标识的工作服。

② 入井人员必须随身携带自救器、标识卡和矿灯，严禁穿化纤衣服。

③ 煤矿职工要注意休息和饮食，下井前一定要睡好、吃饱，使精力充沛。入井前严禁喝酒。

④ 严禁携带引火物下井，如烟草、火柴、打火机及带打火功能的电子表等。下井前一定要检查衣袋，将引火物放在井上安全地方。

⑤ 入井前，要准时参加班前会，认真听取工作安排和安全注意事项，以便采取妥善措施安全完成任务。

⑥ 入井前，必须准备好当班工具、材料和零配件。

⑦ 领取矿灯。矿灯是井下工人的眼睛，一定要做到正确地使用和爱护。每位入井人员，在入井前都要领一个矿灯。

入井前的准备	入井安全注意事项

26. 矿灯领取与使用有哪些注意事项?

答:① 领到矿灯后,要详细认真检查,如发现有灯头损坏、灯锁失效、灯盒漏水、灯线破损、明线外露和灯光不亮等情况,都要进行更换。

② 矿灯不要提在手里或背在肩上,更不准提灯线,灯头要固定在矿帽上。

③ 矿灯应随身背戴,如必须放下时,应放在安全地点,防止碰砸损坏。不准将矿灯挂在电缆或电线上,以免引起事故。

④ 在井下,绝对不许敲打灯盒、灯头,不准打开灯头盒和电池盒盖,以免产生电火花引发事故。

⑤ 在井下遇到矿灯熄灭或损坏时,千万不要惊慌,更不准在井下打开修理。如果只有自己一人,应在原地等候工友到来,结伴出井;如多人一起,则应派专人升井更换。

⑥ 升井后,要按规定时间,及时将矿灯交还矿灯房。如果矿灯有问题,应向矿灯房交代清楚,以便及时修理。

⑦ 在领取矿灯后,下井前还要领取自救器,并对自救器进行检查。

27. 为什么入井前严禁喝酒?

答:一是因为相关法规有明确规定,入井前严禁喝酒;二是因为煤矿井下工作环境复杂,作业空间小,存在自然灾害等隐患,如果酒后入井,往往神志昏沉,精力不集中,工作中容易出现行为差错而导致事故发生。

28. 为什么必须按时参加班前会?

答:召开班前会是众多企业安全生产管理的一项重要制度和要求。通过班前会职工可以充分了解工作地点上一班的安全生产作业情况以及存在的问题或安全隐患,明确本班应准备的工作和当班安全注意事项,及时掌握针对性的防范措施,保证现场作业安全。

29. 为什么入井必须佩戴安全帽?

答:职工佩戴安全帽入井是相关法规的一个明确要求,既可在生产作业时防止头部撞伤,又可以固定矿灯,方便双手操作和相关工具的使用。同时,安全帽必须完好,不得有破损和变形情况。

30. 为什么入井必须随身携带自救器?

答:职工携带自救器入井是相关法规的一个明确要求。随身携带的自救器可在遇到有毒有害气体等紧急情况时用于自救互救。实践中,有不少职工因为不会正确使用自救器而在事故中伤亡。

31. 为什么入井必须随身携带矿灯?

答:职工携带矿灯入井是相关法规的一个明确要求。随身携带矿灯可在光照不足的情况下提供辅助照明,保证正常作业。

32. 为什么严禁携带烟草和点火物品入井?

答:入井严禁携带烟草和点火物品是相关法规的一项明确规定。职工携带烟草和点火物品下井,除了可能引发井下火灾或瓦斯、煤尘爆炸事故外,还是一种违法、违规行为。

33. 为什么严禁穿化纤衣服入井?

答:首先,严禁穿化纤衣服入井是相关法规的一项明确规定;其次,穿化纤衣服容易产生静电火花引起瓦斯、煤尘爆炸;最后,在火灾发生时,由于化纤衣服燃烧后会融化成炽热的液体(棉质衣服燃烧后成为灰末),很容易粘在人的皮肤上,严重影响救治。

34. 为什么入井时必须随身携带标识卡?

答:目前很多煤矿井下结合矿井实际情况设有人员位置监测系统。这个系统通过入井人员随身携带的标识卡,可有效掌握入井人员的动态,包括井下人员数量、实时位置信息等。所以入井人员必须随身携带标识卡。

35. 为什么入井人员必须穿戴有反光标识的工作服?

答:由于煤矿井下作业环境大都空间狭小、光线暗,交叉作业比较多,特别是运输车辆对作业人员的影响较大,所以入井人员必须穿戴有反光标识的工作服,以起到警示作用,防止受到伤害。

36. 为什么矿井必须建立入井检身制度和出入井人员清点制度?

答:因为通过入井检身既可以防止人员酒后入井,又可以防止违规物品误入井下,做到从井口源头抓起,杜绝危险源出现。出入井人员清点制度既是职工考勤的需要,也是为了井下一旦发生事故,便于查询相关人员下落,有效开展应急救援工作。

37. 为什么锋利工具入井时必须要套好防护套?

答:在入井和乘坐井下人行车的过程中,由于拥挤、光线差或其他原因,锋利的工具如果没有按规定套好专用防护套,很容易误伤别人或自己。

三、井下运输工具乘坐安全注意事项

38. 上、下井乘罐时应注意的事项有哪些?

答:① 上、下井时,要遵守井口、井底的管理制度,在指定地点等候乘罐。

② 乘罐时,要服从井口把钩工的指挥,自觉接受井口检查人员的检查和劝告,排队按次序上、下罐笼,不得拥挤、争抢。

乘坐罐笼的安全注意事项

③ 必须在听到停车信号后,待井口把钩工打开井口安全门和罐门(或罐帘)后,方可上、下罐笼。罐笼尚未停稳及未发出停车信号前,或发出开车信号后,均不得上、下罐笼。

④ 进入罐笼后不准打闹,要握紧扶手,手、脚和头以及随身携带的工具物品不准露出罐外。

⑤ 任何人员不准与携带火药、雷管的爆破工或火工品运送人员同罐上、下,也不准乘坐无安全盖的罐笼和装有设备材料的罐笼。

⑥ 上、下井乘坐吊桶时,必须系牢安全带,要面向外,任何部位都不准突出容器外缘。同时,吊桶的安全装置应齐全、良好。

39. 为什么人员上下井乘坐运输工具不能嬉戏打闹、抢上抢下?

答:因为上述行为在很多时候危害性并不太明显,很多职工也没有把嬉戏打闹、抢上抢下太当回事,久而久之变成了习惯性违章,危害性逐渐凸显,一些运输安全事故也充分证明了这一点,所以人员入井绝不能嬉戏打闹和抢上抢下。

40. 井下乘罐、乘车有哪些习惯性违章行为?

答:井下乘罐、乘车习惯性违章主要表现在:未按照定员要求乘罐、乘车,未及时关好罐笼门、车门,未挂好防护链;违规在罐内、车内躺卧和打瞌睡，将头、手、脚和携带的工具伸到罐笼和车辆外面；在机车（头）上或两车厢之间搭乘，以及乘坐时嬉戏打闹和抢上抢下等。

41. 为什么不要乘坐已装载物料（材料、煤、矿石等）的罐笼、矿车和带式输送机？

答：因为人货混载是一种严重的违章行为，这种行为也很容易造成人员挤伤、碰伤和撞伤事故。

42. 为什么开车信号已发出和罐笼、人车没有停稳时，严禁人员上下？

答：因为矿井罐笼和人车都是通过信号系统确定开停车操作的，相关司机完全看不到罐笼和人车人员的上下情况，所以只要开车信号已经发出，人员就不能再擅自上下罐笼、人车（不能有乘坐地面公共汽车那样的想法），否则就可能发生运输安全事故。这时乘坐人员如果有紧急情况或事项需要上下车，可以与在场的信号把钩工联系。

43. 为什么运送火工品时，严禁与上下班人员同时乘罐、乘车？

答：一是因为上下班人员多，一旦发生意外爆炸事故，会造成人员的大量伤亡。二是上下班人多拥挤，在爆炸物品受挤压的情况下，会增加爆炸事故发生的风险。

44. 乘坐人车的安全注意事项有哪些？

答：① 在斜巷或平巷乘车时，必须乘坐专门运送人员的人车，其他车辆（包括固定车厢式矿车、翻转车厢式矿车、底卸式矿车、材料车和平板车等）一概不准乘坐。

乘坐人车的安全注意事项

② 听从司机及乘务人员的指挥，不要拥挤，按规定人数乘坐，不准超员。

③ 严禁在机车上或任何两车厢之间搭乘。

④ 开车前必须关上车门或挂上防护链，人体及所带的工具、物品严禁露出车外。

⑤ 列车行驶中或尚未停稳时，严禁上、下车和在车内站立，严禁扒车、跳车和乘坐矿车。

⑥ 爆破工携带炸药时，要用专车分装运送，其他人员不许与其

混乘。

⑦ 车辆掉道时，必须立即向司机发出停车信号。

⑧ 倾斜井巷的人车必须有跟车人，跟车人必须坐在设有手动防坠器把手或制动器把手的位置。斜井人车必须设置使跟车人在运送途中任何地点都能向司机发送紧急停车信号的装置。

45. 倾斜井巷乘坐架空乘人装置应遵守哪些规定？

答：倾斜井巷乘坐架空乘人装置时不应慌张，不要猛上猛下。运行中人员要坐稳、扶牢，不得引起吊杆摆动，不得手扶牵引钢丝绳，不得触及邻近的任何物品。严禁其他人员与携带爆炸物品的人员同时上、下。

乘坐架空人车的安全注意事项

四、井下行走安全注意事项

46. 井下行走的安全注意事项有哪些？

答：① 在井下各种运输井巷里行走时，不要走在轨道当中，应走人行道或运输巷道行人的一侧。如果没有人行道，必须走绞车道时，要预先与把钩人员联系，经同意后，方能通行，做到行人不行车，行车不行人。如人员行走途中，一旦发现开车现象，要立即进入附近的躲避硐或向把钩工发出停车信号。

② 在大巷行走时，要精神集中，注意避让来往车辆，过交叉道口要做到“一停、二看、三通过”。

③ 在井下走路时，要戴好安全帽和矿灯，注意前方，拿好随身携带的物品，背着的不准超过头顶，扛着的要扛平，不要碰着架空线、电缆或其他人员等。

井下行走的安全注意事项

④ 通过风门或风帘后，要随手关好，并切记不要把两道风门同时打开，以免扰乱风流，造成漏风，引起事故。

⑤ 路过人员正在工作的地方，一定要先打招呼，以免掉物将人砸伤、碰伤。立井或斜井的井底不准行人通行，要绕道过去。溜煤眼不准行人在下口停留。

⑥ 挂有“禁止通行”或危险警告标识牌的地方，无论有无栏杆挡着，工作人员均不得进入。在井下最好两人以上同行，遇事可相互照应。没到过的、无风的井巷禁止进入，严禁在井下任何地方睡觉。不是自己责任范围内的设备、设施不准随意开动，要爱惜井下设备。

47. 为什么在巷道中行走时，要走人行道，不在轨道中间行走？

答：井下的运输巷道很多时候都是可以行人的，当机车牵引多台矿车在轨道上运行时，如果人员正在轨道中间行走，注意力不集中，没有及时听到警示信号，就很容易被运行的车辆撞倒致伤。而且，大多数情况下运行机车的制动是不能立即生效的，只有行走正确和及时避让才是正确的选择。

48. 为什么严禁在刮板输送机上行走？

答：严禁在刮板输送机上行走，主要有以下四个方面的原因：

① 在停止的刮板输送机上行走，如果刮板输送机突然开动，会导致行人摔倒致伤；另外，如果刮板输送机刮板链运行不通畅，特别是当下链运转受阻时，很容易导致机头突然翘起伤人。

② 在倾斜的刮板输送机上行走，如果突然发生断链，会造成人员滑向机头或机尾摔伤。

③ 蹬踏运行中的刮板链或链槽，会被刮板链刮倒，造成挤伤、摔伤。

④《煤矿安全规程》明确规定，严禁人员在刮板输送机上行走。

五、井下交接班安全注意事项

49. 煤矿井下为什么要现场交接班，有什么要求？

答：井下影响安全的因素很多，而且情况时常在变化，如地质条件、顶板压力、瓦斯和设备情况等。为了保证安全生产，必须坚持执行现场交接班制度，并做到如下事项：

(1) 在工作地点或指定地点，按规定时间进行交接班。

(2) 对口交接：区(队)长向区(队)长交接，班(组)长向班(组)长交接，特种作业岗位向特种作业岗位交接，不准委托他人代替交接班。

(3) 交接班时，要以工作为重，既要团结友好，又要一丝不苟，不准推卸责任或故意挑剔对方毛病，按规定办事。

(4) 交接班时要共同检查、交接以下几点：

① 任务完成情况，工程规格质量情况；

② 工具、设备、设施和材料有无短缺和损坏，设备运转有无异常等；

③ 通风情况、瓦斯浓度、顶板压力和支护等安全情况；

④ 工作面有无水、瓦斯、煤的突出征兆和其他特殊现象；

⑤ 其他安全情况等。

(5) 对于交接班中的问题，一般应及时处理。大的问题必须马上报告上级，待接到指示后再按规定处理，达到安全要求后方能作业。

六、井下工作安全注意事项

50. 井下工作中要注意哪些事项?

答：① 要自觉爱护井下各种设备和设施。

② 对井下通风设备、设施和通风构筑物，不准随意损坏。局部通风机不许私自开停；运转的局部通风机，不得把手伸进去摸风叶；发现风筒损坏时要及时报告，由通风工进行修补。

③ 井下机电硐室是要害场所，除专业工作人员或持有相关证件的人员外，其他人员不得随便进入。

④ 对于井下设备，不准带电进行检修作业。检修前，必须切断电源，并挂有“有人工作，不准送电”牌，任何人不准摘下此牌或送电。井下电缆必须悬挂在巷道两帮上，如果发现电缆掉落在地上，要报告机电人员及时处理。

⑤ 井下人员作业出汗后，不准站在风筒出风口吹风或脱掉上衣光着膀子。不准在井下睡觉，工作期间休息或吃班中餐时，要找安全地点，以免发生危险。

⑥ 井下工作必须遵守安全生产的相关法律、法规和煤矿“三大规程”的有关规定，杜绝“三违”现象，搞好安全生产。

复习思考题

1. 煤矿“五大系统”指什么？
2. 什么是矿井瓦斯，有什么危害？
3. 煤矿“三违”指什么？
4. 为什么必须按时参加班前会？
5. 井下乘罐、乘车有哪些习惯性违章行为？
6. 为什么在巷道中行走时，要走人行道，不在轨道中间行走？
7. 什么是“手指口述”操作法？
8. 如何进行敲帮问顶，有哪些注意事项？

模块六自测试题

（共 100 分，80 分合格）

得分：________

一、判断题(每题 3 分，共 30 分)

1. 人员入井(场)前严禁饮酒。（　　）
2. 井下的独头盲巷不允许擅自进入。（　　）
3. 有活动性肺结核和肺外结核病的不得从事煤矿井下作业。（　　）
4. 在最大控顶距内未按措施规定完成顶部永久支护，继续向前施工作业的，不属于空顶作业。（　　）
5. 刮板输送机可乘人。（　　）
6. 采煤工作面必须及时支护，严禁空顶作业。（　　）
7. 严禁携带引火物下井，如烟草、火柴、打火机及带打火功能的电子表等。（　　）
8. 在井下，绝对不许敲打灯盒、灯头，可以打开灯头盒和电池盒盖。（　　）
9. 下井人员可以不携带标识卡。（　　）

10. 井下作业人员必须随身携带自救器和矿灯。　　（　　）

二、单选题(每题3分,共30分)

1. 入井(场)人员必须戴安全帽等个体防护用品,穿带有(　　)的工作服。

A. 企业名称　　B. 反光标识　　C. 岗位信息

2. 煤矿每年至少组织(　　)次全矿井反风演习。

A. 1　　B. 2　　C. 3

3. 以下(　　)地点产尘最多。

A. 运输系统各转载点

B. 采掘工作面

C. 回风大巷

4. 以下行为正确的是(　　)。

A. 不擅自进入独头盲巷

B. 瓦斯超限不严重继续作业

C. 空顶作业

5. 以下不属于“三违”行为的是(　　)。

A. 在井下行车轨道中间行走

B. 在刮板输送机上行走

C. 在人行道行走

6. 以下属于“三违”行为的是(　　)。

A. 井下拆卸检修矿灯

B. 严格执行敲帮问顶制度

C. 将锋利的工具套好防护套

7. 以下关于严禁穿化纤衣服入井叙述错误的是(　　)。

A. 化纤衣服不舒服

B. 易产生静电火花

C. 燃烧后易粘在人的皮肤上

8. 矿井(　　)指的是矿井中以甲烷为主的有害气体。

A. 二氧化碳气体　　B. 有毒气体　　C. 瓦斯

9. 采掘工作面在一瞬间(几秒钟或几分钟内)突然喷出大量瓦斯(二氧化碳)和煤炭(岩石),并伴随有强烈的声响和强大的冲击动力现象是(　　)。

A. 冲击地压　　B. 煤与瓦斯突出　　C. 冒顶

10. 综掘工作面必须使用机组内外喷雾,内喷雾水压不小于(　　)MPa,外喷雾水压不小于 4 MPa。

A. 2　　B. 3　　C. 4

三、多选题(每题 4 分,共 40 分)

1. 煤矿"五大系统"指的是机电系统、(　　)。

A. 采煤系统　　B. 掘进系统

C. 运输系统　　D. 通风系统

2. 煤矿"一通三防"指的是(　　)。

A. 矿井通风　　B. 防治瓦斯

C. 防灭火　　D. 防治煤尘

3. 煤矿"三违"指的是(　　)。

A. 违规旷工　　B. 违章作业

C. 违反劳动纪律　　D. 违章指挥

4. 入井时必须(　　)。

A. 佩戴安全帽　　B. 携带自救器

C. 携带矿灯　　D. 携带标识卡

5. 安全生产"四不伤害"指的是,在生产作业过程中所有职工要做到不伤害自己、(　　)。

A. 不伤害他人　　B. 不伤害设备

C. 不被他人伤害　　D. 保护他人不被伤害

6. 井下独头盲巷不能擅自进入的原因有(　　)。

A. 矿井井下独头盲巷通风普遍不好,氧气含量很低

B. 可能存在有毒有害气体

C. 盲巷年久失修,照明不好

D. 防护情况不好,可能会造成冒顶

7. 以下矿灯使用正确的是( )。

A. 领取后可以不用检查

B. 升井后,如果着急,可以把矿灯带回家

C. 不要在井下维修矿灯

D. 矿灯应随身背戴

8. 入井时严禁( )。

A. 饮酒　　B. 穿化纤衣服

C. 携带电子表　　D. 携带有尖刃的工具

9. 乘坐人车时的注意事项有( )。

A. 可以跳车

B. 不要拥挤

C. 不准超员

D. 可以与携带炸药的爆破工混乘

10. 井下行走时的注意事项有( )。

A. 行人不行车,行车不行人　　B. 过交叉道口时要快速通过

C. 戴好安全帽和矿灯　　D. 可以走在轨道当中

模块七　煤矿常用安全保护装置与安全标志

【学习提示】

我们为什么要学习煤矿井下常用安全保护装置与安全标志？因为矿用安全保护装置与安全标志作为煤矿井下重要的安全设施之一，其应用范围广、实用性强，既可以在特定的险情下帮助我们自救互救，又能够在矿井生产和运输过程中，为我们警示危险、标注方向、引导行为和提醒注意等，是每一位井下职工必须要学习和掌握的知识点。我们希望通过本模块的学习，让大家既知道安全保护装置与安全标志是什么、有什么用途，又明白在哪里用、怎么去辨识，更懂得怎么去使用和爱护它们，助力上述装置和标志成为职工生命安全的坚实后盾。

一、煤矿常用安全保护装置

1. 什么是井下安全设施？

答：井下安全设施是指在井下有关巷道、硐室等地方安设的专门用于安全生产的装置和设备。其作用是防止事故发生或者缩小事故范围、减轻事故危害。比如“一坡三挡”装置、监测监控装置、防触电装置等。

煤矿井下
安全设施

2. 煤矿井下采掘设备有哪些安全保护装置？

答：煤矿井下使用的采掘设备需具备的安全保护装置主要有：

① 采煤机安装的能停止工作面刮板输送机运行的闭锁装置；能实现远程启动的信号和通信装置，以及必要的防滑装置等。

② 掘进机、掘锚一体机安设的侧停紧急按钮、前照明灯和信号尾灯装置。

③ 在内、外喷雾装置工作稳定性得不到保证的情况下，应当使用

与掘进机、掘锚一体机或者连续采煤机联动联控的除降尘装置。

④ 各种带电移动设备电缆的防拔脱装置，以及关联设备之间的连锁保护装置等。

3. 煤矿立井防坠落安全防护设施和装置有哪些?

答：① 立井井口设有栅栏或者金属网，进出口处设有栅栏门，井筒与各水平连接处设有栅栏等安全防护设施。

② 立井井口和井底(罐笼提升)、井筒与各水平的连接处设有阻车器等安全防护装置。

4. 煤矿煤仓、溜煤(矸)眼应安设哪些安全设施?

答：煤矿煤仓、溜煤(矸)眼处应安设防止人员、物料坠入和煤、矸堵塞等的安全防护装置。

5. 煤矿防止瓦斯和煤尘爆炸的安全防护设施主要有哪些?

答：煤矿井下为防止瓦斯和煤尘爆炸，减轻爆炸破坏力，通常安设以下安全防护设施：

① 矿井的两翼、相邻的采区、相邻的煤层、相邻的采煤工作面间，掘进煤巷同与其相连的巷道间，煤仓同与其相连的巷道间，采用独立通风并有煤尘爆炸危险的其他地点同与其相连的巷道间等，采用水棚或者岩粉棚设施进行防护性隔断。

② 高瓦斯矿井、突出矿井和有煤尘爆炸危险的矿井，煤巷和半煤岩巷掘进工作面设有隔爆安全防护设施。

6. 煤矿防冲击地压灾害的安全防护装置和设施主要有哪些?

答：为防止冲击地压灾害，煤矿通常配置和安设以下安全防护装置和设施：

① 进入冲击地压危险区域人员穿戴和配置个体防护装置。

② 冲击地压危险区域内的设备、管线、物品等安设固定的安全防护设施。

③ 冲击地压危险区域的巷道必须加强支护。

④ 有冲击地压危险的采掘工作面必须设置压风自救系统，明确发生冲击地压时的避灾路线等。

7. 采煤机喷雾保护装置有什么具体要求?

答:采煤机必须安装内、外喷雾装置。割煤时必须喷雾降尘,内喷雾工作压力不得小于 2 MPa,外喷雾工作压力不得小于 4 MPa,喷雾流量应当与机型相匹配。无水或者喷雾装置不能正常使用时必须停机。

8. 煤矿提升机设有哪些安全保护装置,要注意哪些事项?

答:煤矿提升机设有多种综合安全保护装置,包括:① 过卷和过放保护;② 超速保护;③ 过负荷和欠电压保护;④ 限速保护;⑤ 提升容器位置指示保护;⑥ 闸瓦间隙保护;⑦ 松绳保护;⑧ 仓位超限保护;⑨ 减速功能保护;⑩ 紧急制动保护等。

需要说明的是,以上这些安全保护装置需要专人定期检查和维护保养。当保护启动时,相关人员应立即停止提升机工作,找出原因,排除故障,绝不能为了生产而去甩保护,或者让提升机带"病"运行。

9. 煤矿倾斜井巷提升运输有哪些安全防护装置?

答:煤矿倾斜井巷提升运输安全以防跑车伤人事故为核心,通常会在不同的地点安设相关安全保护装置:

① 在井巷内安设能够将运行中断绳、脱钩的车辆阻止住的跑车防护装置。

② 在各车场安设能防止带绳车辆误入非运行车场或区段的挡车装置。

③ 在上部平车场入口安设能够控制车辆进入摘挂钩地点的阻车装置。

④ 在变坡点处安设能够阻止未连挂的车辆滑入斜巷的挡车装置。

⑤ 在变坡点下方略大于一列车长度的地方应设置能够防止未连挂的车辆继续往下跑车的挡车装置。

10. 什么是"一坡三挡"?

答:"一坡三挡"是指为保证煤矿轨道运输安全,用以防止发生跑车事故而使用的预防和防止手段。包括平台阻车器、防跑车装置和坡底挡车栏。"一坡三挡"平时必须处于"常闭"状态,有运输任务时,由运输把钩工现场操作使用。

11. 井下滚筒驱动的带式输送机设有哪些安全保护装置?

答:井下滚筒驱动的带式输送机安全保护装置比较多,常见的有防打滑、跑偏、堆煤、撕裂等保护装置,以及温度、烟雾监测装置和自动洒水装置等。同时,还安设具备沿线急停闭锁和防超速功能的保护装置。除此之外,带式输送机通常还设有防护网、防护栏、警示牌以及行人过桥等安全防护设施。

12. 煤矿带式输送机"堆煤保护装置"和"跑偏保护装置"是怎样实现保护功能的?

答:"堆煤保护装置"的功能原理是:当煤位传感器的导杆偏离中心线 $45°\pm5°$时,延时 13 s,实现故障保护停车;"跑偏保护装置"的功能原理是:当跑偏传感器的导杆偏离中心线 $15°\pm5°$时,延时 $10\ s\pm5\ s$,实现跑偏故障保护。

13. 煤矿轨道机车设有哪些安全保护装置?

答:煤矿采用轨道机车运输时,一般设有以下安全保护装置:

① 机车前后照明装置。

② 能够在机车通过时发出风门两侧都能接收到的声光信号装置。

③ 机车运行巷道内的路标和警标等安全标志。

14. 煤矿无极绳连续牵引车,绳牵引卡轨车、单轨吊车,通常安设哪些安全保护装置?

答:煤矿无极绳连续牵引车,绳牵引卡轨车、单轨吊车,通常安设以下安全保护装置:

① 越位、超速、张紧力下降安全保护装置。

② 信号联络、通信及行车报警安全保护装置。

③ 卡轨或者护轨装置,以及紧急安全制动等安全保护装置。

15. 煤矿架空乘人装置都有哪些安全保护装置?

答:煤矿架空乘人装置的安全保护装置有速度保护装置、油温检测保护装置、全线急停车保护装置、变坡点防掉绳保护装置、静态上下车装置、越位保护装置、乘人间距控制装置、固定吊椅防过摆装置等。架空乘人装置投入运行后,每年要进行一次全面检查和维修,检定合格后方可继续使用。每次开车后工作制动器和安全制动器闸瓦间隙不得超过 1.5 mm,否则应重新调整闸瓦间隙。

16. 矿用绞车(主要指立井提升绞车之外的绞车)常用的安全保护(装置)有哪些?

答:矿用绞车常用的安全保护(装置)主要有:① 防止过卷和过放装置;② 保险闸手动或脚踏开关;③ 过电流和过电压保护;④ 信号联络装置;⑤ 减速警铃装置等。

17. 煤矿安全监测监控系统(装置)主要有哪些安全保护功能?

答:煤矿安全监测监控系统(装置)通常具有以下安全保护功能:

① 故障闭锁功能。

② 甲烷电闭锁和风电闭锁功能。

③ 断电、馈电状态监测和报警功能。

④ 实时上传监控数据功能。

18. 井下现场作业人员在矿井监测监控系统使用中应注意什么?

答:煤矿井下监测监控系统(装置)是矿井安全非常重要的系统性监控防护装置,有专门的部门和专业人员进行安装和调试,以及数据校对和日常管理,现场作业人员平时要注意两点:一是系统(装置)报警时,一定要按规定及时采取行动(报告、停止工作、撤离作业地点等);二是不能随意改变其传感器位置,或者损坏传感器、分站或线路等。

19. 什么是矿井局部通风机的"三专两闭锁"?

答:矿井"三专两闭锁"是《煤矿安全规程》对井下局部通风机安装和使用的专门规定。"三专"指的是:专用变压器、专用开关、专用电缆;"两闭锁"指的是:风电闭锁、甲烷电闭锁。

20. 煤矿井下使用的局部通风机设有哪些安全保护装置,主要作用是什么?

答:煤矿井下使用的局部通风机采用"三专"供电方式。使用局部通风机供风的地点安设风电闭锁和甲烷电闭锁安全保护装置,以保证当正常工作的局部通风机停止运转,或者停风后能切断停风区内全部非本质安全型电气设备的电源,防止瓦斯爆炸等灾害事故的发生。

21. 煤矿作业场所的哪些位置需要加装护罩或遮栏等安全防护设施?

答:按照规定,煤矿作业场所内一切容易碰到的、裸露的电气设备及其带动的机器外露的传动部分(靠背轮、链轮、输送带和齿轮等),都必须加装护罩或遮栏安全防护装置,防止碰触危险。

22. 防止耙装机绳伤人的安全保护设施(措施)有哪些?

答:为防止发生耙装机绳伤人事故,耙装机必须装有封闭式金属挡绳栏和防耙斗出槽的护栏设施,当耙斗出绳方向与耙装机的中心线方向夹角超过 15°时,司机应站在非出绳侧操作;耙装机开始耙岩前,作业现场必须撤出所有无关人员,并发出开机预警信号。

23. 什么是通风构筑物?

答:在矿井通风系统中,用以隔断、引导和控制风流的设施和装置叫通风构筑物。通风构筑物的作用是保证井下风流按设计的方向和风量流动,以保证井下人员在进行正常作业时所需要的风量、风速。它属于煤矿"一通三防"方面的安全防护设施。

24. 煤矿电气安全防护装置主要有哪些,通常用于哪些场合?

答:煤矿电气设备的防护装置常用的主要有安全遮栏、保护网、绝缘隔板、保护罩等。其应用场合分别是:

① 安全遮栏:变电所电气设备,凡是运行值班人员在正常巡视中有可能达不到安全距离要求的部位都应加装安全遮栏,检修时达不到安全距离时应加装临时遮栏。

② 保护网:室内带电设备,有的位于通道或工作场所上方,为了防止在搬运长物时可能造成触电,要求将这些裸露的带电部分用保护网罩起来。

③ 绝缘隔板:主要用于在变电所部分停电工作时,对 35 kV 及以下的带电设备,如在距离很小、装设临时遮栏不能满足要求时,可以用绝缘隔板来代替临时遮栏。

④ 保护罩:对于在地面或工作人员容易接触的低压开关、刀闸等设备,为防止发生人身触电事故,必须加装保护罩。

25. 矿井电气设备场所对安全防护有什么要求?

答:① 电气设备现场周围不得存放易燃易爆物、污染源和腐蚀介质,否则应予以清除或做防护处置,其防护等级必须与环境条件相适应。

② 电气设备设置场所应能避免物体打击和机械损伤,否则应做防护处置。

③ 场所内的电气设备必须按规定安设保护接地(零)或漏电保护等安全防护装置。

26. 煤矿井下低压安全供电漏电保护装置的作用是什么?

答:煤矿井下低压安全供电漏电保护装置的作用有两个:一是系统漏电时能迅速切断电源,避免引起瓦斯、煤尘爆炸事故;二是人体接触一相火线或带电金属外壳时,在人体还未感觉之前,即切断电源,避免引起人员触电伤亡事故。

27. 煤矿电气设备接地保护装置有哪些连接方式,具体作用是什么?

答:通常煤矿电气设备的接地保护装置有以下几种连接方式,分别是工作接地、防雷接地、保护接地、仪控接地等,这些接地安全保护方式分别用于不同的电气设备工作地点。

① 工作接地:是为了保证电力系统正常运行所需要的接地。例如中性点直接接地系统中的变压器中性点接地,其作用是稳定电网对地电位,从而可使对地绝缘能力降低。

② 防雷接地:是针对防雷保护的需要而设置的接地。例如避雷针(也称接闪杆、线、带)、避雷器的接地,目的是使雷电流顺利导入大地,降低雷电过电压,故又称过电压保护接地。

③ 保护接地:也称安全接地,是为了人身安全而设置的接地。例如电气设备外壳(包括电缆皮)必须接地,以防外壳带电危及人身安全。

④ 仪控接地:发电厂的热力控制系统、数据采集系统、计算机监控系统、晶体管或微机型继电保护系统和远动通信系统等,为了稳定电位、防止干扰而设置的接地,也称为电子系统接地。

28. 煤矿井下电气设备如何进行保护接地?

答:按照规定,电压在 36 V 以上和由于绝缘损坏可能带有危险电压的电气设备的金属外壳、构架,铠装电缆的钢带(或钢丝)、铅皮或屏蔽护套等必须有保护接地。

将井下电气设备正常不带电的金属外壳、构架、铠装电缆的钢带(钢丝)、铅皮和橡套电缆的地芯线或屏蔽护套用导线与埋在地下的接地极(主接地极、局部接地极)连接起来,就形成一个总接地网,包括主接地极、局部接地极、接地母线、辅助接地母线、接地导线和连接导线等装置。当然,职工接触和操作较多的是局部接地极(装置)。

29. 常用的防止"直击雷"的安全保护装置有哪些?

答:"直击雷"是指带电云层与建筑物、其他物体、大地或是防雷装置之间发生的迅猛放电现象,并由此伴随产生的电效应、热效应或机械力等一系列的破坏作用。常用的"直击雷"安全保护装置有避雷针、避雷网、消雷器等。每年雨季来临之前,矿井都会组织人员对这些保护装置进行专项检查和维修,以确保其完好、牢靠。

30. 井下配电网路(变压器馈出线路、电动机等)应装设哪些安全保护装置,有何要求?

答:井下配电网路(变压器馈出线路、电动机等)均装设过流、短路保护装置。其要求分别是:

① 必须用该配电网路的最大三相短路电流校验开关设备的分断能力和动、热稳定性以及电缆的热稳定性。

② 必须正确选择熔断器的熔体。

③ 必须用最小两相短路电流校验保护装置的可靠动作系数。

④ 必须保证配电网路中最大容量的电气设备或同时工作成组的电气设备能够启动。

31. 什么是电气设备的过流保护?

答:电气设备过电流是指流过电气设备和电缆的电流超过了其自身额定值。通常过电流的类型分为短路、过负荷和单相断相三种情况。专门针对电气设备过电流而设置的保护,叫作过流保护。

32. 煤矿主隔爆水袋和辅助隔爆水袋安全防护设施的用水量是怎么规定的?

答:煤矿安装的主隔爆水袋用水量不得小于 400 L/m^2;辅助隔爆水袋的数量应根据巷道断面进行计算,辅助隔爆水袋的用水量不小于 200 L/m^2,棚区长度不小于 20 m。

33. 煤矿吊挂隔爆水袋或水袋架等安全防护设施前要注意哪些安全事项?

答:煤矿吊挂隔爆水袋或水袋架前要注意以下事项:

① 防尘工吊挂水袋时应选择巷道顶板完整、巷道高度符合运输要求的直线巷道。

② 严格执行“敲帮问顶”制度,将施工地点的活矸找干净。

③ 撤离施工地点的其他工作人员,避免矸石掉落伤人。

34. 什么是隔爆岩粉棚,其防护原理是什么?

答:隔爆岩粉棚指的是架设在巷道顶部的木板上堆放一定量岩粉的一种隔爆设施。当发生爆炸时,冲击波震翻岩粉棚的木板,堆放在木板上的岩粉便散落并弥漫巷道空间,形成浓厚的不燃岩粉带,吸收爆炸火焰中大量的热量,从而抑制爆炸火焰的传播,限制爆炸范围的扩大。

35. 矿井提升运输信号红灯和绿灯指示的基本含义是什么?

答:矿井提升运输信号中,红灯指示表示危险信号,人员看到红灯,车辆要停止开动,行走要止步等待。绿灯则表示安全,车辆可以通过,人员可在人行道上行走。这方面需要强调的是,任何人都必须做到行车不行人,行人不行车。

36. 煤矿使用的纳入安全标志管理的产品有什么要求?

答:煤矿使用的纳入安全标志管理的产品,必须取得煤矿矿用产品安全标志。未取得煤矿矿用产品安全标志的,不得使用。根据这一规定,煤矿井下使用的各种安全保护装置,比如安全监测监控装置、防灭火装置和各种信号装置等,都必须具有煤矿矿用产品安全标志;属于电气类的,入井前还须进行防爆安全检查。

同时,煤矿企业必须制定重要设备材料的查验制度,做好检查验收和记录,防爆、阻燃、抗静电、保护等安全性能不合格的不得入井使用。

37. 煤矿防爆电气设备入井前,应检查哪“三证”?

答:煤矿防爆电气设备入井前,应检查其“产品合格证”“防爆合格证”“煤矿矿用产品安全标志(图 7-1)”。以上这些检查,一是由矿井专门的部门和专门的人员负责;二是所有的检查都会留有痕迹和合格标志。目前,某些煤矿企业为了强化检查责任落实,把具体负责检查的人员信息标记在检查合格牌上,以示监督和责任追究。

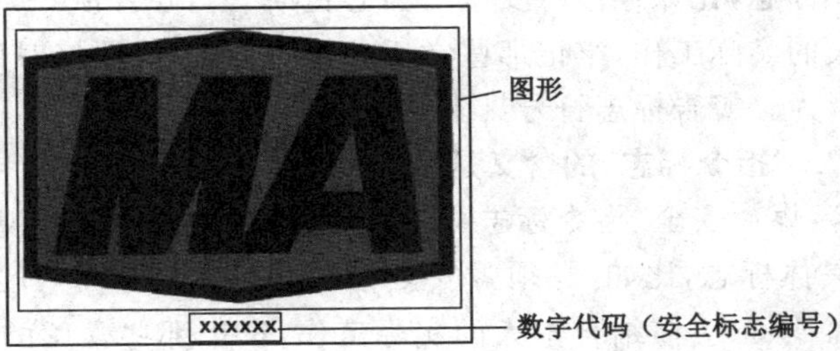

图 7-1　煤矿矿用产品安全标志标识

二、煤矿安全标志

38. 煤矿安全标志的“主标志”分为几类?

答:煤矿安全标志的“主标志”分为禁止标志,警告标志,指令标志,路标、名牌、提示标志四类。每一类主标志下都有若干种具体标志,这些标志根据矿井井下实际情况和需要进行配置和安设,并随着矿井采区和巷道的不断变化进行针对性调整。

39. 什么是煤矿井下安全标志的“补充标志”,其与主标志的关系是什么,应用上有什么特点?

答:煤矿井下安全标志分为“主标志”和文字“补充标志”两类。二者的关系是:文字“补充标志”是“主标志”的文字说明或方向指示,只能与“主标志”同时使用,为了突出某种安全标志所表达的重要意义,在其上另加文字说明或方向指示,以助推相关人员能够“读懂”该标志的含义。应用上,“补充标志”只能与被补充的标志同时使用。

40. “禁止标志”的含义是什么?

答:煤矿安全“禁止标志”是禁止或制止人员某种行为的标志,有19种具体标志,比如“禁带烟火”“禁止酒后入井”“禁止明火作业”等。职工应该结合本人的实际工作,牢记那些常用的禁止标志,并严格对照限制自己的安全行为。禁止标志符号见附录。

41. “警告标志”的含义是什么?

答:煤矿安全“警告标志”是警告人们可能发生危险的标志,有19种具体标志,比如:“注意安全”“当心瓦斯”“当心冒顶”等。职工应该结合本人的实际工作,牢记那些常用的警告标志,并严格对照注意自己的安全行为。警告标志符号见附录。

42. “指令标志”的含义是什么?

答:煤矿安全“指令标志”是指示人员必须遵守某种规定的标志,有11种具体标志,比如“必须戴安全帽”“必须携带矿灯”“必须携带自救器”等。职工应该结合本人的实际工作,牢记那些常用的指令标志,并严格对照规范自己的安全行为。指令标志符号见附录。

43. “路标、名牌、提示标志”的含义是什么?

答:煤矿安全“路标、名牌、提示标志”是指告诉人员目标、方向、地点的标志。比如“紧急出口”“电话”“躲避硐”等。职工应该结合本人工作的实际情况,记住那些常用的“路标、名牌、提示标志”,千万不能在井下迷失方向。

禁止标志	警告标志	指令标志	路标、名牌、 提示标志

44. 下列图示标志的含义是什么？通常设置在什么位置？

标志含义：禁带烟火。属于禁止标志，通常设置在井口位置或井下运输巷道等地点。

标志含义：禁止酒后入井。属于禁止标志，通常设置在人员出入的井口位置等。

标志含义：禁止明火作业。属于禁止标志，通常设置在禁止明火作业的地点。

注：其他禁止标志参见附录。

45. 下列图示标志的含义是什么？通常设置在什么位置？

标志含义：注意安全。属于警告标志，通常设置在提醒人们注意安全的场所及设备安置的地方。

标志含义：当心冒顶。属于警告标志，通常设置在井下冒顶危险区、巷道维修地段。

标志含义：当心触电。属于警告标志，通常设置在有触电危险部位。

注：其他警告标志参见附录。

46. 作为煤矿安全标志之一的“指导标志”，其含义是什么？

答：煤矿安全“指导标志”是指提高人员安全思想意识的标志，主要有两种，分别是“安全生产指导标志”和“劳动卫生指导标志”。职工应该结合本人工作的实际情况，记住那些常用的“指导标志”，并严格对照不断警示自己。

47. 煤矿爆破警戒线处应设有哪些安全标志？

答：煤矿爆破现场在警戒地点设有明显的警戒牌，并做到“人、绳、牌”三警并举。

复习思考题

1. 什么是井下安全设施?
2. 煤矿电气安全防护装置主要有哪些,通常用于哪些场合?
3. 什么是矿井局部通风机的“三专两闭锁”?
4. 什么是“一坡三挡”?
5. 矿井提升运输信号红灯和绿灯指示的基本含义是什么?
6. 什么是警告标志?请列举几个常见的警告标志。
7. 什么是禁止标志?请列举几个常见的禁止标志。
8. 什么是指令标志?请列举几个常见的指令标志。

模块七自测试题

（共 100 分,80 分合格）

得分:________

一、判断题(每题 3 分,共 30 分)

1. 传动输送带可以不加装护罩或遮栏。 (　　)
2. 室内带电设备必须用保护网罩起来。 (　　)
3. 电气设备现场周围防护等级必须与环境条件相适应。 (　　)
4. 当煤位传感器的导杆偏离中心线时,堆煤保护装置立即实现故障保护停车。 (　　)
5. 警告标志是指示人们必须遵守某种规定的标志。 (　　)
6. 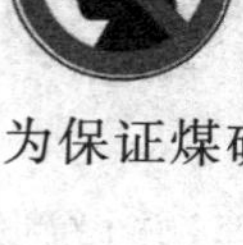 通常设置在人员出入的井口。 (　　)
7. 为保证煤矿轨道运输安全,防跑车装置的保险门不得打开。 (　　)
8. 吊挂隔爆水袋或水袋架前应严格执行“敲帮问顶”制度,将施工

地点的活矸找干净。（　　）

9. 采用独立通风并有煤尘爆炸危险的其他地点同与其相连的巷道间，必须用水棚或者岩粉棚隔开。（　　）

10. 煤矿采用轨道机车运输时，机车必须前有红灯，后有照明。

（　　）

二、单选题(每题 3 分，共 30 分)

1. 系统漏电时能迅速切断电源，避免引起瓦斯、煤尘爆炸的是（　　）装置。

A. 过压保护　　B. 过流保护　　C. 漏电保护

2. 当跑偏传感器的导杆偏离中心线（　　）时，带式输送机经延时 10 s±5 s，实现跑偏故障保护。

A. 5°±5°　　B. 10°±5°　　C. 15°±5°

3. “注意安全”标志属于（　　）标志。

A. 禁止　　B. 警告　　C. 指令

4. 架空乘人装置投入运行后，（　　）进行一次全面检查和维修，检定合格后方可继续使用。

A. 每月　　B. 每年　　C. 每半年

5. 煤矿架空乘人装置每次开车后检查工作制动器和安全制动器闸瓦间隙不得超过（　　）mm，否则应重新调整闸瓦间隙。

A. 1　　B. 1.5　　C. 10

6. 人体接触一相火线或带电金属外壳时，在人体还未感觉之前，即切断电源的是（　　）装置。

A. 过压保护　　B. 过流保护　　C. 漏电保护

7.  属于（　　）标志。

A. 禁止　　B. 警告　　C. 指令

8. 采煤机内喷雾工作压力不得小于（　　）MPa。

A. 2　　B. 3　　C. 4

9. 煤矿安装的辅助隔爆水袋的用水量不小于（　　）L/m^2。

A. 200　　B. 300　　C. 400

10. 为了防止电气设备触电事故发生，采取的重要措施之一就是要有（　　）装置。

A. 过流保护　　B. 漏电保护　　C. 保护接地

三、多选题（每题 4 分，共 40 分）

1. 以下（　　）属于煤矿井下采掘设备安全保护装置。

A. 采煤机安装的能停止工作面刮板输送机运行的闭锁装置

B. 能实现远程启动的信号和通信装置，以及必要的防滑装置

C. 掘进机、掘锚一体机安设的侧停紧急按钮、前照明灯和信号尾灯装置

D. 带电移动设备电缆的防拔脱装置

2. 电气设备必须按规定安装（　　）等安全保护装置。

A. 隔爆　　B. 保护接地（零）

C. 漏电保护　　D. 防护栏

3. 以下（　　）属于煤矿带式输送机常用的安全保护装置。

A. 速度保护　B. 堆煤保护　C. 烟雾保护　D. 温度保护

4. 煤矿防爆电气设备入井前，应检查（　　）。

A. 产品合格证　　B. 产品说明书

C. 防爆合格证　　D. 煤矿矿用产品安全标志

5. 以下（　　）属于煤矿架空乘人装置安全保护装置。

A. 速度保护装置　　B. 油温检测保护装置

C. 全线急停车保护装置　　D. 乘人间距控制装置

6. 在警戒地点设置明显的警戒牌并做到（　　）并举。

A. 人　　B. 绳　　C. 牌　　D. 灯

7. 电气设备的防护装置常用的主要有（　　）。

A. 安全遮栏　B. 保护网　C. 绝缘隔板　D. 保护罩

8. “一坡三挡”包括（　　）。

A. 拦车绳　　B. 平台阻车器

C. 防跑车装置　　D. 坡底挡车栏

9. 煤矿主标志分为(　　)。

A. 禁止标志　　B. 警告标志

C. 指令标志　　D. 路标、名牌、提示标志

10.《煤矿安全规程》对井下局部通风机安装和使用提出“三专两闭锁”的专门规定,其中“三专”指的是(　　)。

A. 专用工具　　B. 专用变压器

C. 专用开关　　D. 专用电缆

模块八　煤矿安全生产标准化管理体系

【学习提示】

我们为什么要学习煤矿安全生产标准化管理体系认知与执行方面的知识？因为安全生产标准化管理体系是煤矿安全生产的一项重要的基础性工作，有着严格的考核体系和标准要求，与煤矿企业安全责任、制度、措施的落实，效益指标考核以及保障可持续发展等都密切相关。另外，由于这项工作始终贯穿于矿井生产系统、根植于作业现场，其形式与内涵达标都离不开广大职工的思想和行为素质的保证。因此，学习好这部分知识，了解标准化建设工作的理念和内涵，明确其具体任务和要求，掌握相关工作方法和路径，履行好岗位职责等，是所有煤矿从业人员一项重要的和新的学习任务与目标。笔者结合多年的培训教学实践，对部分标准化的内容进行了应用、拓展和解读处理，旨在帮助广大培训学员更好地理解标准、掌握标准和执行标准，促进煤矿安全生产标准化管理体系工作落地生根。

1. 搞好煤矿安全生产标准化管理体系建设有什么意义？

答：搞好煤矿安全生产标准化管理体系建设的重要意义对煤矿职工来说主要有以下两大方面：一是通过煤矿安全生产标准化管理体系建设，不断夯实矿井安全生产基础，不断提升安全管理水平，有助于构建更好的生产安全环境，更可靠地保障职工生命安全与健康；二是如果煤矿达到一级标准化矿井，将享受到“在全国性或区域性调整、实施减量化生产措施时，原则上不纳入减量化生产煤矿范围及在地方政府因其他煤矿发生事故采取区域政策性停产措施时，原则上不纳入停产范围”等一系列优惠政策和待遇，这对保证职工家庭有稳定的收入来源有非常现实的意义。

2. 煤矿安全生产标准化管理体系等级实行分级考核定级的内容是什么?

答:煤矿安全生产标准化管理体系等级实行分级考核定级。申报一级的煤矿由省级煤矿安全生产标准化工作主管部门组织初审,国家矿山安全监察局组织考核定级。申报二级、三级的煤矿,初审和考核定级部门由省级煤矿安全生产标准化工作主管部门确定。

3. 安全生产标准化达标煤矿应坚持的基本原则是什么?

答:安全生产标准化管理体系达标煤矿应坚持的基本原则是:① 突出目标导向;② 健全双控机制;③ 聚焦事故预防;④ 强化现场管理;⑤ 注重过程控制;⑥ 依靠科技进步;⑦ 坚持动态达标、持续改进。

4. 煤矿安全生产标准化管理体系包括哪些要素?

答:煤矿安全生产标准化管理体系包括以下三大要素:安全基础管理、重大灾害防治、专业管理。

5. 煤矿安全生产标准化管理体系建设提出的安全生产理念有哪些?

答:煤矿安全生产理念主要包括:① 牢固树立安全生产红线意识,贯彻"安全第一、预防为主、综合治理"的安全生产方针;② 体现以人为本、生命至上的思想,体现机械化、自动化、信息化、智能化发展趋势;③ 体现煤矿职工获得感、幸福感、安全感的需求和主人翁地位,以及体面劳动、尊严生活的要求。

6. 煤矿安全生产标准化管理体系等级是怎样划分的,各个等级的分值是什么?

答:煤矿安全生产标准化管理体系分为 3 个等级,分别是一级、二级和三级,所应达到的考核分值分别是:

一级:煤矿安全生产标准化管理体系考核总得分不低于 90 分,重大灾害防治、专业管理部分评分不低于 90 分,安全基础管理部分评分不低于 85 分;

二级:煤矿安全生产标准化管理体系考核总得分及各管理部分得分均不低于 80 分;

三级:煤矿安全生产标准化管理体系考核加权得分及各部分得分

均不低于70分。

7. 煤矿存在哪些情形,不得评定为一级安全生产标准化煤矿?

答:煤矿存在以下情形之一的,不得评定为一级安全生产标准化矿井:

① 发生生产安全死亡事故,自事故发生之日起,一般事故未满1年、较大及重大事故未满2年、特别重大事故未满3年的;

② 安全生产标准化管理体系一级检查考核未通过,自考核定级部门检查之日起未满1年的;

③ 被降级或撤销等级未满1年的;

④ 被列入安全生产严重失信主体名单管理期间的。

8. 煤矿为什么要建立安全生产责任制?

答:煤矿建立安全生产责任制的目的有三个方面:一是国家法律、法规的要求;二是为了加强安全生产管理,保证煤矿安全生产的需要;三是促进煤矿改善安全生产条件、推进安全生产标准化管理体系建设。

实践中,煤矿企业一般采取自下而上的形式建立责任清单,确保每一个工作岗位、每一个生产环节都有责任人,并形成闭环。

9. 安全基础管理的内容有哪些?

答:安全基础管理的内容有安全目标、组织保障、安全制度、安全培训、风险分级管控、隐患排查治理、持续改进等7个方面。

10. 安全生产标准化管理体系一级煤矿在有效期内享受哪些激励政策?

答:安全生产标准化管理体系一级煤矿在有效期内享受以下激励政策:

① 在全国性或区域性调整、实施减量化生产措施时,原则上不纳入减量化生产煤矿范围。

② 在地方政府因其他煤矿发生事故采取区域政策性停产措施时,原则上不纳入停产范围。

③ 申请生产能力核增时,在同等条件下,可优先开展审查确认工作;新投产的煤矿和已核定生产能力的煤矿,通过生产能力核定提高产能规模的间隔时间,可按规定缩短。

④ 生产能力核增时，产能置换比例不小于核增产能的100%，通过改扩建、技术改造增加优质产能超过120万吨/年以上的，所需产能置换指标折算比例可提高为200%。

⑤ 生产能力核增时，核增幅度可在“不超过煤炭工业设计规范标准设计井型规模2级级差”规定的基础上，上浮1级级差；实现“一井一面”或智能化开采的，核增幅度可上浮2级级差。

⑥ 在安全生产许可证有效期届满时，符合相关条件的，可以直接办理延期手续。

⑦ 银行保险、证券、担保等主管部门作为对煤矿企业信用评级重要参考依据。

⑨ 各级煤矿安全监管监察部门适当减少检查频次；煤矿停产后复产验收时，优先进行复产验收。

11. 井工煤矿重大灾害防治包括哪些方面?

答：井工煤矿重大灾害防治包括隐蔽致灾因素普查、灾害治理规划及计划、灾害防治措施三方面内容。

12. 灾害防治措施项目内容包括哪些方面?

答：灾害防治措施项目内容有防治煤与瓦斯突出、瓦斯抽采、防治煤尘爆炸、防治火灾事故、防治水害事故、防治冲击地压六项内容。

13. 井工煤矿通风安全生产标准化项目包括哪些方面?

答：井工煤矿通风安全生产标准化项目包括通风、瓦斯、爆破、安全监控四个方面的内容。

14. 井工煤矿安全生产标准化对井下风筒吊挂有什么要求?

答：井工煤矿井下风筒吊挂应做到：风筒吊挂平、直、稳，逢环必挂并拉紧，风筒接头严密，无反接头，压边到位。

15. 井下风门有什么作用，安全生产标准化对风门安设有什么要求?

答：井下风门的作用主要有两个：一是隔绝巷道的风流或限制巷道通过的风量，确保按需分配风量；二是能使人员和车辆通过。

安全生产标准化要求风门在安设时做到：① 风门墙体采用不燃性材料构筑，其厚度不小于0.5 m(防突风门墙体不小于0.8 m)，墙体周边按规定掏槽，周边及围岩不漏风，墙面平整无破裂；② 需控风巷道每处安装不少于 2 道联锁风门、按规定安装反向风门（具备正、反向控制功能的风门除外），风门能自动关闭，任意 2 道风门之间距离不小于 4 m，通车风门能自动打开并有声光信号，且 2 道风门之间距离不得小于运输工具长度；③ 风桥上、下变坡度小于 30°，不设风门。

16. 井工煤矿通风安全生产标准化对局部通风有哪些基本要求？

答：煤矿通风安全生产标准化对局部通风有以下要求：① 局部通风机和风筒安装、使用符合规定，无循环风，不出现无计划停风，有计划停风前制定项安全技术措施；② 风筒吊挂平、直、稳，逢环必挂并拉紧，风筒接头严密无反接头，压边到位。

17. 为什么井下局部通风机要采用“三专两闭锁”？

答：煤矿井下局部通风机采用“三专两闭锁”的目的是预防井下掘进工作面因停电、停风造成的瓦斯、煤尘爆炸以及瓦斯窒息伤人等事故的发生。

18. 井下局部通风机因故障停止运转，什么条件下方可人工开启局部通风机恢复正常通风？

答：局部通风机因故停转，在恢复通风前，必须首先检查瓦斯，只有停风区中最高甲烷浓度不超过 1.0％和最高二氧化碳浓度不超过 1.5％，且局部通风机及其开关附近 10 m 内风流中的甲烷浓度都不超过 0.5％时，方可人工开启局部通风机，恢复通风。

19. 瓦斯爆炸浓度的下限为 5％，为什么《煤矿安全规程》规定采区和采掘工作面回风巷风流中的甲烷浓度不得超过 1.0％？

答：《煤矿安全规程》规定采区和采掘工作面回风巷风流甲烷浓度不得超过 1.0％，而不是瓦斯爆炸的下限浓度 5％，主要是考虑以下两点：

一是安全系数。我国采用了 1.0％的安全浓度主要是考虑：① 井下空气中瓦斯浓度的分布是不断发生变化的，检查人员在测定时间和空间上客观存在漏检可能；② 测定仪器有一定的允许误差；③ 检测人员存在一定的读数误差等。

二是瓦斯爆炸的影响因素。瓦斯爆炸的下限浓度 5％是指在没有其他任何影响因素条件下，在新鲜空气中测得的。而矿井空气的成分和质量较地面空气有较大差异，加上井下生产的特殊环境，有很多影响因素（如煤尘浓度、温度等）致使瓦斯爆炸的下限浓度发生变化。

因此，当井下甲烷浓度达到和超过 1%时，是会存在瓦斯爆炸的风险的，我们不能有任何侥幸心理，必须按照《煤矿安全规程》的相关要求，采取必要的行动和措施。

20. 为什么井下采掘工作面风流中二氧化碳浓度不得超过 1.5%？

答：二氧化碳是一种无色、略带酸味、具有轻微毒性、不自燃也不助燃的惰性气体。二氧化碳对人体的影响是：对人的眼、鼻、口等器官有刺激作用；当空气中二氧化碳浓度达到 1%时，对人体危害不大，只是呼吸次数和深度略有增加；达到 3%时，会刺激人体的中枢神经，引起呼吸加快（呼吸次数增加 2 倍）以增大吸氧量；达到 7%时，人员严重喘息，剧烈头疼；达到 10%及以上时，人员发生昏迷，失去知觉，以至缺氧窒息死亡。

为了保护工人的健康，我国将采掘工作面风流中二氧化碳浓度确定为不超过 1.5%。

21. 煤矿井下为什么要设置净化水幕？

答：煤矿井下设置净化水幕的目的，一是防治粉尘灾害，保障职工的身体健康；二是降低粉（煤）尘浓度，防止发生煤尘爆炸事故。因此，对于净化水幕既要保证安装及时、正确，又要确保完好可用，绝不能图省事、怕麻烦，以免影响正常使用。

22. 井下净化水幕设置的具体要求是什么？

答：井下净化水幕设置的具体要求是：① 采掘工作面回风巷至少设置 2 道风流净化水幕；② 自动控制风流净化水幕；③ 在装煤点下风侧 20 m 内，必须设置 1 道风流净化水幕；④ 喷射混凝土时，在回风侧 100 m 范围内至少安设 2 道净化水幕。

23. 煤矿井下哪些地点要设置防尘喷雾装置？

答：根据安全生产标准化相关规定，煤矿井下以下地点必须设置防尘喷雾装置：运煤（矸）转载点、液压支架和放顶煤工作面的放煤口、破碎机和炮掘工作面。此外，采煤机、掘进机等截割机器在生产作业时，也必须要开启内、外喷雾装置。

24. 煤矿井下爆破作业，为什么要执行“一炮三检”制度？

答：“一炮三检”就是在装药前、爆破前和爆破后，由瓦斯检查工检查瓦斯。爆破地点附近 20 m 以内的风流中的甲烷浓度达到 1%时，不准装药、爆破。爆破后，甲烷浓度达到 1%时，必须立即处理，否则不准继续爆破或进行电钻打眼等工作。这项检查制度是加强爆破前后瓦斯检查，防止瓦斯漏检，避免在瓦斯超限的情况下进行爆破或电钻打眼等工作的一项主要措施。另外，《煤矿安全规程》还规定，爆破前爆破工必须检查起爆地点的瓦斯浓度是否超限，这样“一炮三检”在实际执行中就变为“一炮四检”。

一炮三检制

25. 井下使用易燃物有什么要求？

答：煤矿安全生产标准化管理体系和《煤矿安全规程》都规定，井下使用易燃物时必须做到：

① 井下使用的汽油、煤油应装入盖严的铁桶内，由专人押运送至使用地点，剩余的汽油、煤油必须运回地面，严禁在井下存放；

② 井下使用的润滑油、棉纱、布头和纸等，应存放在盖严的铁桶内，用过的棉纱、布头和纸，也必须放在盖严的铁桶内，并由专人定期送到地面处理，不得乱放乱扔，严禁将剩油、废油泼洒在井巷或者硐室内；

③ 井下清洗风动工具时，应在专用硐室进行，并必须使用不燃性和无毒性洗涤剂。

26. 煤矿为什么要进行探放水(作业)？

答：首先，在矿井生产过程中，不可避免地会遇到充水小窑、老空、断层以及富含水层等多种形式的含水体，这些含水体对安全和生产会产生严重危害，为了防止透水事故，煤矿必须进行探放水。

其次，具体来说，探放水包括探水和放水两个方面。探水是指在采矿过程中用超前勘探的方法，查明工作面顶底板、侧帮和前方等水体的空间位置和状况等；放水是指为了预防水害事故，在探明水体情况后采取钻孔等安全方法将积水放出。

27. 煤矿防治水的基本原则是什么?

答:煤矿防治水的基本原则是:预测预报、有疑必探、先探后掘、先治后采。

28. 什么是煤矿井下探放水的"三专、两探、一撤"制度?

答:"三专"是指配备满足工作需要的防治水专业技术人员,配齐专用探放水设备,建立专门的探放水队伍;"两探"是指煤巷或半煤岩巷施工作业时必须同时使用物探和钻探两种探放水手段;"一撤"是指发现有透水征兆时必须立即撤出现场作业人员。

29. 煤矿井下冲击地压区域作业人数有什么规定?

答:正常生产期间,采煤工作面作业人员不得超过 26 人;综掘工作面不得超过 16 人,危险区治理期间 50 m 范围内不能超过 9 人。以上对冲击地压区域作业人数的具体规定,是防冲工作的一项重要的安全保障措施,现场必须严格执行。

30. 煤矿冲击地压防治的基本原则是什么?

答:煤矿冲击地压防治的基本原则是:区域先行、局部跟进、分区管理、分类防治。

31. 煤矿采煤工作面"三直一平"要求的具体内容是什么?

答:①"三直"是指:割过的煤壁直、刮板输送机直、液压支架直。②"一平"是指:设备、设施铺设平稳。

32. 煤矿采煤工作面为什么要做到"三直一平"?

答:如果工作面煤壁不直,则会使支架出现前后交错,局部地段控顶距加大,造成空顶,同时也给刮板输送机推送造成困难;刮板输送机不直,会造成采煤机掉道和输送机转链、飘链等事故;液压支架不直,矸石易窜入支架内,处理不及时可能造成挤架、倒架、步距不足等对安全生产不利的情况;设备、设施铺设不平稳,也会出现倾倒等事故。

33. 采煤工作面哪些地点需要安装视频摄像头?

答:工作面每 50 架或 75 m、安全出口、转载机头、带式输送机机头和机尾安装视频摄像头,视频有效监控作业区域。

34. 为什么采煤工作面转载机配有破碎机时,必须有安全防护装置?

答:这是因为煤矿采煤工作面转载机通常位于运输巷,此处空间狭窄,噪声大,人员通过频繁,当转载机配有破碎机时,很容易发生安全事故,所以必须装有安全防护装置。

35. 煤矿采煤工作面安全出口有什么具体规定?

答:采煤工作面的安全出口应符合以下规定:工作面安全出口畅通,人行道宽度不小于 0.8 m,综采(放)工作面安全出口高度不低于 1.8 m,其他工作面不低于 1.6 m。同时,安全出口要经常进行安全巡查,特别是支护部分是否牢靠,发现问题及时处理。

36. 采煤工作面存在哪些情况时需要编制安全技术措施?

答:工作面安装拆除、初次放顶、强制放顶、收尾、遇顶底板松软或者破碎、过断层、过老空区、过空巷、过煤柱、过冒顶区、过钻孔、过陷落柱、巷道维修、托伪顶开采等,需编制安全技术措施并组织实施。

37. 采煤工作面单体液压支柱是如何管理的?

答:单体液压支柱完好,有固定编号,单体液压支柱入井前逐根进行压力试验,在工作面回采结束或使用 8 个月后应进行检修和压力试验,记录齐全。

38. 为什么跨越带式输送机(转载机、刮板输送机)要走行人过桥?

答:煤矿井下行人过桥主要安装在行人需跨越带式输送机或刮板输送机的地点,用于巷道过人及检修设备、带式输送机里侧的清煤、排水等工作,如果跨带式输送机(转载机、刮板输送机)时不走行人过桥,高速运转的设备极易将人拉倒或站立不稳而摔伤,俗话说"宁走十步远,不走一步险",所以跨越带式输送机(转载机、刮板输送机)时必须走行人过桥。

39. 支护作业前,为什么要进行"敲帮问顶"?

答:在工作面的施工或生产作业中,新暴露的顶板、煤壁、两帮的煤岩有可能慢慢地脱离周围的岩体,尤其是遇到有破裂带时容易发生冒顶和片帮事故。因此,作业前必须进行敲帮问顶,一是判别未支护的顶板、围岩、煤帮是否稳定;二是可以把危石、片帮处理好,将可能出现的威胁处理掉，以杜绝冒顶事故的发生。

40. 煤矿安全生产标准化管理体系对掘进机械化程度有什么要求?

答:煤矿安全生产标准化管理体系对掘进机械化程度的要求是:① 煤巷、半煤岩巷和条件适宜的岩巷宜采用综合机械化掘进，掘进机械化程度不低于75%;② 采用机械装、运煤(矸);③ 材料、设备采用机械运输，人工运料距离不超过300 m。

由此可以看出，煤矿企业抓矿井安全生产标准化建设的过程，实际上也是矿井机械化水平不断提高的过程。

41. 为什么要在掘进机的非操作侧设有急停按钮?

答:在掘进机的非操作侧设有急停按钮是为了在紧急情况下能及时停止掘进机运转。在通常情况下，司机是在设备的一侧操作，由于设备工作时发出的噪声和产生的粉尘，使其很难听到看到另一侧的情况，此时若发生异常情况，在非操作侧的人员可以立即停止设备，避免事故的发生和扩大。

这里需要提醒的是，这方面的知识应通过区队日常安全教育活动灌输到掘进工作面所有作业人员，而不仅仅是掘进机司机。

42. 掘进工作面哪些地点需要安装视频摄像头?

答:掘进迎头15 m范围、耙装机处、带式输送机机头和机尾安装视频摄像头，视频有效监控作业区域。

43. 掘进工作面使用耙装机时应遵守哪些安全规定?

答:掘进工作面使用耙装机时应遵守以下规定:① 耙装机装设有封闭式金属挡绳栏和防耙斗出槽的护栏，固定钢丝绳滑轮的锚桩及其孔深和牢固程度符合作业规程规定，机身和尾轮应固定牢靠;② 上山施工倾角大于20°时，在司机前方设有护身柱或挡板，并在耙装机前增设固定装置;③ 在斜巷中使用耙装机时有防止机身下滑的措施;④ 耙装机距工作面的距离符合作业规程规定;⑤ 耙装机作业时有照明。

44. 关于"紧急处置权限"有什么规定?

答:"紧急处置权限"是煤矿职工应有的一项安全生产方面的权利，相关规定要求煤矿应授予带(跟)班人员、班组长、安检员、瓦斯检查工、调度人员的遇险处置权和现场作业人员的紧急避险权等“紧急处置权限”。

45. 低压和 3 300 V 电动机控制设备有哪些保护及远程控制功能?

答:低压和 3 300 V 电动机控制设备有短路、过负荷、单相断线、漏电闭锁保护及远程控制功能。

46. 煤矿井下排水设备应符合哪些要求?

答:安全生产标准化要求煤矿井下排水设备应满足:① 工作水泵的能力应能在 20 h 内排出矿井 24 h 的正常涌水量;② 备用水泵的能力,应当不小于工作水泵能力的 70%;③ 工作和备用水泵的总能力,应能在 20 h 排出矿井 24 h 的最大涌水量等条件。

47. 高压控制设备装有哪些保护?

答:高压控制设备装有短路、过负荷、接地和欠压释放保护。

48. 主要运输线路及行驶人车的轨道线路质量需要达到什么要求?

答:① 接头平整度:轨面高低和内侧错差≤2 mm;② 轨距:直线段和加宽后的曲线段允许偏差为−2～5 mm;③ 水平:直线段及曲线段加高后两股钢轨偏差≤5 mm;④ 轨缝≤5 mm;⑤ 扣件齐全、牢固,与轨型相符;⑥ 轨枕规格及数量应符合标准要求,间距偏差不超过 50 mm;⑦ 道砟粒度及铺设厚度符合标准要求,轨枕下应捣实,轨枕露出高度≥50 mm;⑧ 曲线段设置轨面拉杆。

49. 其他轨道线路质量应达到什么要求?

答:① 接头平整度:轨面高低和内侧错差≤2 mm;② 轨距:直线段和加宽后的曲线段允许偏差为−2～6 mm;③ 水平:直线段及曲线段加高后两股钢轨偏差≤8 mm;④ 轨缝≤5 mm;⑤ 扣件齐全、牢固,与轨型相符;⑥ 轨枕规格及数量符合标准要求,间距偏差不超过 50 mm;⑦ 道砟粒度及铺设厚度符合标准要求,轨枕下应捣实。

50. 什么是安全生产标准化矿井的“复验”(复审)?

答:煤矿安全生产标准化评定工作由企业自行申报,政府主管部门定期组织评审、公示和发证认定。同时,按照标准化工作动态达标的原则,相关主管部门会定期或不定期地组织标准化矿井的抽查“复验”(复审),如果“复验”不通过,相关被抽检矿井已获得的标准化认定,一种情况是受到降级处理,还有一种情况就是直接取消原有等级资质,并向社会公示。

51. 开展安全生产标准化培训可以采取哪些形式?

答:尽管安全生产标准化相关培训目前还不是法定培训,但为了这项工作能够扎实开展,各项标准充分落地,达标思想高度统一,有必要开展好这方面的培训工作。开展的形式一般有:① 在各类职工脱产安全培训中,专门安排一定课时的标准化课程;② 在生产安全专业培训课程中,针对性地穿插相关标准化知识;③ 举办安全生产标准化专题培训,聘请现场专业人员进行授课,主要解决标准化实施中的困难和问题;④ 在区队日常安全教育培训中,采取“一日一题”的形式进行培训,让职工日积月累地学习标准化知识;⑤ 举办安全生产标准化知识竞赛等活动,不断营造学习氛围,提高广大职工扎实开展安全生产标准化达标工作的主动性和自觉性。

复习思考题

1. 我们为什么要学习煤矿安全生产标准化知识?

2. 煤矿安全生产标准化管理体系分为哪几个等级?

3. 瓦斯爆炸浓度的下限为5%,为什么《煤矿安全规程》规定采区和采掘工作面回风巷风流中的瓦斯浓度不得超过1.0%?

4. 井下使用易燃物应注意什么?

5. 煤矿为什么要进行探放水(作业)?

6. 支护作业前,为什么要进行“敲帮问顶”?

7. 安全基础管理的内容有哪些?

8. 井工煤矿通风安全生产标准化对局部通风有哪些基本要求?

9. 采煤工作面哪些地点需要安装视频摄像头?

10. 主要运输线路及行驶人车的轨道线路质量需要达到什么要求?

模块八自测试题

（共 100 分，80 分合格）

得分：________

一、判断题（每题 3 分，共 30 分）

1. 煤矿安全生产标准化管理体系等级为一级，不可以存在井工煤矿井下单班作业人数超过有关限员规定的情形。（　）

2. 岗位安全生产责任制是由煤矿制定的，和个人没有关系。（　）

3. 瓦斯爆炸的浓度为 5%～16%，因此采区和采掘工作面回风巷风流中瓦斯浓度不得超过 5.0%。（　）

4. 井下用剩的汽油必须装在密闭的铁桶内，且在通风良好的巷道内存放。（　）

5. 煤矿井下发现有透水征兆时必须立即撤出现场作业人员。（　）

6. 煤矿发生较大及重大事故未满 3 年的，不得申请安全生产标准化管理体系一级验收。（　）

7. 井下有破碎机的地方必须设防尘喷雾装置。（　）

8. “一炮三检”就是在装药前、爆破前和爆破后，由爆破工检查瓦斯浓度。（　）

9. 支护作业前，如果目测顶板完整，可以不进行“敲帮问顶”。（　）

10. 井下采掘工作面风流中二氧化碳浓度不得超过 1.5%。（　）

二、单选题（每题 3 分，共 30 分）

1.（　）不是安全生产标准化管理体系达标煤矿应坚持的基本原则。

A. 突出目标导向　　B. 健全双控机制

C. 加强安全培训管理

2. 关于风门的作用描述错误的是(　　)。

A. 隔绝巷道的风流　B. 能行人和通车　　C. 可以调节风量

3. 局部通风机及其开关附近(　　)m内风流中的甲烷浓度都不超过0.5%时,方可人工开启局部通风机,恢复通风。

A. 20　　B. 10　　C. 5

4. 采掘工作面回风巷至少设置(　　)道风流净化水幕。

A. 1　　B. 2　　C. 3

5. 煤矿井下冲击地压区域作业人数,正常生产期间,采煤工作面作业人员不得超过(　　)人。

A. 26　　B. 16　　C. 40

6. 采煤工作面安全出口畅通,人行道宽度不小于(　　)m。

A. 0.6　　B. 0.8　　C. 1.2

7. 上山施工倾角大于(　　)时,在司机前方设有护身柱或挡板,并在耙装机前增设固定装置。

A. 10°　　B. 15°　　C. 20°

8. 备用水泵的能力,应当不小于工作水泵能力的(　　)。

A. 100%　　B. 70%　　C. 50%

9. 井下工作水泵的排水能力应当在(　　)h内排出24 h正常涌水量。

A. 12　　B. 20　　C. 24

10. 煤矿安全生产标准化管理体系对掘进机械化程度的要求是煤巷、半煤岩巷综合机械化程度不低于(　　)。

A. 25%　　B. 50%　　C. 75%

三、多选题(每题4分,共40分)

1. 安全生产标准化管理体系达标煤矿应坚持(　　);注重过程控制;依靠科技进步;坚持动态达标、持续改进的基本原则。

A. 突出目标导向　　B. 健全双控机制

C. 强化现场管理　　　　　　　D. 聚集事故预防

2. 煤矿存在以下(　　)情形之一的,不得评定为一级安全生产标准化煤矿。

A. 发生生产安全死亡事故,自事故发生之日起,一般事故未满1年、较大及重大事故未满2年、特别重大事故未满3年的

B. 安全生产标准化管理体系一级检查考核未通过,自考核定级部门检查之日起未满1年的

C. 被降级或撤销等级未满1年的

D. 被列入安全生产严重失信主体名单管理期间的

3. 煤矿井下必须设防尘喷雾装置的地点有(　　)。

A. 回风大巷　　　　　　　B. 炮掘工作面

C. 破碎机处　　　　　　　D. 运煤(矸)转载点

4. 煤矿应授予带(跟)班人员、(　　)、安检员、瓦斯检查工、调度人员的遇险处置权和(　　)的紧急避险权。

A. 班组长　　　　　　　B. 区队长

C. 现场作业人员　　　　D. 地面管理人员

5. 关于煤矿防爆无轨胶轮车行驶标准的描述正确的是(　　)。

A. 车辆运送人员时速度不超过40 km/h

B. 车辆在弯道或坡道上应低速行驶

C. 同向行驶的车辆应保持不低于50 m的安全运行距离

D. 车辆在巷道中行驶的最高速度,运送物料时不超过40 km/h

6. 安全生产标准化管理体系建设要体现煤矿职工获得感、(　　)的需求和主人翁地位,以及体面劳动、尊严生活的要求。

A. 满足感　　　　　　　B. 幸福感

C. 安全感　　　　　　　D. 优越感

7. 井下使用易燃物做法正确的是(　　)。

A. 井下使用剩余的汽油、煤油必须存放在通风良好的巷道内,严禁将剩油、废油泼洒在井巷或者硐室内

B. 井下使用的润滑油、棉纱、布头和纸等,必须存放在盖严的铁桶内

C. 井下清洗风动工具时,必须在专用硐室进行

D. 井下清洗风动工具时,必须使用不燃性和无毒性洗涤剂

8. 煤矿安全生产标准化管理体系等级分为(　　)。

A. 特级　　B. 一级　　C. 二级　　D. 三级

9. 二氧化碳是一种(　　)的惰性气体。

A. 无色　　B. 略带酸味

C. 具有轻微毒性　　D. 不自燃也不助燃

10. 煤矿防治水的基本原则有(　　)。

A. 预测预报　　B. 有疑必探

C. 先探后掘　　D. 先治后采

模块九　职业健康安全与劳动保护

【学习提示】

我们为什么要学习职业健康安全与劳动保护知识？因为煤炭行业是一个特殊的行业，井下的作业环境中存在着诸多安全风险和健康隐患，经常会给我们生命安全和职业健康带来较为严重的威胁和实质性伤害。所以，学好职业健康安全与劳动保护这部分知识，首先，能让我们更清楚地识别作业过程中的安全隐患和职业健康"杀手"，充分利用好各种劳动保护产品、装置和工具等，有效地做好各种防范工作。其次，能帮助我们运用法律武器维护自身在劳动保护和职业健康方面的权利和待遇。再次，能提醒和督促我们自觉地履行好相关劳动保护和职业健康方面的法律义务，执行好相关管理制度和保障措施。最后，学好这部分知识也是企业贯彻"生命至上、人民至上"安全发展理念，坚持从源头上防范和化解安全风险的内在需要。

1. 什么是劳动保护？

答：劳动保护是指根据国家法律、法规，依靠技术进步和科学管理，采取组织措施和技术措施，消除危及人身安全健康的不良条件和行为，防止事故和职业病，保护劳动者在劳动过程中的安全与健康。有效的劳动保护既是职工的一种特殊的安全福利，也是一项法定权利。

2. 劳动保护具体从哪些方面保护劳动者？

答：劳动保护主要从劳动安全、劳动卫生、女工保护、未成年工保护、工作时间与休假制度等六个方面保护劳动者的安全和健康权利。以上涵盖了劳动保护的对象、任务、作业装置、防护器具、制度、投资以及处罚等具体内容。

3. 劳动保护的目的是什么？

答：劳动保护的目的是为劳动者创造安全、卫生、舒适的劳动工作条件，消除和预防劳动生产过程中可能发生的伤亡、职业病和急性职业中毒，保障劳动者健康地参加社会生产，促进劳动生产率的提高，保证社会主义现代化建设顺利进行。

4. 什么是职业病？什么是法定职业病？

答：职业病是指企业、事业单位和个体经济组织等用人单位的劳动者在职业活动中，因接触粉尘、放射性物质和其他有毒、有害因素而引起的疾病。

法定职业病是由国家规定并正式公布的职业病，是指用人单位的劳动者在职业活动中因接触粉尘、放射性物质和其他有毒、有害物质等因素引起的疾病。

5. 我国法定职业病有哪几类？

答：我国的法定职业病有 10 类 132 种，包括以下 10 类疾病：职业性尘肺病及其他呼吸系统疾病、职业性皮肤病、职业性眼病、职业性耳鼻喉口腔疾病、职业性化学中毒、物理因素所致职业病、职业性放射性疾病、职业性传染病、职业性肿瘤和其他职业病。

6. 职业病的危害主要有哪些？

答：我国最主要的职业病危害有：

① 粉尘危害，它是我国发病人数最多、最常见的职业病危害；

② 有毒物质危害；

③ 放射性污染危害，由于放射技术和核技术的发展，其潜在危害不断增加。

7. 按伤害种类划分，职工伤害分成哪两类？

答：按伤害种类划分，职工伤害分为以下两类：一类是劳动者在工作中因生产安全事故造成的伤亡事故，俗称“红伤”；一类是由职业病造成的伤亡事故，俗称“白伤”。

8. 煤矿井下职业病有哪些？都有哪些危害？

答：煤矿井下作业人员常见职业病有矽肺病、皮肤病、噪声性耳聋、滑囊炎、振动病和高温引起的疾病等。其中，最常见的是矽肺病。

煤矿井下生产性粉尘可导致人肺组织呈弥漫性纤维化增生，肺功能衰竭即矽肺病，严重的矽肺病将损害人体健康和缩短人的寿命；生产性噪声和振动噪声使人听力下降，甚至出现耳聋等疾病；井下高温、高湿环境可导致中暑及皮肤病等疾病。

9. 煤矿职业病防治的基本原则是什么？

答：煤矿职业病防治坚持“预防为主、防治结合”的方针。基本原则是：改善职工的作业环境，降低工作环境对身体的有害影响，培训职工掌握防范的相关知识，使用有效的防护工具，定期进行职业危害检查，对职业病早发现和早治疗，减轻伤害程度，保护身体功能健康。

10. 煤矿职业卫生的工作内容是什么？

答：以保障职工安全健康为目标，以控制职业危害、降低职业病发病率和死亡率为重点，完善管理措施、技术措施和教育培训，坚持标本兼治、重在治本，创新体制机制，强化日常管理，建立运行职业安全卫生管理体系，在加强职业卫生基础工作方面实现新的突破。

11. 煤矿职业病防治有哪些基本要求？

答：煤矿职业病防治的基本要求是：

① 落实工作场所卫生标准，降低有害因素的影响；

② 持续对工作场所进行监测，及时处理各种异常情况；

③ 加强职工培训，掌握预防基本知识；

④ 定期进行职业病检查，早发现早治疗。

12. 生产矿井采掘工作面、机电设备硐室的空气温度是怎样规定的？

答：根据《煤矿安全规程》规定：矿井采掘工作面空气温度不得超过 26 ℃；井下机电硐室的空气温度不得超过 30 ℃。采掘工作面的空气温度超过 30 ℃，机电设备硐室的空气温度超过 34 ℃，必须停止作业。

13. 煤矿最典型的职业病是什么？

答：煤矿生产中威胁矿工健康最普遍、最典型的职业病是煤工尘肺。煤工尘肺是指煤矿工人长期吸入生产性粉尘所引起的尘肺总称。实践表明，这种职业病病人后期非常痛苦，治疗也比较困难，所以相关职工在作业过程中一定要坚持用好各种防护用品，千万不能心存侥幸。

14. 我国现行法定职业病名单中列举的尘肺病有哪些?

答:我国现行法定职业病名单中列举的尘肺病有:矽肺、煤工尘肺、石墨尘肺、碳黑尘肺、石棉肺、滑石尘肺、水泥尘肺、云母尘肺、陶工尘肺、铝尘肺、电焊工尘肺、铸工尘肺,根据《尘肺病诊断标准》和《尘肺病理诊断标准》可诊断的其他尘肺病。

15. 什么是中暑,防治中暑主要采取哪些措施?

答:中暑是职工在高温环境中因高气温作用于人体,超过人体的适应力,而引起的大量出汗、口渴、头痛、发烧和全身无力,甚至突然昏倒或高烧昏迷的现象。

防治中暑应采取以下措施:

① 隔热,厂房要刷白屋面,露天作业要架设凉棚,野外作业用遮阳伞,工人穿浅色或白色衣服;

② 地面高温场所加强通风,高处设排气扇,低处装进风脚窗;

③ 井下高温作业场所应采取通风降温及水喷雾降温等措施,对空气温度较高的采掘工作面,可用空调器制冷降温,缩短在高温作业场所的作业时间。

16. 什么是噪声,怎样预防噪声危害?

答:从卫生学角度来讲,凡是使人感觉到厌烦或不需要的声音都称为噪声。

预防噪声应采取以下措施:

① 控制和消除声源,并采取吸声、消声、隔声、隔振等措施控制声传播;

② 做好听觉器官保护措施(如使用耳塞、耳罩)等。

17. 什么是矿尘,矿尘的危害有哪些?

答:矿尘是指矿井生产过程中能进入矿内空气中的细散状矿、岩固体微粒的总称。其中,悬浮在空气中的叫浮尘,从空气中沉降到地面、器物表面、井巷四壁的叫落尘。

矿尘的主要危害有:

① 导致尘肺病;

② 矿尘中的煤尘能燃烧和爆炸;

③ 加速机械磨损，缩短精密仪器、仪表的使用寿命；

④ 降低工作场所的能见度，使工伤事故增多。

矿井粉尘的危害	矿井粉尘 防治措施

18. 什么是呼吸性粉尘？其主要危害是什么？

答：呼吸性粉尘，也叫可吸入粉尘，是指在生产过程中产生的粒径小于5微米的能随空气吸入进入肺泡的浮游粉尘。呼吸性粉尘对人体的危害性极大，是引起尘肺的主要致病源。

实践中，通常通过加强通风、洒水、喷雾降尘和正确使用个人防护用品等综合措施来减少和降低这方面的危害。

19. 煤矿尘肺病的个人防护措施有哪些？

答：煤矿尘肺病的个人防护措施主要包括以下方面：

尘肺病

① 要从思想上提高对粉尘危害的认识；

② 在有粉尘的作业场所作业，要正确使用防尘口罩、防尘头盔和防尘工作服；

③ 定期检查，发现尘肺后，及时治疗，调离粉尘作业环境；

④ 加强锻炼，增强体质，提高抵抗疾病能力。

20. 患了职业病我们如何去申报？

答：根据《职业病防治法》等法律法规规定，劳动者被诊断、鉴定为职业病，所在单位应当自被诊断、鉴定为职业病之日起30日内，向统筹地区社会保险行政部门提出工伤认定申请。提出工伤认定申请应当提交下列材料：

① 工伤认定申请表；

② 与用人单位存在劳动关系(包括事实劳动关系)的证明材料;

③ 医疗诊断证明或者职业病诊断证明书(或者职业病诊断鉴定书)。

工伤认定申请表应当包括事故发生的时间、地点、原因以及职工伤害程度等基本情况。

21. 什么是职业伤害保险?

答:职业伤害保险又称工伤保险,是以劳动者在劳动过程中发生的各种意外事故或职业伤害为保障风险,由国家或社会给予因工伤、接触职业性有毒有害物质等而致残者、致死者及其家属提供物质帮助的一种社会保险。

22. 什么是劳动能力鉴定?

答:劳动能力鉴定指利用医学方法和手段,依据鉴定标准,对伤病劳动者的伤、病、残程度及其劳动能力进行诊断和鉴定的活动。

23. 如何诊断职业病?

答:职业病诊断,应当综合分析下列因素:

① 病人的职业史;

② 职业病危害接触史和工作场所职业病危害因素情况;

③ 临床表现以及辅助检查结果等。

没有证据否定职业病危害因素与病人临床表现之间的必然联系的,应当诊断为职业病。

职业病的诊断,应当由省级以上人民政府卫生行政部门批准的医疗卫生机构承担。

24. 诊断职业病一般要经过哪些程序(流程)?

答:职业病诊断的程序(流程)如下:本人申请→用人单位同意提供职工职业史和职业病危害接触史→现场危害调查与评价→临床表现以及辅助检查结果等因素→到省级以上人民政府卫生行政部门批准的医疗机构进行职业病诊断→劳动能力鉴定委员会根据诊断结果,鉴定其劳动能力等级及护理依赖程度等级→职工按规定享受工伤保险待遇。

25. 煤矿井下常用的个人防护用品有哪些?

答:个人防护用品是劳动者在劳动中为防御物理、化学、生物等外界因素伤害人体而穿戴和配备的各种物品的总称。煤矿井下常用的个人防护用品有：安全帽、自吸过滤式防尘口罩、冲击眼面护具、焊接眼面护具、耳塞、耳罩、防护手套、防振手套、绝缘手套、耐酸碱手套、防护鞋（靴）、耐酸碱鞋（靴）、防水胶靴、防砸鞋（靴）、电绝缘鞋（靴）、护腿等。

26. 患有职业病的职工享有哪些权利？

答：依据《职业病防治法》的规定，患有职业病的职工享有以下权利：

① 职业病病人的诊疗、康复费用，伤残以及丧失劳动能力的职业病病人的社会保障，按照国家有关工伤保险的规定执行；

② 职业病病人除依法享有工伤保险外，依照有关民事法律，尚有获得赔偿的权利，有权向用人单位提出赔偿要求；

③ 劳动者被诊断患有职业病，但用人单位没有依法参加工伤保险的，其医疗和生活保障由该用人单位承担；

④ 用人单位对不适宜继续从事原工作的职业病病人，应当调离原岗位，并妥善安置。

27. 患有职业病的职工享受哪些待遇？

答：依据《职业病防治法》的规定，患有职业病的职工享受以下待遇：

① 用人单位应当保障职业病病人依法享受国家规定的职业病待遇；

② 用人单位应当按照国家有关规定，安排职业病病人进行治疗、康复和定期检查；

③ 用人单位对从事接触职业病危害作业的劳动者，应当给予适当岗位津贴；

④ 职业病病人变动工作单位，其依法享有的待遇不变。

28. 如何通过培训预防职业病发生？

答：实践证明，有效的培训是防范职业病发生的重要途径和手段之一，因为：

① 通过培训能使从业人员了解职业病的特点和危害性；

② 通过培训能使从业人员了解职业病防治知识，掌握本工作岗位的有害因素的种类、后果、预防以及个人防护与应急救治措施等内容；

③ 通过培训能提高个人的职业病防范意识和自我保护的技能，遵

守国家职业病防治法律、法规，国家职业卫生标准和操作规程；

④ 通过培训能让从业人员了解使用新技术、新工艺、新设备、新材料导致职业危害因素发生变化时，怎样进行职业危害防护。

29. 从业人员在工作中怎样预防职业病?

答：在实际工作中为了防止职业病发生，从业人员必须做到：

① 严格执行操作规程，按照职业病防治要求正确使用防护用品；

② 从业人员在就业前必须进行职业健康检查，了解自己是否存在所从事职业的职业禁忌证；

③ 从业人员就业后必须定期进行职业健康检查，以便早发现职业病损害，及时采取防治措施；

④ 从业人员必须养成良好的个人卫生习惯，必须养成不在车间内吸烟、进食，勤洗手，下班后更衣、沐浴等好习惯。

30. 接触职业病危害的从业人员的职业健康检查周期有什么规定?

答：接触职业病危害的从业人员的职业健康检查周期一般应符合以下规定：

① 接触粉尘以煤尘为主的在岗人员，每 2 年 1 次；

② 接触粉尘以矽尘为主的在岗人员，每年 1 次；

③ 经诊断的观察对象和尘肺患者，每年 1 次；

④ 接触噪声、高温、毒物、放射线的在岗人员，每年 1 次；

⑤ 接触职业病危害作业的退休人员，按有关规定执行。

复习思考题

1. 从业人员在工作中怎样预防职业病?
2. 患有职业病的职工享受哪些待遇?
3. 按伤害种类划分，职工伤害分为哪两类?
4. 煤矿最典型的职业病是什么?
5. 什么是中暑，防治中暑主要采取哪些措施?
6. 煤矿尘肺病的个人防护措施有哪些?

模块九自测试题

（共 100 分，80 分合格）

得分：________

一、判断题（每题 3 分，共 30 分）

1. 职业病是指企业、事业单位和个体经济组织等用人单位的劳动者在职业活动中，因接触粉尘、放射性物质和其他有毒、有害因素而引起的疾病。（　　）

2. 法定职业病是由国家规定并正式公布的职业病。（　　）

3. 矿井采掘工作面空气温度不得超过 28 ℃；井下机电硐室的空气温度不得超过 30 ℃。（　　）

4. 煤矿生产中威胁矿工健康最普遍、最典型的职业病是煤工尘肺。（　　）

5. 使人感觉到厌烦或不需要的声音都称为噪声。（　　）

6. 职业病病人只能依法享有工伤保险，无权向用人单位提出赔偿要求。（　　）

7. 在有粉尘的作业场所作业，要正确使用防尘口罩、防尘头盔和防尘工作服。（　　）

8. 井下高温作业场所应采取通风降温及洒水喷雾降温等措施，对空气温度较高的采掘工作面，可用空调器制冷降温，缩短在高温作业场所的作业时间。（　　）

9. 煤矿职业病防治坚持“预防为主、综合治理、防治结合”的方针。（　　）

10. 采掘工作面的空气温度超过 30 ℃，机电设备硐室的空气温度超过 34 ℃，必须停止作业。（　　）

二、单选题（每题 3 分，共 30 分）

1. 法定职业病是由（　　）规定并正式公布的职业病。

A. 政府　　B. 国家　　C. 卫生部门

2. 我国的法定职业病有(　　)类 132 种。

A. 10　　B. 15　　C. 20

3. 按职业病危害种类分布,我国最主要的职业病危害是(　　)危害。

A. 放射性污染　　B. 有毒物质　　C. 粉尘

4. 下列不属于矿尘危害的一项是(　　)。

A. 造成职工听力下降

B. 矿尘中的煤尘能燃烧和爆炸

C. 导致尘肺病

5. 防治噪声中,应采取以下(　　)措施。

A. 戴安全帽

B. 控制和消除声源,并采取吸声、消声、隔声、隔振等措施控制声传播

C. 缩短工作时间

6."白伤"是指(　　)。

A. 伤亡事故　　B. 工伤　　C. 职业病

7. 大量出汗、口渴、头痛、发烧和全身无力,甚至突然昏倒或高烧昏迷的现象是(　　)的症状。

A. 急性中毒　　B. 中暑　　C. 尘肺病

8. 煤矿最常见的职业病是(　　)。

A. 矽肺病　　B. 皮肤病　　C. 振动病

9.(　　)是指利用医学方法和手段,依据鉴定标准,对伤病劳动者的伤、病、残程度及其劳动能力进行诊断和鉴定的活动。

A. 劳动能力鉴定　　B. 工伤鉴定　　C. 职业病鉴定

10. 用人单位对不适宜继续从事原工作的职业病病人,应当(　　)。

A. 安排下岗,并给予一次性补贴

B. 解除劳动合同

C. 调离原岗位,并妥善安置

三、多选题(每题4分,共40分)

1. 劳动保护主要从劳动安全、(　　)、工作时间与休假制度等方面保护劳动者的安全和健康权利。

A. 健康保护　　B. 劳动卫生

C. 女工保护　　D. 未成年工保护

2. 职业病是指企业、事业单位和个体经济组织等用人单位的劳动者在职业活动中,因接触(　　)而引起的疾病。

A. 粉尘　　B. 放射性物质

C. 有毒、有害因素　　D. 工作环境

3. 煤矿职业病防治的基本要求是(　　)。

A. 落实工作场所卫生标准,降低有害因素的影响

B. 持续对工作场所进行监测,及时处理各种异常情况

C. 加强职工培训,掌握预防基本知识

D. 定期进行职业病检查,早发现早治疗

4. 矿尘的主要危害有(　　)。

A. 导致尘肺病

B. 矿尘中的煤尘能燃烧和爆炸

C. 加速机械磨损,缩短精密仪器、仪表的使用寿命

D. 降低工作场所的能见度,使工伤事故增多

5. 降低和减少呼吸性粉尘的措施有(　　)。

A. 加强通风　　B. 洒水

C. 喷雾降尘　　D. 使用个人防护用品

6. 煤矿尘肺病的个人防护措施有(　　)。

A. 防尘口罩　　B. 防尘头盔

C. 防尘工作服　　D. 洒水

7. 工伤认定申请表应当包括事故发生的时间、(　　)。

A. 地点　　B. 原因

C. 现场其他人的证明　　D. 职工伤害程度

8. 职业病诊断,应当综合分析下列因素(　　)。

A. 工作经历

B. 职业病危害接触史和工作场所职业病危害因素情况

C. 临床表现以及辅助检查结果

D. 病人的职业史

9. 在实际工作中为了防止职业病发生，从业人员必须做到(　　)。

A. 严格执行操作规程，按照职业病防治要求正确使用防护用品

B. 从业人员在就业前必须进行职业健康检查，了解自己是否存在所从事职业的职业禁忌证

C. 从业人员就业后必须定期进行职业健康检查，以便早发现职业病损害，及时采取防治措施

D. 从业人员必须养成良好的个人卫生习惯，必须养成不在车间内吸烟、进食，勤洗手，下班后更衣、沐浴等好习惯

10. 接触职业病危害的从业人员的职业健康检查周期为(　　)。

A. 接触粉尘以煤尘为主的在岗人员，每2年1次

B. 接触粉尘以矽尘为主的在岗人员，每年1次

C. 接触噪声、高温、毒物、放射线的在岗人员，每年1次

D. 经诊断的观察对象和尘肺病患者，每年2次

模块十　煤矿安全风险分级管控、事故隐患排查治理与危险源辨识

【学习提示】

我们为什么要学习煤矿安全风险分级管控、事故隐患排查治理与危险源辨识知识？事故源于隐患，隐患源于风险的失控。为了从源头上加强安全管理，防治重大事故隐患和危险源，化解安全风险，新修订的《安全生产法》明确提出了“构建安全风险分级管控和事故隐患排查治理双重预防机制，健全风险防范化解机制”的要求；《煤矿安全生产标准化管理体系基本要求及评分方法》《国家煤矿安监局关于印发〈关于预判防控煤矿重大安全风险的指导意见（试行）〉的通知》则从加强安全生产基础建设出发，更详细地对区（队）长、班组长和关键岗位人员掌握事故隐患排查治理、风险防控基本知识，以及落实相关管控措施等方面做出具体规定。另外，有很多煤矿企业引入职业健康安全管理体系认证来助推企业完善安全管理控制体系。作为煤矿从业人员，在井下作业现场很多时候都要直面各种安全隐患和风险（危险源），都需结合实际工作参与事故隐患排查治理，落实危险源防控措施和制度等，所以学习和掌握这部分知识对大家来说就显得非常实用，也非常重要。

一、危险源辨识

1. 什么是危险源？

答：危险源是指煤矿中存在（或潜在）能直接（或间接）地导致（或诱发）煤矿事故发生，造成人员伤害、职业危害、财产损失或环境破坏的各种不安全因素。比如有毒有害气体、未支护的顶板、运转的机械设备等都是危险源。正确识别危险源对风险预控和隐患排查工作的开展有着非常重要的意义。

2. 危险源与隐患的区别是什么?

答:(1) 含义不同:

① 危险源的实质是具有潜在危险的源点或部位,是爆发事故的源头。

② 隐患就是导致事故发生的不安全因素。

(2) 特性不同:

① 危险源是自然存在不可去除的,管理好的话不会导致事故的发生。

② 隐患通常是人为造成且可去除的,可以直接导致事故的发生。

例如,家里用的燃气是危险源,燃气管道老化、燃气灶漏气就是隐患,如隐患得不到控制,则会导致燃气泄漏甚至爆炸事故。

3. 危险源辨识的基本内容是什么?

答:危险源辨识目前是矿井安全管理的一项法定工作,其辨识的基本内容包含四个方面,分别是:人方面的不安全行为、机(物)方面的不安全状态、环境方面的不安全因素,以及管理中的缺陷。

4. 实际生产过程中"人的不安全行为"主要有哪些?

答:人员在生产作业过程中的不安全行为,通常是按照相关标准来分类的,一般划分为 13 大类,分别是:① 操作错误,忽视安全警告;② 造成安全装置失效;③ 使用不安全设备;④ 用手代替工具;⑤ 物体(指成品、半成品、材料、工具等)存放不当;⑥ 冒险进入危险场所;⑦ 攀坐不安全位置(如平台、护栏等);⑧ 在起吊臂下作业、停留;⑨ 机器运转时进行加油、修理、检查、调整、焊接、清扫等工作;⑩ 有分散注意力的行为;⑪ 没有正确使用个人防护用品和用具;⑫ 不安全装束;⑬ 对易燃、易爆等危险品处理错误。比如,煤矿的"三违"就是典型的人的不安全行为。

5. 实际生产过程中"物的不安全状态"主要有哪些?

答:生产作业过程中的物的不安全状态,通常是按照相关标准来分类的,一般划分为 6 大类,分别是:① 设备和装置的结构不良,材料强度不够,零部件磨损和老化;② 存在危险物和有害物;③ 工作场所面积狭小或有其他缺陷;④ 安全防护装置失灵;⑤ 缺乏防护用具或防护用具存在缺陷；⑥ 材料的堆放、整理有缺陷。比如，煤矿井下电气设备“失爆”就是一种典型的物的不安全状态。

6. 实际生产过程中的环境的不安全因素主要有哪些？

答：实际生产过程中的环境的不安全因素一般有：① 自然环境的异常，如岩石、地质、水文、气象等的恶劣变异；② 生产环境不良，如照明、温度、湿度、噪声、振动、空气质量、颜色等。比如，煤矿井下的“五大自然灾害”就是典型的不安全环境。

7. “管理缺陷”主要有哪些？

答：管理缺陷主要包括两个方面：一是技术缺陷，指工业建、构筑物及机械设备、仪器仪表等的设计、选材、安装、布置、维护检修有缺陷，或工艺流程、操作方法方面存在问题；二是劳动组织不合理，对现场工作缺乏指导或检查指导失误，没有安全操作规程或不健全，不认真实施事故防范措施，对安全隐患整改不力，教育培训不够，工作人员操作技术知识或经验不足，缺乏安全知识，人员选择和使用不当，生理或身体有缺陷。比如，煤矿新职工到矿没有按规定经过培训和考核合格，就被单位安排下井工作，显然就是一种典型的管理缺陷。

8. 危险源控制通常分为几个步骤，每个步骤的主要工作内容是什么？

答：安全管理实践中，危险源控制一般分为七个步骤，每个步骤的主要工作内容分别是：

第一步消除危险，在危险源管理中首要工作是消除危险；

第二步隔离，如果不能消除，就把可能发生的危险与人隔离开；

第三步封闭，如果不能使危险与人分开隔离，就把危险源封闭保护起来；

第四步错时，如果不能把危险源封闭隔离起来，在时间上把人与危险源错时分开；

第五步防护，如果不能在时间上把人与危险源错时分开，就使用个人防护设备把人保护起来；

第六步指导，多提醒相关人员这些地方可能产生危险，要提醒他们时刻注意；

第七步培训，告诉职工这些地方有危险存在，自己怎么合理地去避免受到危害。

二、安全风险分级管控

9. 什么是安全风险？

答：安全风险是指安全生产事故或健康损害事件发生的可能性和严重性的组合。这样看，安全风险有两个主要特性，即可能性和严重性。可能性是指事故发生的概率；严重性是指事故一旦发生后将造成的人员伤害和经济损失的严重程度。安全风险一般分为蓝色风险、黄色风险、橙色风险和红色风险四个等级，其中红色等级最高。

10. 什么是安全风险管控？

答：安全风险管控则是指对由人的活动带来的安全风险加以识别和评估，并采取与之相对应措施的一系列管控活动。实践中，通常是指生产经营单位依法建立的安全风险分级管控制度。

11. 安全风险管控应坚持什么原则？

答：安全风险分级管控应坚持的基本原则是：① 安全风险等级实行从高到低分级的原则（一般分为四级）；② 安全风险越大，实行管控的级别越高的原则；③ 上级负责管控的安全风险，下级必须负责管控的原则。

12. 什么是风险管理？

答：风险管理是指如何在项目或者企业一个肯定有安全风险的环境里，把风险减至最低的管理过程。风险管理是通过对风险的认识、衡量和分析后，选择最有效的方式和途径，主动地、有目的有计划地处理风险，以最小成本，争取获得最大安全保障的管理方法。一句话，风险管理就是要以最小的成本获得最大的保障。

13. 什么是风险识别？

答：风险识别是指生产经营单位或个人对所面临的或潜在的安全风险加以判断、归类整理，并对风险的性质进行鉴定的过程。

14. 什么是风险事件？

答：风险事件也称风险事故，是指酿成事故和损失的直接原因和条件。风险一般只是一种潜在的危险,而风险事件的发生使潜在的危险转化成为现实的损失。从这个意义上来说风险事件是损失的媒介。比如,煤矿发生瓦斯、煤尘爆炸事故,发生透水事故等都属于重大风险事件(事故)。风险控制的一个重要任务就是防范和控制风险事件的发生,以及在风险事件(事故)发生后,将损失降到最低。风险事件(事故)的发生,往往是风险因素的存在和失控造成的。

15. 煤矿安全风险辨识评估分为哪几种?

答:煤矿安全风险辨识评估分为年度辨识评估和专项辨识评估两种,分别由煤矿不同的安全生产部门相关负责人,按照不同的流程组织开展。

16. 煤矿安全监测监控系统可能存在的重大安全风险或隐患有哪些?

答:煤矿安全监测监控系统可能存在的重大安全风险或隐患主要有:安全监控系统运行不正常;安全监控、人员位置监测不能实时上传数据;安全监控系统报警、断电等功能缺失或者未发挥作用;安全监控设备不具备故障闭锁功能;煤矿企业对瓦斯超限等数据异常情况未按规定进行处置。

17. 煤矿重大灾害治理方面可能存在的重大风险或隐患有哪些?

答:煤矿重大灾害治理方面可能存在的重大风险或隐患主要有:矿井瓦斯、水、火、冲击地压等灾害治理相关机构不健全或者人员配备不足;未按规定编制专项灾害防治设计;高瓦斯、突出矿井未按规定建立瓦斯抽采系统;突出矿井具备开采保护层条件的未开采保护层;矿井采掘范围内水文地质条件和采空区、废弃老窑积水等情况未查明;开采冲击地压煤层未采取区域和局部相结合的防冲措施;冲击地压矿井、突出矿井过断层等地质构造带未制定安全技术措施。

18. 煤矿主要生产系统可能存在的重大安全风险或隐患有哪些?

答:煤矿主要生产系统可能存在的重大安全风险或隐患主要有:生产水平和采(盘)区没有实现分区通风,采(盘)区进、回风巷没有贯穿整个采(盘)区;采(盘)区主要生产安全系统未形成即组织生产或回采巷道施工;采掘工作面通风系统不独立,违规串联通风;高瓦斯、煤(岩)与瓦斯(二氧化碳)突出(以下简称突出)矿井的每个采(盘)区和开采容易自燃煤层的采(盘)区,低瓦斯矿井开采煤层群和分层开采采用联合布置的采(盘)区未设置专用回风巷。

19. 煤矿职工现场作业行为方面的安全风险主要有哪些?

答:煤矿通用安全风险主要有:① 上下班不注意交通安全;② 不参加班前会;③ 酒后入井;④ 疲劳作业;⑤ 不按规定佩戴和使用劳动保护用品;⑥ 身体出现不适仍然进行作业;⑦ 当班情绪不好;⑧ 特种作业人员不持证上岗;⑨ 不熟悉避灾路线;⑩ 不熟悉设备操作规程和操作标准;⑪ 不学习作业规程、不熟悉现场情况及变化;⑫ 穿化纤衣服入井;⑬ 下井未穿有反光条的工作服;⑭ 岗位不执行现场交接班制度等。

20. 什么是双重预防性工作机制(简称"双预控"),其主要任务是什么?

答:双重预防性工作机制,是近年来国家推行的一种安全生产管理新方法,或者说新要求、新机制。实践中我们通常称它为"双预控"机制,内容包含两个方面,一是"安全风险分级管控",二是"事故隐患排查治理"。其主要任务是推动安全生产的关口前移,将目前的安全管理关口由"事故隐患排查治理"前移到"安全风险分级管控",实现对各类生产安全事故的有效防范。同时,我们也看到,随着新修订的《安全生产法》的实施,该机制将成为企业安全生产管理的一项法定机制和管理要求。

21. 采煤工作面运输及传动机械作业有哪些主要风险,应采取怎样的防控措施?

答:采煤工作面运输及传动机械作业主要有以下风险:

① 工作面刮板输送机工作时,人员在煤壁侧或刮板输送机上作业或行走,易造成煤壁片帮伤人或刮板链伤人;

② 工作面刮板输送机及带式输送机工作时,人员横跨刮板输送机或带式输送机,易造成人员挤伤或拉伤;

③ 工作面机械设备有外露的传动和转动部位,易卷伤操作人员;

④ 工作面绞车运行时,有行人通过,易出现钢丝绳卷人或矿车

伤人；

⑤ 开机时清理带式输送机或刮板输送机机头、机尾处的浮煤，易造成转动部位伤人。

防控措施有：

① 工作人员严禁在煤壁侧或刮板输送机上作业或行走，必须在支架下方行走，如检修确需行走，必须在作业范围内打贴帮柱，闭锁刮板输送机开关，挂停电牌，并安排专人看护；

② 在横跨刮板输送机及带式输送机的地点安设行人过桥设施；

③ 工作面机械设备外露的传动和转动部位加装防护装置，并固定牢靠，运行中严禁人员靠近传动位置；

④ 绞车运行时严禁行人靠近或通过，轨道巷严格做到封闭式管理；

⑤ 人员清理带式输送机或刮板输送机机头、机尾的浮煤时，必须停机后进行，并提前与司机联系好。

22. 煤矿采煤工作面电气作业有哪些主要风险，应采取怎样的防控措施？

答：采煤工作面电气作业主要有以下风险：

① 检修时不验电，易造成触电伤人；

② 带电搬迁电气设备，易造成触电伤人；

③ 甩掉电气设备保护装置，易造成触电伤人或损坏电气设备。

防控措施有：

① 检修设备时，严格执行“停电、验电、放电”制度；

② 搬迁电气设备前，必须闭锁开关，挂停电牌，并派专人看护；

③ 严禁甩保护和违规调整电气设备保护整定值。

23. 煤矿采煤工作面支护作业有哪些主要风险，应采取怎样的防控措施？

答：采煤工作面支护作业主要有以下风险：

① 割煤后拉架不及时，易造成端面距超规定，顶板漏矸或片帮伤人；

② 工作面液压支架支护压力不足，倾斜工作面支架固定不牢靠造

成歪架、倒架伤人。

防控措施有：

① 拉架后支架端面距不得超过 340 mm；拉架与割煤的最大滞后距离不得大于 10 m；

② 严格按照规程要求，保证支架压力；加强支架检查，及时采取防倒架措施。

24. 煤矿掘进工作面有哪些主要风险，应采取怎样的防控措施？

答：掘进工作面掘进作业主要有以下风险：

① 掘进机开机时前方及两侧有人作业或通过，易造成伤人；

② 综掘机距迎头距离不符合规定，易造成迎头支护时综掘机误启动伤人；

③ 前探梁支护不到位，易发生冒顶砸伤人员；

④ 人员打钻时佩戴手套扶钻杆，易被钻杆卷住受伤害；

⑤ 耙装机钢丝绳磨损、断丝严重，易造成断绳伤人；

⑥ 掘进机油管破裂、U 型卡松动，易发生高压液体伤人；

⑦ 综掘机开关手把随意乱放，易发生非专职人员操作综掘机伤人；

⑧ 工作面局部通风机风筒距迎头距离超规定，易造成有毒有害气体积聚伤人；

⑨ 不采用湿式打眼，易造成煤尘堆积爆炸伤人，或现场人员患矽肺病。

防控措施有：

① 开机前，首先将迎头及机身两侧人员撤离至综掘机后侧，确认迎头及机身两侧无人后，再进行警铃提示后方可开机；

② 综掘机停机时，必须按照规程规定距离停放，切割头落地，及时闭锁开关并用护罩遮盖严实；

③ 割煤结束后，前探梁选用 2 根 4 英寸(1 英寸＝2.54 cm)钢管，吊环采用 20 号圆钢，前探梁上用 6 块木板梁和 20 块构木维护，木板梁两端伸出前探梁不小于 20 cm；

④ 打眼扶钻杆时，严禁佩戴手套；

⑤ 作业前认真检查钢丝绳,发现磨损超规定及时更换;

⑥ 每班对综掘机的油管进行检查,U 型卡必须是专用的,打实打牢,不得使用铁丝等代替 U 型卡;

⑦ 停机后开关把手及时由司机放回指定地点锁好;

⑧ 风筒离迎头不得超过 10 m,超过 10 m 及时延接风筒;

⑨ 打眼时,必须采用湿式打眼,并正确使用个体防尘保护用品。

25. 煤矿机电作业主要有哪些风险,应采取怎样的防控措施?

答:煤矿机电作业主要有以下风险:

① 变电所停送电操作前未配合使用绝缘用具,易造成触电事故;

② 检修电气设备停电后未进行验电、放电,易造成触电事故;

③ 检修电气设备停电后未挂接地线,易造成人员触电;

④ 检修电气设备未挂停电警示牌,易造成人员受伤、设备损坏;

⑤ 检修电气设备时误停电、误操作,易造成触电事故;

⑥ 停电时强行送电,易造成人员触电,设备损坏;

⑦ 电缆拆线回收时回收人员配合不当,易发生电缆掉落伤人事故;

⑧ 电缆敷设人员站在架子上挂电缆,易发生人员摔倒造成伤害。

防控措施有:

① 变电工操作高压电气设备(千伏级电气设备)的主回路前,必须戴绝缘手套、穿绝缘靴或站在绝缘台上,变电工停开关柜,必须先停断路器,后拉隔离开关;

② 停电后,要使用与验电电压相符的验电器按照先低压后高压的顺序进行验电,当确认无电压后,利用接地线进行放电;

③ 电气设备停电后,应挂接地线,挂接地线应先接地端,后接导体端;

④ 停电后必须在对应的开关上挂“有人工作,禁止合闸”警示牌;

⑤ 电工确认要停电线路的开关,操作千伏级线路主回路时必须戴绝缘手套、穿绝缘靴或站在绝缘台上,停电后,锁好隔离开关手把;

⑥ 在送不上电时,要检查排除电气设备故障,不得强行送电;

⑦ 两人以上装卸时，必须有专人指挥，互相合作；

⑧ 人员站在高处挂设电缆时，监护人员应精力集中，架子应稳固、不倾斜。

26. 煤矿运输作业主要有哪些风险，应采取怎样的防控措施？

答：煤矿运输作业主要有以下风险：

① 小绞车作业前未进行钢丝绳检查，易造成断绳跑车或钢丝绳抽伤人员事故；

② 电机车运行过程中快速停车，易造成矿车倾倒伤人；

③ 电机车在弯道、路口高速行驶，易发生人员撞伤事故；

④ 带式输送机转动部位防护装置不齐全，易造成人员伤害；

⑤ 带式输送机浮煤过多将托辊埋压，易造成托辊与浮煤摩擦发生火灾；

⑥ 操作带式输送机时站在减速机或电机上，易造成人员跌落；

⑦ 违章乘坐带式输送机和跨越带式输送机不走过桥，易造成人员拉伤或摔伤；

⑧ 刮板输送机开机前不发信号，可能造成在刮板输送机里作业的人员受到伤害。

防控措施有：

① 开机前检查钢丝绳是否有弯折、硬伤、打结、严重锈蚀、断丝超限，在滚筒上绳端固定要牢固；

② 停机车时，平稳降低车辆运行速度；

③ 经过弯道时，要减速鸣笛，无特殊情况均匀减速；

④ 工作中要经常检查前部带式输送机机尾滚筒的完好情况、清带装置的工作情况以及防护栏的完好情况；

⑤ 带式输送机架子底下浮煤必须清理干净，不得埋住托辊；

⑥ 操作者站在距带式输送机机头 2～3 m 处，能够观察卸载情况的安全地方，目视卸载滚筒卸煤是否适中；

⑦ 严禁乘坐带式输送机，跨越带式输送机必须从行人过桥通过；

⑧ 开机前预警，若有人作业必须先将人员撤出，确认安全后再开机。

27. 煤矿“一通三防”作业主要有哪些风险,应采取怎样的防控措施?

答:煤矿“一通三防”作业主要有以下风险:

① 爆破作业时未检查周围环境,煤体松动,煤壁伞檐、活矸、危岩可能砸伤人。

② 爆破作业时警戒距离位置设置不当,易造成爆破伤人。

③ 爆破作业时炮烟引起熏人事故。

④ 有毒有害气体超标引起中毒事故。

⑤ 煤尘堆积易发生爆炸事故。

⑥ 登高作业未系保险带易发生摔伤事故。

⑦ 站在绞车钢丝绳上方测风时,绞车突然启动伤人。

⑧ 风筒漏风严重,易造成瓦斯超限伤人。

防控措施有:

① 工作环境5 m范围内顶帮支护安全可靠,坚持“敲帮问顶”,发现活矸、危岩及时处理。

② 爆破工必须最后离开爆破地点,并在安全地点起爆。撤人、警戒等措施及起爆地点到爆破地点的距离必须在作业规程中具体规定。起爆地点到爆破地点的距离应当符合下列要求:岩巷直线巷道大于130 m,拐弯巷道大于100 m;煤(半煤岩)巷直线巷道大于100 m,拐弯巷道大于75 m;采煤工作面大于75 m,且位于工作面进风巷内。

③ 爆破后洒水降尘,至少20 min等炮烟吹散后再进入。

④ 不独自进入盲巷,临时停风地点及时设栅栏,工作面停风停电时,立即停工撤人。

⑤ 定期冲洗煤尘,保证防尘设施完好。

⑥ 登高作业时必须系保险带,并派专人看护。

⑦ 严禁站在钢丝绳上测风,测风前跟绞车司机联系,绞车停电闭锁。

⑧ 风筒距迎头超过10 m时及时续接;对工作面风筒要及时检查,发现漏风的及时修补。

28. 煤矿防治水作业主要有哪些风险，应采取怎样的防控措施？

答：煤矿防治水作业主要有以下风险：

① 钻机立柱支撑松动，易造成钻机移位碰伤人员；

② 钻机液压管路接头连接松动，易发生管路弹出崩伤人员；

③ 拆卸钻杆时戴手套，易出现夹手现象；

④ 钻机作业时人员站位不当，易被钻杆弹出伤人；

⑤ 注浆泵开机时接触外露的传动和转动部位，易被传动和转动部位卷伤；

⑥ 吊装导链不符合要求，吊装时导链断裂伤人。

防控措施有：

① 钻机立柱上加木托板或废皮带防滑，必须接顶严实，并拴好防倒链连锁，防止柱倒伤人；

② 开钻前全面检查、试验，保证管路接头动态完好；

③ 工作人员扎紧袖口，扶钻杆时严禁戴手套；

④ 钻机钻孔过程中，钻机前方严禁站人，操作人员站在钻机的侧面，严禁操作人员正对钻杆操作；

⑤ 注浆泵开机时，操作人员严禁靠近或接触；

⑥ 井下打导链时要将导链牢靠地固定在专用起吊锚杆上，导链与起吊物要使用专用锚链固定连接好，垂直吊挂。闲杂人员要躲避到安全位置，只准 3 人作业，2 人打导链，1 人负责全面观察，严禁作业人员将身体的任何部位置于起吊物下方。

三、事故隐患排查治理

29. 什么是事故隐患？

答：事故隐患是指生产经营活动中存在可能导致事故发生的物的危险状态、人的不安全行为和管理上的缺陷。事故隐患通常分为一般事故隐患和重大事故隐患。一般事故隐患是指危害和整改难度较小，发现后能够立即整改排除的隐患。重大事故隐患是指危害和整改难度较大，应当全部或者局部停产停业，并经过一定时间整改治理方能排除的隐患。

30. 什么是事故隐患排查?

答:所谓事故隐患排查,是指根据国家安全生产法律、法规,运用安全生产管理相关方法,对生产经营单位作业场所的人员、设备、工作环境和生产安全管理等,进行逐项排查和评估,以及时发现安全生产事故隐患,采取必要的防范措施,把事故消灭在萌芽状态,实现安全生产目标。实践中,它通常是指生产经营单位依法建立的生产安全事故隐患排查治理制度。

31. 事故隐患排查应坚持什么原则?

答:事故隐患排查应坚持以下原则:

① “生命至上、人民至上”的原则;

② “安全第一、预防为主、综合治理”的原则;

③ “抓生产必须先抓隐患整改”和“谁主管、谁负责”的原则;

④ “谁存在事故隐患,谁负责筹措资金进行整改”和迅速、及时、彻底整改的原则。

32. 安全风险、事故隐患和事故之间是什么关系?

答:从安全风险的特性来讲,工作中不可能做到有效管控全部风险,我们需要做的是及时发现、及时管控风险,能够消除更好,消除不了的应管控在能接受的范围内。

风险一旦失控,就变成了隐患,几个隐患的耦合叠加就可能酿成事故,所以发现隐患就必须进入隐患分级、治理、验收、销号闭环体系予以彻底消除,消除不了就不能生产。事故隐患的排查治理和整改是治标,而发现、管控导致事故隐患可能产生的安全风险才是治本。

33. 事故隐患排查的主要要求是什么?

答:事故隐患排查的主要要求是:① 明确事故隐患排查人员、内容、周期;② 排查《煤矿重大安全风险管控方案》措施落实情况和各生产系统、各岗位的事故隐患,排查内容包含重大安全风险管控措施不落实情况和人的不安全行为、物的不安全状态、环境的不安全条件以及管理缺陷等;③ 发现重大事故隐患立即向当地煤矿安全监管监察部门书面报告,建立事故隐患排查台账和重大事故隐患信息档案。

34. 事故隐患分级治理有什么具体规定?

答:按照规定,我们对排查出的事故隐患要进行分级处置,并按事故隐患的等级进行登记、治理、验收和销号。有关治理规定如下:① 重大事故隐患由矿长按照责任、措施、资金、时限、预案"五落实"的原则,组织制定专项治理方案,并组织实施,治理方案按规定及时上报;② 不能立即治理完成的事故隐患,明确治理责任单位(责任人)、治理措施、资金、时限,并组织实施;③ 能够立即治理完成的事故隐患,当班采取措施及时治理消除,并记入班组隐患台账。

35. 在对事故隐患进行治理时,对应的安全措施有哪些?

答:在事故隐患治理时为了防止安全事故的发生,通常要采取以下对应的安全措施:① 对治理过程中存在危险的事故隐患治理有安全措施,并落实到位;② 对治理过程危险性较大的事故隐患(指可能危及治理人员及接近治理区人员安全的隐患,如爆炸、人员坠落、坠物、冒顶、电击、机械伤人等),应制定现场处置方案,治理过程中现场有专人指挥,并设置警示标识,安检员现场监督。

36. 煤矿管理环节可能存在的重大事故隐患具体是指哪些情形?

答:因工作不到位,煤矿在管理环节可能存在以下重大事故隐患:① 超能力、超强度或者超定员组织生产;② 超层越界开采;③ 使用明令禁止使用或者淘汰的设备、工艺;④ 煤矿没有双回路供电系统;⑤ 新建煤矿边建设边生产,煤矿改扩建期间,在改扩建的区域生产,或者在其他区域的生产超出安全设施设计规定的范围和规模;⑥ 煤矿实行整体承包生产经营后,未重新取得或者未及时变更安全生产许可证而从事生产,或者承包方再次转包,以及将井下采掘工作面和井巷维修作业进行劳务承包;⑦ 煤矿改制期间,未明确安全生产责任人和安全管理机构,或者在完成改制后,未重新取得或者变更采矿许可证、安全生产许可证和营业执照;⑧ 其他重大隐患。

37. 煤矿"超能力、超强度或者超定员组织生产"重大事故隐患具体是指哪些情形?

答:煤矿"超能力、超强度或者超定员组织生产"重大事故隐患,是指有下列情形之一的:

① 煤矿全年原煤产量超过核定(设计)生产能力幅度在10%以上,或者月原煤产量大于核定(设计)生产能力的10%的;

② 煤矿或其上级公司超过煤矿核定(设计)生产能力下达生产计划或者经营指标的;

③ 煤矿开拓、准备、回采煤量可采期小于国家规定的最短时间,未主动采取限产或者停产措施,仍然组织生产的(衰老煤矿和地方人民政府计划停产关闭煤矿除外);

④ 煤矿井下同时生产的水平超过2个,或者一个采(盘)区内同时作业的采煤、煤(半煤岩)巷掘进工作面个数超过《煤矿安全规程》规定的;

⑤ 瓦斯抽采不达标组织生产的;

⑥ 煤矿未制定或者未严格执行井下劳动定员制度,或者采掘作业地点单班作业人数超过国家有关限员规定20%以上的。

38. 煤矿"超层越界开采"重大事故隐患具体是指哪些情形?

答:煤矿"超层越界开采"重大事故隐患,是指有下列情形之一的:

① 超出采矿许可证载明的开采煤层层位或者标高进行开采的;

② 超出采矿许可证载明的坐标控制范围进行开采的;

③ 擅自开采(破坏)安全煤柱的。

39. 煤矿"使用明令禁止使用或者淘汰的设备、工艺"重大事故隐患具体是指哪些情形?

答:煤矿"使用明令禁止使用或者淘汰的设备、工艺"重大事故隐患,是指有下列情形之一的:

① 使用被列入国家禁止井工煤矿使用的设备及工艺目录的产品或者工艺的;

② 井下电气设备、电缆未取得煤矿矿用产品安全标志的;

③ 井下电气设备选型与矿井瓦斯等级不符,或者采(盘)区内防爆型电气设备存在失爆,或者井下使用非防爆无轨胶轮车的;

④ 未按照矿井瓦斯等级选用相应的煤矿许用炸药和雷管、未使用专用发爆器,或者裸露爆破的;

⑤ 采煤工作面不能保证2个畅通的安全出口的;

⑥ 高瓦斯矿井、煤与瓦斯突出矿井、开采容易自燃和自燃煤层(薄

煤层除外）矿井，采煤工作面采用前进式采煤方法的。

40. 煤矿“没有双回路供电系统”重大事故隐患具体是指哪些情形？

答：煤矿“没有双回路供电系统”重大事故隐患，是指有下列情形之一的：

① 单回路供电的；

② 有两回路电源线路但取自一个区域变电所同一母线段的；

③ 进入二期工程的高瓦斯、煤与瓦斯突出、水文地质类型为复杂和极复杂的建设矿井，以及进入三期工程的其他建设矿井，未形成两回路供电的。

41. “新建煤矿边建设边生产，煤矿改扩建期间，在改扩建的区域生产，或者在其他区域的生产超出安全设施设计规定的范围和规模”重大事故隐患具体是指哪些情形？

答：“新建煤矿边建设边生产，煤矿改扩建期间，在改扩建的区域生产，或者在其他区域的生产超出安全设施设计规定的范围和规模”重大事故隐患，是指有下列情形之一的：

① 建设项目安全设施设计未经审查批准，或者在审查批准后做出重大变更未经再次审查批准擅自组织施工的；

② 新建煤矿在建设期间组织采煤的（经批准的联合试运转除外）；

③ 改扩建矿井在改扩建区域生产的；

④ 改扩建矿井在非改扩建区域超出设计规定范围和规模生产的。

42. “煤矿实行整体承包生产经营后，未重新取得或者未及时变更安全生产许可证而从事生产，或者承包方再次转包，以及将井下采掘工作面和井巷维修作业进行劳务承包”重大事故隐患具体是指哪些情形？

答：“煤矿实行整体承包生产经营后，未重新取得或者未及时变更安全生产许可证而从事生产，或者承包方再次转包，以及将井下采掘工作面和井巷维修作业进行劳务承包”重大事故隐患，是指有下列情形之一的：

① 煤矿未采取整体承包形式进行发包，或者将煤矿整体发包给不具有法人资格或者未取得合法有效营业执照的单位或者个人的；

② 实行整体承包的煤矿，未签订安全生产管理协议，或者未按照国家规定约定双方安全生产管理职责而进行生产的；

③ 实行整体承包的煤矿，未重新取得或者变更安全生产许可证进行生产的；

④ 实行整体承包的煤矿，承包方再次将煤矿转包给其他单位或者个人的；

⑤ 井工煤矿将井下采掘作业或者井巷维修作业（井筒及井下新水平延深的井底车场、主运输、主通风、主排水、主要机电硐室开拓工程除外）作为独立工程发包给其他企业或者个人的，以及转包井下新水平延深开拓工程的。

43. "煤矿改制期间，未明确安全生产责任人和安全管理机构，或者在完成改制后，未重新取得或者变更采矿许可证、安全生产许可证和营业执照"重大事故隐患具体是指哪些情形？

答："煤矿改制期间，未明确安全生产责任人和安全管理机构，或者在完成改制后，未重新取得或者变更采矿许可证、安全生产许可证和营业执照"重大事故隐患，是指有下列情形之一的：

① 改制期间，未明确安全生产责任人进行生产建设的；

② 改制期间，未健全安全生产管理机构和配备安全管理人员进行生产建设的；

③ 完成改制后，未重新取得或者变更采矿许可证、安全生产许可证、营业执照而进行生产建设的。

44. 煤矿在灾害防治方面的重大事故隐患具体是指哪些情形？

答：煤矿在灾害防治方面的重大事故隐患是指：① 瓦斯超限作业；② 煤与瓦斯突出矿井，未依照规定实施防突出措施；③ 高瓦斯矿井未建立瓦斯抽采系统和监控系统，或者系统不能正常运行；④ 通风系统不完善、不可靠；⑤ 有严重水患，未采取有效措施；⑥ 有冲击地压危险，未采取有效措施；⑦ 自然发火严重，未采取有效措施。

45. 煤矿"瓦斯超限作业"重大事故隐患具体是指哪些情形？

答：煤矿"瓦斯超限作业"重大事故隐患，是指有下列情形之一的：

① 瓦斯检查存在漏检、假检情况且进行作业的；

② 井下瓦斯超限后继续作业或者未按照国家规定处置继续进行作业的；

③ 井下排放积聚瓦斯未按照国家规定制定并实施安全技术措施进行作业的。

46. 煤矿“煤与瓦斯突出矿井，未依照规定实施防突出措施”重大事故隐患具体是指哪些情形？

答：煤矿“煤与瓦斯突出矿井，未依照规定实施防突出措施”重大事故隐患，是指有下列情形之一的：

① 未设立防突机构并配备相应专业人员的；

② 未建立地面永久瓦斯抽采系统或者系统不能正常运行的；

③ 未按照国家规定进行区域或者工作面突出危险性预测的（直接认定为突出危险区域或者突出危险工作面的除外）；

④ 未按照国家规定采取防治突出措施的；

⑤ 未按照国家规定进行防突措施效果检验和验证，或者防突措施效果检验和验证不达标仍然组织生产建设，或者防突措施效果检验和验证数据造假的；

⑥ 未按照国家规定采取安全防护措施的；

⑦ 使用架线式电机车的。

47. 煤矿“高瓦斯矿井未建立瓦斯抽采系统和监控系统，或者系统不能正常运行”重大事故隐患具体是指哪些情形？

答：“高瓦斯矿井未建立瓦斯抽采系统和监控系统，或者系统不能正常运行”重大事故隐患，是指有下列情形之一的：

① 按照《煤矿安全规程》规定应当建立而未建立瓦斯抽采系统或者系统不正常使用的；

② 未按照国家规定安设、调校甲烷传感器，人为造成甲烷传感器失效，或者瓦斯超限后不能报警、断电或者断电范围不符合国家规定的。

48. 煤矿“通风系统不完善、不可靠”重大事故隐患具体是指哪些情形？

答：煤矿“通风系统不完善、不可靠”重大事故隐患，是指有下列情形之一的：

① 矿井总风量不足或者采掘工作面等主要用风地点风量不足的；

② 没有备用主要通风机，或者两台主要通风机不具有同等能力的；

③ 违反《煤矿安全规程》规定采用串联通风的；

④ 未按照设计形成通风系统，或者生产水平和采(盘)区未实现分区通风的；

⑤ 高瓦斯、煤与瓦斯突出矿井的任一采(盘)区，开采容易自燃煤层、低瓦斯矿井开采煤层群和分层开采采用联合布置的采(盘)区，未设置专用回风巷，或者突出煤层工作面没有独立的回风系统的；

⑥ 进、回风井之间和主要进、回风巷之间联络巷中的风墙、风门不符合《煤矿安全规程》规定，造成风流短路的；

⑦ 采区进、回风巷未贯穿整个采区，或者虽贯穿整个采区但一段进风、一段回风，或者采用倾斜长壁布置，大巷未超前至少 2 个区段构成通风系统即开掘其他巷道的；

⑧ 煤巷、半煤岩巷和有瓦斯涌出的岩巷掘进未按照国家规定装备甲烷电、风电闭锁装置或者有关装置不能正常使用的；

⑨ 高瓦斯、煤(岩)与瓦斯(二氧化碳)突出矿井的煤巷、半煤岩巷和有瓦斯涌出的岩巷掘进工作面采用局部通风时，不能实现双风机、双电源且自动切换的；

⑩ 高瓦斯、煤(岩)与瓦斯(二氧化碳)突出建设矿井进入二期工程前，其他建设矿井进入三期工程前，没有形成地面主要通风机供风的全风压通风系统的。

49. 煤矿“有严重水患，未采取有效措施”重大事故隐患具体是指哪些情形?

答：煤矿“有严重水患，未采取有效措施”重大事故隐患，是指有下列情形之一的：

① 未查明矿井水文地质条件和井田范围内采空区、废弃老窑积水等情况而组织生产建设的；

② 水文地质类型复杂、极复杂的矿井未设置专门的防治水机构、

未配备专门的探放水作业队伍，或者未配齐专用探放水设备的；

③ 在需要探放水的区域进行采掘作业未按照国家规定进行探放水的；

④ 未按照国家规定留设或者擅自开采（破坏）各种防隔水煤（岩）柱的；

⑤ 有突（透、溃）水征兆未撤出井下所有受水患威胁地点人员的；

⑥ 受地表水倒灌威胁的矿井在强降雨天气或其来水上游发生洪水期间未实施停产撤人的；

⑦ 建设矿井进入三期工程前，未按照设计建成永久排水系统，或者生产矿井延深到设计水平时，未建成防、排水系统而违规开拓掘进的；

⑧ 矿井主要排水系统水泵排水能力、管路和水仓容量不符合《煤矿安全规程》规定的；

⑨ 开采地表水体、老空水淹区域或者强含水层下急倾斜煤层，未按照国家规定消除水患威胁的。

50. 煤矿“有冲击地压危险，未采取有效措施”重大事故隐患具体是指哪些情形？

答：煤矿“有冲击地压危险，未采取有效措施”重大事故隐患，是指有下列情形之一的：

① 未按照国家规定进行煤层（岩层）冲击倾向性鉴定，或者开采有冲击倾向性煤层未进行冲击危险性评价，或者开采冲击地压煤层，未进行采区、采掘工作面冲击危险性评价的；

② 有冲击地压危险的矿井未设置专门的防冲机构、未配备专业人员或者未编制专门设计的；

③ 未进行冲击地压危险性预测，或者未进行防冲措施效果检验以及防冲措施效果检验不达标仍组织生产建设的；

④ 开采冲击地压煤层时，违规开采孤岛煤柱，采掘工作面位置、间距不符合国家规定，或者开采顺序不合理、采掘速度不符合国家规定、违反国家规定布置巷道或者留设煤（岩）柱造成应力集中的；

⑤ 未制定或者未严格执行冲击地压危险区域人员准入制度的。

51. 煤矿“其他重大隐患”具体是指哪些情形？

答：煤矿“其他重大事故隐患”（与其他从业人职工作有直接关系的），具体是指有下列情形之一的：

① 出现瓦斯动力现象，或者相邻矿井开采的同一煤层发生了突出事故，或者被鉴定、认定为突出煤层，以及煤层瓦斯压力达到或者超过0.74 MPa的非突出矿井，未立即按照突出煤层管理并在国家规定期限内进行突出危险性鉴定的（直接认定为突出矿井的除外）；

② 矿井未安装安全监控系统、人员位置监测系统或者系统不能正常运行，以及对系统数据进行修改、删除及屏蔽，或者煤与瓦斯突出矿井未按照国家规定安设、调校甲烷传感器，人为造成甲烷传感器失效，或者瓦斯超限后不能报警、断电或者断电范围不符合国家规定的；

③ 提升（运送）人员的提升机未按照《煤矿安全规程》规定安装保护装置，或者保护装置失效，或者超员运行的；

④ 带式输送机的输送带入井前未经过第三方阻燃和抗静电性能试验，或者试验不合格入井，或者输送带防打滑、跑偏、堆煤等保护装置或者温度、烟雾监测装置失效的；

⑤ 掘进工作面后部巷道或者独头巷道维修（着火点、高温点处理）时，维修（处理）点以里继续掘进或者有人员进入，或者采掘工作面未按照国家规定安设压风、供水、通信线路及装置的。

复习思考题

1. 煤矿员工现场作业行为方面的安全风险主要有哪些？

2. 实际生产过程中“人的不安全行为”主要有哪些表现？

3. 采煤工作面运输及传动机械作业有哪些主要危险源，应采取怎样的防控措施？

4. 煤矿掘进工作面有哪些主要危险源，应采取怎样的防控措施？

5. 煤矿机电作业主要有哪些危险源，应采取怎样的防控措施？

6. 煤矿“一通三防”作业主要有哪些危险源，应采取怎样的防控措施？

模块十自测试题

（共 100 分，80 分合格）

得分：________

一、判断题（每题 3 分，共 30 分）

1. “双重预防性工作机制”的关键是将安全管理关口由“安全风险分级管控”前移到“事故隐患排查治理”。（　）

2. 能够立即治理完成的事故隐患，当班采取措施及时治理消除，并记入班组隐患台账。（　）

3. 为了防止安全事故的发生，在事故隐患治理时必须有安检员现场监督。（　）

4. 超能力生产是指全年原煤产量超过核定（设计）生产能力幅度在 10%以上，或者月原煤产量大于核定（设计）生产能力的 20%的。（　）

5. 停电后可以根据实际情况确定是否挂“有人工作，禁止合闸”警示牌。（　）

6. 事故隐患排查应坚持“抓生产必须先抓隐患整改”和“谁主管、谁负责”的原则。（　）

7. 采煤工作面不能保证 2 个畅通的安全出口的属于重大事故隐患。（　）

8. 管理缺陷主要包括技术缺陷和工艺缺陷两个方面。（　）

9. 未设立防突机构并配备相应专业人员的属于重大事故隐患。（　）

10. 未严格执行冲击地压危险区域人员准入制度的属于重大事故隐患。（　）

二、单选题（每题 3 分，共 30 分）

1. （　　）是指危害和整改难度较大，应当全部或者局部停产停业，并经过一定时间整改治理方能排除的隐患。

A. 一般事故隐患　　B. 重大事故隐患　　C. 较大事故隐患

2.（　　）不是事故隐患排查的原则。

A. “生命至上、人民至上”的原则

B. “安全第一、预防为主、综合治理”的原则

C. 生产优先的原则

3.（　　）不是煤矿“瓦斯超限作业”重大事故隐患。

A. 瓦斯检查存在漏检、假检情况且进行作业的

B. 井下瓦斯超限后继续作业或者未按照国家规定处置继续进行作业的

C. 井下排放瓦斯没有上报的

4.（　　）不是煤矿“通风系统不完善、不可靠”重大事故隐患。

A. 矿井总风量不足或者采掘工作面等主要用风地点风量不足的

B. 按《煤矿安全规程》规定采用串联通风的

C. 没有备用主要通风机，或者两台主要通风机不具有同等能力的

5.（　　）不是煤矿“有严重水患，未采取有效措施”重大事故隐患。

A. 在需要探放水的区域进行采掘作业按照国家规定进行探放水的

B. 未查明矿井水文地质条件和井田范围内采空区、废弃老窑积水等情况而组织生产建设的

C. 水文地质类型复杂、极复杂的矿井未设置专门的防治水机构、未配备专门的探放水作业队伍，或者未配齐专用探放水设备的

6.（　　）属于危险源辨识的基本内容。

A. 物的不安全因素

B. 环境的不安全状态

C. 人的不安全行为

7. 以下属于人的不安全行为的是（　　）。

A. 材料的堆放、整理有缺陷

B. 用手代替工具

C. 安全防护装置失灵

8. 以下属于物的不安全状态的是(　　)。

A. 在起吊臂下作业、停留

B. 生产环境不良

C. 存在危险物和有害物

9. (　　)是指对由人的活动带来的安全风险加以识别和评估,并采取与之相对应措施的一系列管控活动。

A. 安全风险管控　　B. 隐患排查治理　　C. 风险识别

10. 工作面局部通风机风筒距迎头距离不得超过(　　)m。

A. 10　　B. 15　　C. 20

三、多选题(每题4分,共40分)

1. 煤矿管理环节可能存在的重大事故隐患有(　　)。

A. 超能力组织生产　　B. 超层越界开采

C. 新建煤矿边建设边生产　　D. 没有双回路供电系统

2. 下列属于物的不安全状态的是(　　)。

A. 设备和装置的结构不良

B. 对易燃、易爆等危险品处理错误

C. 工作场所面积狭小或有其他缺陷

D. 零部件磨损和老化

3. 下列属于管理缺陷的是(　　)。

A. 生产环境不良　　B. 教育培训不到位

C. 使用不安全设备　　D. 人员选择和使用不当

4. 煤矿在灾害防治方面的重大事故隐患有(　　)。

A. 未设立防突机构　　B. 瓦斯超限作业

C. 通风系统不完善、不可靠　　D. 没有备用主要通风机

5. 带式输送机的输送带防(　　)等保护装置或者温度、烟雾监测装置失效的,为重大事故隐患。

A. 打滑　　B. 跑偏　　C. 堆煤　　D. 失速

6. 以下属于人的不安全行为的是(　　)。

A. 存在危险物和有害物　　　B. 使用不安全设备

C. 操作错误,忽视安全警告　D. 不安全装束

7. 下列属于控制危险源的方法是(　　)。

A. 消除　　　B. 隔离　　　C. 封闭　　　D. 防护

8. 以下属于煤矿员工现场作业行为方面的安全风险的是(　　)。

A. 不参加班前会　　　　　B. 酒后入井

C. 疲劳作业　　　　　　　D. 穿化纤衣服入井

9. 采掘工作面未按照国家规定安设(　　)及装置的,为重大事故隐患。

A. 压风　　　　　　　　　B. 供水

C. 通信线路　　　　　　　D. 避险设施

10. 煤矿安全风险辨识评估分为(　　)两种。

A. 季度辨识评估　　　　　B. 专项辨识评估

C. 年度辨识评估　　　　　D. 每月辨识评估

模块十一　自救、互救与现场急救

【学习提示】

我们为什么要学习自救、互救与现场急救应急技能？首先，由于煤矿的安全事故基本都发生在矿井深处，外部救援会受到很多客观条件的限制，因此一些事故发生后，现场作业人员对伤员迅速进行正确急救就变得非常迫切和重要；其次，自救、互救与现场急救是矿井事故救援体系的重要组成部分，也是降低事故危害和影响，减少人员伤亡和财产损失的重要举措之一；最后，开展自救、互救与现场急救常会用到一些工具和装置，比如自救器、灭火器材、搬运工具等，职工尤其是在生产一线作业的职工，有必要学习和掌握这部分工具和装置的操作方法及要领。

井下自救、互救与现场急救应急技能“学习包”包括相关急救知识和技能两个学习模块，主要围绕现场急救原则、方法、器材与工具使用、急救行动关键点等内容，结合不同类型事故伤员的现场急救技能及操作注意事项等，重点把井下现场急救实用的操作方法及要领呈现给大家。

一、自救器的佩戴与使用

1. 隔绝式自救器有几种类型，适用于什么情况下佩戴？

答：目前煤矿使用的隔绝式自救器主要包括化学氧自救器和压缩氧自救器两种类型，其氧气由自救器内部化学反应产生或压缩气瓶提供。隔绝式自救器主要适用于煤矿井下，以及其他可能出现有毒有害气体或缺氧的环境中。就煤矿而言，当井下发生煤与瓦斯突出、爆炸、火灾或巷道堵塞等灾害，造

自救器介绍

成作业环境中缺氧或出现有毒、有害气体危及人员安全时，隔绝式自救器可供矿工佩戴使用，帮助其应急撤离。

2. 怎样正确佩戴和使用压缩氧自救器？

答：压缩氧自救器正确佩戴和使用方法如下：

① 将佩戴在腰间的自救器移至身体正前方，单手托住自救器底部；

② 打开自救器顶部的子母扣，然后拉开自救器的开启扳手；

③ 拿起自救器上外壳并丢掉；

④ 取下安全帽，展开自救器的脖带及气囊，将脖带套在脖子上，戴上安全帽；

⑤ 逆时针旋转打开氧气瓶开关；

⑥ 安全展开气囊，按动气囊上的补气压板进行补气，气囊充气半饱即可；

⑦ 拉开口具塞，将口具放入口中，口具片放在嘴唇和牙齿之间，牙齿咬紧口具牙垫并紧闭嘴唇；

⑧ 用双手拉开鼻夹弹簧，用嘴进行均匀呼吸；

⑨ 佩戴好自救器后，可用手托住自救器底部，快速撤离灾区。

压缩氧自救器的佩戴与使用注意事项（三维仿真）	压缩氧自救器的佩戴使用（真人实操）

3. 怎样正确佩戴和使用化学氧自救器？

答：化学氧自救器正确佩戴和使用方法是：

（1）佩戴方法：使用专用腰带穿入自救器腰带内卡与腰带外卡之间→固定自救器在背部右侧腰间。

（2）使用方法：

① 开启扳手：使用时先将自救器沿腰带转到右侧腹前，左手托底，右手拉护罩胶片，使护罩拉钩脱离壳体，再用右手掰锁口带扳手至封印条断开后，丢掉封口带。

② 去掉外壳：左手抓住下外壳，右手将上外壳用力拔下、扔掉。

③ 套上挎带：将挎带套在脖子上。

④ 提起口具并立即戴好：拔出启动针，使气囊逐渐鼓起，立即拔掉口具塞并同时将口具塞入口中，口具片置于唇齿之间，牙齿紧紧咬住牙垫，紧闭嘴唇。

⑤ 夹好鼻夹：两手同时抓住两个鼻夹垫的圆柱形把柄，将弹簧拉开，憋住一口气，使鼻夹垫准确地夹住鼻子。

⑥ 调整挎带：如果挎带过长，抬不起头，可以拉动挎带上的大圆环，使挎带缩短，长度适宜后，系在小圆环上。

⑦ 撤离灾区：上述操作完成后，开始撤离灾区。

化学氧自救器的佩戴与使用注意事项（三维仿真）	化学氧自救器的佩戴使用（真人实操）

4. 隔绝式自救器佩戴及使用时应注意哪些事项？

答：隔绝式自救器佩戴及使用时应注意以下事项：

（1）佩戴注意事项。

① 入井必须随身携带，上井必须及时归还。

② 未使用时，任何场所不准随意打开自救器上壳。

③ 如自救器外壳已意外开启或有破损，应立即停止携带并更换。

④ 过期的自救器不允许重复使用。

（2）使用注意事项。

① 一旦发现事故征兆，应立即佩戴，并且操作要正确和迅速。

② 佩戴撤离时，要冷静、沉着，最好匀速行走。

③ 逃生使用过程中，无论什么情况都要始终保持自救器初始佩戴状态。

④ 万一碰掉鼻夹时，要控制不用鼻孔吸气，再迅速夹上鼻夹。

⑤ 当发现呼气时，气囊瘪而不鼓，并渐渐缩小时，表明自救器的使用时间已接近终点。

另外，需要注意的是，无论是压缩氧还是化学氧自救器，职工每天出井后都应交到矿指定部门或位置，以便对它进行正常维护，保证自救器完好状态，绝不可以锁进换衣箱或带回家。

二、井下急救操作技能

5. 为什么很多时候必须在井下现场对伤员进行急救？

答：由于矿井的"工厂"大都在百米甚至千米井下，且工作地点距地面医疗救护站的距离一般都比较远，职工在工作现场受到意外伤害有生命危险时，如想尽快将其运送到地面进行抢救，现场运送条件和时间都不具备或不允许。还有一些特殊的伤害根本不允许送到地面抢救，必须马上在现场开展急救。因此，煤矿井下现场开展应急自救互救非常重要，职工必须熟练掌握相关知识和操作技能。

6. 现场急救应掌握的基本原则是什么？

答：职工现场应急自救互救应掌握的基本原则是"三先三后"，具体要求是：

① 窒息（呼吸道完全堵塞）或心跳、呼吸骤停的伤员，必须先进行心肺复苏后再搬运。

② 对出血伤员，先止血后搬运。

③ 对骨折的伤员，先固定后搬运。

上述"三先三后"原则是现场急救的行动原则，职工必须重视，要像记口诀一样熟记于心，这样到了关键时刻才不会六神无主。

7. 现场急救时间怎么把握？

答：现场创伤急救的关键在于"及时性"，所以急救时间的把握最为关键。通常人员受重伤后，2 min 内进行急救的成功率可达 70%，4～

5 min 内进行急救的成功率可达 43%，15 min 以后进行急救的成功率则较低。据统计，现场创伤急救搞得好，可减少 20%伤员的死亡率。

8. 现场急救通常需要掌握哪些操作技能？

答：实践中，现场急救主要包括心肺复苏(包括胸外心脏按压、人工呼吸)、止血、包扎、骨折固定和伤员搬运等操作技能。

9. 什么情况下要进行人工呼吸急救？

答：人工呼吸急救术适用于触电休克、溺水、有害气体中毒窒息或外伤窒息等引起的呼吸停止、假死状态者。实践中，如果伤员呼吸停止不久，大都能通过人工呼吸抢救过来。

10. 人工呼吸急救前要做好哪些准备工作？

答：在施行人工呼吸急救术前，准备工作非常重要。应先将伤员运送到安全、通风良好的地点，将伤员领口解开，放松腰带，注意保持体温，腰背部垫上软的衣服等。各种有效的人工呼吸都必须在呼吸道畅通的前提下进行，因此，应先清除伤员口中的脏物，将其舌头拉出或压住，防止堵住喉咙、妨碍呼吸。

11. 人工呼吸急救常用的操作方法有哪几种？

答：人工呼吸急救术常用的方法有口对口吹气法、仰卧压胸法和俯卧压背法三种。具体用哪一种方法要根据伤员具体受伤情况和状态来定。

12. 怎样进行"口对口吹气法"急救操作？

答："口对口吹气法"是效果最好、操作最简单的一种人工呼吸方法。操作前使伤员仰卧，救护者在其头的一侧，一只手托起伤员下颌，并尽量使其头部后仰，另一只手将其鼻孔捏住，以免吹气时从鼻孔漏气；救护者深吸一口气，紧对伤员的口将气吹入，使伤员吸气，然后松开捏鼻的手，并用手压其胸部以帮助伤员呼气。如此有节律、均匀地反复进行，每分钟应吹气 14～16 次。注意吹气时切勿过猛、过短，也不宜过长，以占一次呼吸周期的 1/3 为宜。

13. 怎样进行"仰卧压胸法"急救操作？

答：让伤员仰卧，救护者跨跪在伤员大腿两侧，两手拇指向内，其余四指向外伸开，平放在其胸部两侧乳头之下，借半身重力压伤员胸部，挤出伤员肺内空气；然后，救护者身体后仰，除去压力，伤员胸部依其弹性自然扩张，使空气吸入肺内。如此有节律地反复进行，每分钟压胸16～20 次。

此法不适用于胸部外伤或二氧化硫、二氧化氮中毒者，也不能与胸外心脏按压法同时进行。

14. 怎样进行“俯卧压背法”急救操作？

答：把伤员置于俯卧状态，头偏向一侧，两臂前伸，或一臂前伸、头枕在另一弯曲的手臂上。救护者骑跨在伤员大腿部，两臂伸直，俯身向前，用稳定的压力稍向前推、向下压，将空气从肺部排出。然后，救护者两手放松，伤员胸部自然舒张，使空气吸入肺中。如此反复，每分钟压背 14～16 次。此法对溺水急救较为适合，因便于排出肺内积水，但背部、肋部受伤人员不能用。

15. 怎样进行“胸外心脏按压法”急救操作？

答：① 定位：队员靠近伤员下肢手的食指、中指并拢，指尖沿其肋弓处向上滑动（定位手），中指端置于肋弓与胸骨剑突交界即切迹处，食指在其上方与中指并排。另一只手掌根紧贴于定位手食指的上方固定不动；再将定位手放开，用其掌根重叠放于已固定手的手背上，两手扣在一起，固定手的手指抬起，脱离胸壁。

② 姿势：队员双臂伸直，肘关节固定不动，双肩在伤员胸骨正上方，用腰部的力量垂直向下用力按压。

③ 频率：100～120 次/min。深度：成人 50～60 mm，婴儿和儿童至少为胸部前后径的三分之一（婴儿大约为 40 mm，儿童大约为 50 mm）。下压与放松时间比为 1∶1。

16. 胸外心脏按压急救操作时应注意哪些事项？

答：胸外心脏按压操作时应注意以下事项：

① 按压的力量要稳健有力，均匀规则，重力应放在手掌根部，着力仅在胸骨处，切勿在心尖部按压。

② 胸外心脏按压与口对口吹气应同时进行，每按压心脏 30 次，口对口吹气 2 次。

③ 按压显效时，可摸到颈总动脉、股动脉搏动，散

心肺复苏
操作步骤

大的瞳孔开始缩小，口唇、皮肤转为红润。

17. 人员现场出血有几种可能情况，怎样进行初步急救处理？

答：人员现场出血有以下三种可能情况：

① 动脉出血，血液是鲜红色的，随心脏跳动从伤口向外喷射，速度快，危害性很大。

② 静脉出血，血液是暗红色或紫红色的，缓慢均匀地从伤口流出。

③ 毛细血管出血，血液是红色的，像水珠样地从伤口流出，多能自身凝固止血。

毛细血管和小的静脉出血，一般用纱布、绷带包扎好伤口就可以止血，而大的静脉和动脉出血，可用加压包扎法止血。

18. 怎样进行"指压止血法"急救操作？

答：施救人员在受伤人员伤口附近靠近心脏一端的动脉处，用拇指压住出血的血管，以阻断血流。注意，采用此法不宜过久。该法主要适用于四肢大出血的暂时性止血等。

19. 怎样进行"加压包扎止血法"急救操作？

答：施救人员用干净的纱布或毛巾、布料盖住伤口，再用绷带、三角布或布带适当加压包扎，即可止血。该方法主要适用于静脉出血的止血。如图 11-1 所示。

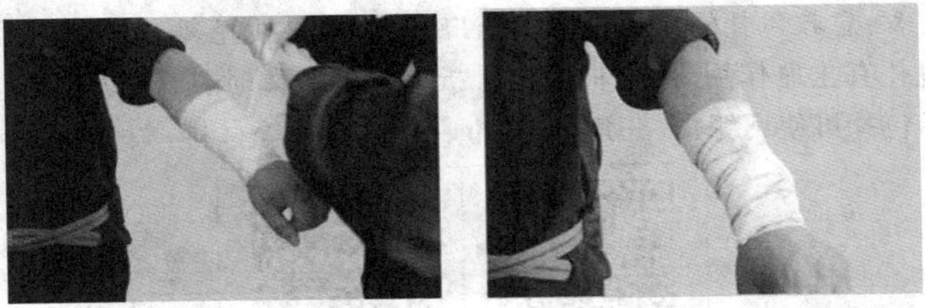

图 11-1　加压包扎止血示意图

20. "止血带止血法"适用于什么情况，怎样进行急救操作？

答：施救人员通常用橡皮止血带进行现场止血，也可用大三角巾、绷带、手帕、布腰带等，但禁止用电线或绳子。该方法主要适用于四肢大血管出血。

“止血带止血法”的操作方法是：

① 在伤口近心端上方先加垫。

② 急救者左手拿止血带，上端留 10 cm 左右，紧贴加垫处。右手拿止血带长端，拉紧环绕伤肢伤口近心端上方两周，然后将止血带交左手中、食指夹紧。

③ 用左手中、食指夹住止血带，顺着肢体下拉成环，将上端一头插入环中拉紧固定。

止血带止血法
操作步骤

④ 上肢应扎在上臂的上 1/3 处，下肢应扎在大腿的中下 1/3 处。

注意事项：上止血带的部位要先衬垫上布块或将止血带绑在衣服外面，以免损伤皮下神经。同时，松紧要适宜，以摸不到远端脉搏和停止出血为度，止血时间不能过长，时间过长可造成缺血，或皮肤容易坏死。

21. “加垫屈肢止血法”适用于什么情况，怎样进行急救操作？

答：现场急救时，当前臂和小腿动脉出血不能制止时，如果没有骨折和关节脱位，这时可采用“加垫屈肢止血法”。操作方法是：急救者在伤员的肘窝处或膝窝处放入叠好的毛巾或布卷，然后屈肘关节或膝关节，再用绷带或宽布条等将其前臂与上臂或小腿与大腿固定好。

22. 为什么要进行“包扎”急救操作？

答：急救包扎的目的是保护伤口和创面，减少感染，减轻痛苦。加压包扎有止血作用，用夹板固定骨折人员的肢体时，通常也需要包扎。现场包扎可使用绷带、三角巾、毛巾、手帕、衣片等材料。

三角巾包扎操作步骤	绷带包扎操作步骤

23. 为什么要进行“骨折临时固定”急救操作？

答：因为骨折固定可减轻伤员的疼痛，防止因骨折端移位而刺伤伤员身体邻近组织（肺、肝脏等）、血管和神经，同时骨折固定也是防止创伤休克的有效急救措施。

24. 伤员上臂骨折固定急救操作要领是什么？

答：伤员上臂骨折固定急救操作要领是：急救者于伤员患侧腋窝内垫以棉垫或毛巾，在上臂外侧安放垫衬好的夹板或其他代用物，绑扎后，使肘关节屈曲 90°，将其患肢捆于胸前，再用毛巾或布条将其悬吊于胸前。如图 11-2 所示。

上肢骨折固定
操作步骤

图 11-2　上臂骨折固定方法

25. 伤员前臂及手部骨折固定急救操作要领是什么？

答：伤员前臂及手部骨折固定急救操作要领是：急救者用衬好的两块夹板或代用物，分别置于伤员患侧前臂及手的掌侧及背侧，用布带绑好，再用毛巾或布条将其前臂吊于胸前。如图 11-3 所示。

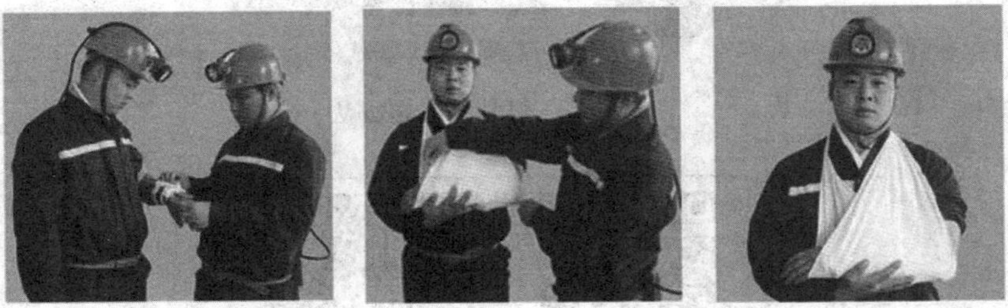

图 11-3　前臂骨折固定方法

26. 伤员大腿骨折固定急救操作要领是什么?

答:伤员大腿骨折固定急救操作要领是:急救者用长木板放在伤员患肢及躯干外侧,对其半髋关节、大腿中段、膝关节、小腿中段、踝关节同时进行固定,捆绑前应对半髋关节、膝关节、踝关节加放软垫进行保护。如图 11-4 所示。

图 11-4　大腿骨折固定方法

27. 伤员小腿骨折固定急救操作要领是什么?

答:伤员小腿骨折固定急救操作要领是:急救者用长、宽合适的夹板 2 块,置于骨折小腿两侧,对其膝关节、小腿上段、小腿下段及踝关节的内、外两侧进行捆绑固定,捆绑前应先对膝关节、踝关节加放软垫进行保护。如图 11-5 所示。

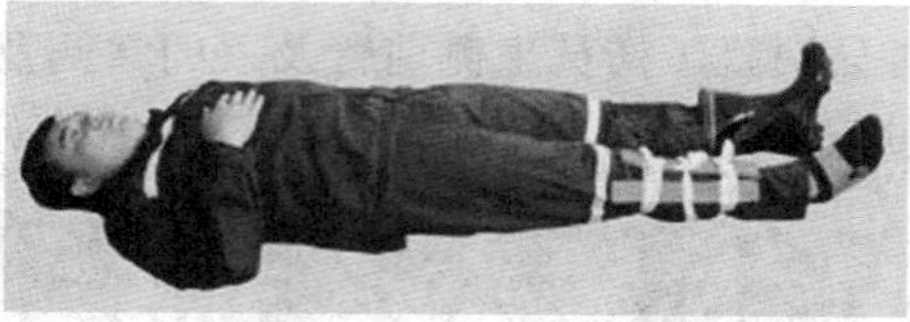

图 11-5　小腿骨折固定方法

大腿骨折固定操作步骤	小腿骨折固定操作步骤

28. 伤员骨盆骨折固定急救操作要领是什么?

答:伤员骨盆骨折固定急救操作要领是:急救者用衣物将伤员骨盆部包扎住,并将其两下肢互相捆绑在一起,膝、踝间加一软垫,屈髋、屈膝。注意要多人将伤员仰卧平托在木板担架上,并要查看骨盆骨折的伤员有无内脏损伤及内出血情况。

29. 伤员锁骨骨折固定急救操作要领是什么?

答:伤员锁骨骨折固定急救操作要领是:急救者以绷带做成“∞”形进行固定,固定时应将伤员双臂向后伸。

三、伤员急救操作要领

30. 井下冒顶挤压受伤人员急救操作要领是什么?

答:井下冒顶挤压受伤人员急救操作的要领是:

① 搬除重物。要搬除压在受伤人员身上的重物,并及时清除其口、鼻中异物,保持呼吸道通畅。

② 立即处理。伤员取平卧位,肿胀的肢体不移动、减少活动,将伤肢暴露在凉爽处或用凉水降低伤肢温度(冬季要注意防止冻伤),对伤肢不抬高、不按摩、不热敷。在骨折处做临时固定,对出血者做止血处理。

③ 及时止血。对开放性伤口和活动性出血者,应予止血,不加压包扎,更不得上止血带(大血管断裂出血时除外)。

④ 抓紧送治。迅速报告矿调度室,安排运输车辆,并自制简易担架,将伤员紧急送往地面医院。

31. 井下机械事故受伤人员急救操作要领是什么?

答:井下现场机械事故受伤人员急救操作的要领是:

① 当发生机械伤害事故后,现场作业人员应立即停止机械设备运转,杜绝事故扩大化。

② 当井下发生机械伤害事故后,救援人员应按照“紧急救灾,方法得当,救人优先,以人为本”的原则进行应急抢险救灾。

③ 发生机械事故后,事故发现者应立即向调度室汇报,并听从调度救护指令。

④ 针对不同的机械伤害事故应采取不同的急救方法，以避免伤员受到二次伤害。

⑤ 对伤员按照“三先三后”的原则开展急救。

⑥ 救护人员在救援过程中要以确保自身安全为前提，防止事故扩大。

32. 井下高空坠落受伤人员急救操作要领是什么？

答：井下现场高空坠落受伤人员急救操作的要领是：

① 事故发生后，立即全面检查伤员伤情，并立即报告矿调度室。

② 结合伤员情况，急救者按“三先三后”原则对伤员进行现场急救。

③ 若伤员伤势严重，已超出急救者救护能力，应在保证伤员不遭受二次伤害的前提下，迅速送上井就医。

33. 井下烧伤人员急救操作要领是什么？

答：井下烧伤人员急救，除了及时向矿调度室报告外，还应掌握以下“五字”操作要领：

① 灭。扑灭伤员身上的火，使伤员尽快脱离热源，缩短烧伤时间。

② 查。检查伤员呼吸、心跳情况；检查是否有其他外伤或有害气体中毒；对爆炸冲击烧伤伤员，应特别注意有无颅脑或内脏损伤和呼吸道烧伤。

③ 防。要防止休克、窒息、创面污染。伤员因疼痛和恐惧发生休克或发生急性喉头梗阻而窒息时，可进行人工呼吸等急救。为了减少创面的污染和损伤，在现场检查和搬运伤员时伤员的衣服可以不脱、不剪开。

④ 包。用较干净的衣服把创面包裹起来，防止感染。在现场除化学烧伤可用大量流动的清水持续冲洗外，其他烧伤对创面一般不作处理，尽量不弄破水泡以保护表皮。

⑤ 送。把严重的伤员迅速送往附近医院。

34. 井下触电人员急救操作要领是什么？

答：井下触电人员急救操作的要领是：

① 立即切断电源，或使触电者脱离电源（不可直接用手拉触电人

员，可用绝缘工具将电线挑开）。

② 迅速观察伤员有无呼吸和心跳。如发现已停止呼吸或呼吸微弱，应立即进行胸外心脏按压或人工呼吸。

③ 若呼吸和心跳都已停止时，应同时进行胸外心脏按压和人工呼吸。

④ 对遭受电击者，如有其他损伤（如跌伤、出血等），应做相应的急救处理。

⑤ 迅速报告矿调度室。

35. 井下受物体打击受伤人员急救操作要领是什么？

答：井下受物体打击受伤人员急救操作的要领是：

① 马上组织抢救伤员脱离危险现场，迅速检查伤情，重点放在颅脑损伤、胸部骨折和出血上。如伤员发生休克，应先处理休克。遇呼吸、心跳停止者应立即进行人工呼吸，并尽快报告矿调度室。

② 在移动昏迷的颅脑损伤伤员时，应保持头、颈、胸在一条直线上，不能任意旋曲。若伴有颈椎骨折，更应避免头颈的摆动，以防引起颈部血管神经及脊髓的附加损伤。

③ 伤员如果出现颅脑损伤，必须维持其呼吸道通畅。昏迷者应平卧，面部转向一侧，以防舌根下坠或分泌物、呕吐物吸入，发生喉阻塞。有骨折者，应初步固定后再搬运。

④ 防止创口污染，切勿拔出创口内的毛发及异物、凝血块或碎骨片等。

⑤ 在运送伤员升井时，昏迷伤员应采取侧卧位或仰卧偏头，以防止呕吐物误吸入。对脊柱有骨折者应用硬板担架运送（可以利用井下现场物料自制简易担架），勿使脊柱扭曲。

36. 井下溺水人员急救操作要领是什么？

答：井下溺水人员急救操作的要领是：

① 转送：把溺水者从水中救出后，立即转送到比较温暖和空气流通的安全地点，并迅速报告矿调度室。

② 检查：以最快的速度检查溺水人员的口、鼻，如果有泥水和污物堵塞，应迅速清除，擦洗干净，以保持其呼吸道畅通。

③ 控水：将其腹部放在急救者的大腿或者膝盖上，头部下垂，或者抱其腰部，使其臀部向上、头部下垂。

④ 人工呼吸：如果溺水者呼吸停止，要立即进行人工呼吸。如果呼吸、心跳均停止，要立即进行胸外心脏按压，同时进行人工呼吸。

37. 井下有害气体中毒或窒息人员急救操作要领是什么？

答：井下有害气体中毒或窒息人员急救操作的要领是：

① 当作业人员突然出现头晕、头疼、恶心、无力等症状时，必须考虑到有发生有毒有害气体中毒的可能性，此刻应立即佩戴自救器，迅速撤至新鲜风流区域。如情况严重，无法撤离，应立即启用定位仪报警。

② 当发生人员中毒窒息事故时，应立即将遇险人员抢救至新鲜风流区。在进入灾区前，瓦斯检查工应携带检测设备对气体进行检测，并进行局部通风或佩戴自救器，严禁盲目施救。

③ 将中毒人员从灾区运送到新鲜风流区域后，应安置在顶板良好、无淋水的地点或地面，采取平卧位，迅速将中毒者口、鼻内的黏液、血块、泥土、碎煤等除去，使伤员仰头抬颏，保持呼吸道通畅，解开伤员的上衣、腰带，将鞋脱掉，并注意保暖。

④ 要立即检查伤员的呼吸、心跳、脉搏和瞳孔情况，如伤员呼吸微弱或已停止，应立即做人工呼吸。当出现心跳停止的情况时，除进行人工呼吸外，还应同时进行胸外心脏按压急救。

⑤ 立即组织送往地面医院进行专业抢救。

38. 井下创伤性休克人员急救操作要领是什么？

答：创伤性休克是由于剧烈的打击、重要脏器损伤、大出血使有效循环血量锐减，以及剧烈疼痛、恐惧等多种因素综合形成的。

井下创伤性休克人员现场急救操作的要领是：

① 让患者平卧，保持安静，避免过多的搬动，注意保温和防暑。

② 对创口予以止血和简单清洁包扎，以防再次污染；对骨折要做初步固定。

③ 保持呼吸道通畅，昏迷患者头应侧向一边，并将舌头牵出口外。

④ 及时报告矿调度室，抓紧时间安排运输车辆送伤员到地面医院急救。

四、伤员运送注意事项

39. 井下应急运送伤员时的基本要求是什么？

答：煤矿井下条件复杂，伤员运送困难，转运时要结合伤员的具体情况，尽量做到轻、稳、快。原则上没有经过初步固定、止血、包扎和抢救的伤员，一般不应转运。搬运时应做到不增加伤员的痛苦，避免造成新的损伤及并发症。

40. 井下应急运送一般伤员时应注意哪些事项？

答：井下应急运送一般伤员时应注意以下事项：

① 对一般伤员均应先进行止血、包扎、固定等初步救护后再转运。转运可用担架、木板、风筒、刮板输送机槽、绳网等运送，但脊柱损伤和骨盆骨折的伤员应用硬板担架运送。

② 转运时应让伤员的头部在后面，随行的救护人员要时刻注意伤员的面色、呼吸、脉搏，必要时要及时抢救。随时注意观察伤口是否继续出血、固定是否牢靠，出现问题要及时处理。走上、下山时，应尽量保持担架平衡，防止伤员从担架上滚落。

单人搬运法	双人搬运法	三人搬运法

41. 井下应急运送昏迷或有窒息症状伤员时应注意哪些事项？

答：井下应急运送昏迷或有窒息症状伤员时应注意以下事项：

① 对呼吸、心跳骤停及休克昏迷的伤员应先及时复苏后再搬运。

② 对昏迷或有窒息症状的伤员，要将其肩部稍垫高，使其头部后仰，面部偏向一侧或采用侧卧位，以防胃内呕吐物或舌头后坠堵塞气管而造成窒息，注意随时都要确保呼吸道的通畅。

42. 井下应急运送有内伤和骨折的伤员时应注意哪些事项？

答：井下应急运送有内伤和骨折的伤员时应注意以下事项：

① 对腹腔部内脏损伤的伤员，可平卧，用宽布带将腹腔部捆在担架上，以减轻痛苦及出血。

② 对骨盆骨折的伤员可仰卧在硬板担架上，屈髋、屈膝、膝下垫软枕或衣物，用布带将骨盆捆在担架上。

③ 对胸、腰椎损伤的伤员，先把硬板担架放在伤员旁边，由专人照顾患处，另有两三人在旁帮其保持脊柱伸直位，同时用力轻轻将伤员推滚到担架上，推动时用力大小、快慢要保持一致。伤员在硬板担架上取仰卧位，受伤部位垫上薄垫或衣物，使脊柱呈过伸位，严禁坐位或肩背式搬运。

④ 对脊柱损伤的伤员，要严禁让其坐起、站立和行走，也不能用一人抬头、一人抱腿或人背的方法搬运。

43. 井下应急运送颈椎损伤的伤员时应注意哪些事项？

答：井下应急运送颈椎损伤的伤员时应注意以下事项：

① 在搬运颈椎损伤的伤员时，要有一专人抱持伤员的头部，轻轻地向水平方向牵引，并且固定在中立位，不使颈椎弯曲，严禁左右转动。

② 搬运者多人双手分别托住颈肩部、胸腰部、臀部及两下肢，同时用力移上担架，取仰卧位。担架应用硬木板，肩下应垫软枕或衣物，使颈椎呈伸展样(颈下不可垫衣物)，头部两侧用衣物固定，防止颈部扭转，切忌抬头。

③ 若伤员的头和颈已处于弯曲歪斜位置，则需按其自然固有姿势固定，不可勉强纠正，以避免损伤脊髓而造成高位截瘫，甚至突然死亡。

五、初起火灾应急处置与灭火

44. 井下发现初起火灾时，现场应急处置的基本要求是什么？

答：火灾的变化十分迅速而复杂，对待井下的初起火灾绝不能麻痹大意，不能有任何的犹豫，应该及时地采取应急措施，将初起火灾坚决、果断地扑灭。火灾初始应急处置的基本要求是：

① 在井下不论是谁发现烟气或明火等火灾灾情时，都应立即向现场领导人汇报，并迅速通知在附近工作的人员。

② 现场人员要准确地分析判明火灾的原因、地点及灾害程度、蔓

延方向等，并把这些情况及时向矿调度室报告。

③ 发现初起火灾时，现场人员切不可惊慌失措，盲目行动，应及时组织起来利用就近的水、沙子、黄土、灭火器等器材和工具灭火，控制火势发展、蔓延，若是电气火灾要先断电再灭火。同时，要设法迅速通知或协助撤出受火灾影响区域内的人员。

45. 现场应急扑灭初起(始)火灾的要求和方法是什么?

答：(1) 总的要求是：

① 井下发生火灾前，一般都能闻到烟煳味，如果发现这种情况必须高度重视，要迅速根据现场风流方向查明原因。

矿井火灾
灭火方法

② 火灾初起时，火势一般并不很大，只要掌握正确的灭火方法，就能把火扑灭在初起阶段，避免酿成大灾难。

③ 及时发出火警和向矿调度室报告火情非常重要。

④ 任何人发现初起火灾都不能惊慌失措，更不能不负责任地只顾自己撤离(这种情况是要被追究责任，甚至是刑事责任的)。

(2) 灭火方法是：

① 及时找到火源和判断火灾性质，选择合适的灭火器材(灭火器、沙袋等)进行灭火。

② 没有专门的灭火器材，可以就地取材，比如用耙片、黄沙、碎矸石、废旧皮带、风筒布，甚至是棉衣等物品覆盖灭火。

③ 如果发火附近有水沟可以用水沟水灭火，但电气火灾不能用水直接灭火。

④ 灭火前应迅速戴上和打开自救器。

⑤ 在有人被困的情况下，要先救人。

46. 现场怎样应急报告火警(主要指地面发生火灾)?

答：拨打火警电话“119”时，一定要沉着冷静，关键是要把情况用尽量简练的语言表达清楚。报警时要注意以下事项：

① 要记清火警电话——“119”。

② 电话接通以后，要准确报出起火的地址(路名、弄堂名、门牌

号）、什么东西着火、火势大小、有没有人被困、有没有发生爆炸或毒气泄漏以及着火的范围等。在说不清具体地址时，要说出地理位置、周围明显建筑物或道路标志。

③ 将自己的姓名、电话或手机号码告诉对方，以便联系。注意听清接警中心提出的问题，以便正确回答。

④ 打完电话后，立即派人到交叉路口等候消防车，引导消防车迅速赶到火灾现场。

⑤ 如果火情发生了新的变化，要立即告知消防队，以便他们及时调整力量部署。

47. 现场急救装置手提式干粉灭火器怎样操作使用？

答：手提式干粉灭火器的操作方法是：

① 手提灭火器手把，走到距离起火点3～5 m处。如果在室外使用时，应注意占据上风方向。

干粉灭火器使用方法

② 使用前先将灭火器上下颠倒几次，使筒内干粉松动。

③ 拔下保险销，一只手握住喷嘴，使其对准火焰根部，另一只手用力按下压把，干粉便会从喷嘴喷射出来。

④ 左右喷射，不能上下喷射，灭火过程中应保持灭火器竖立状态，不能横卧或颠倒使用。

48. 现场急救装置手提式干粉灭火器使用注意事项有哪些？

答：使用手提式干粉灭火器时，应注意以下事项：

① 手提干粉灭火器必须竖立使用。

② 保险销拔掉后，喷管口禁止对人，以防造成伤害。

③ 灭火时，操作者必须处于上风向。

④ 注意控制距灭火点的有效距离和灭火器的使用时间。

49. 现场急救装置泡沫灭火器怎样操作使用？

答：泡沫灭火器的操作方法是：

① 当距离着火点10 m左右时，即可将筒体颠倒过来，一只手紧握提环，另一只手扶住筒体的底圈，将射流对准燃烧物。

② 在扑救可燃液体火灾时，如已呈流淌状燃烧，则将泡沫由近而远喷射，使泡沫完全覆盖在燃烧液面上。

③ 如在容器内燃烧，应将泡沫射向容器的内壁，使泡沫沿着内壁流淌，逐步覆盖着火。

④ 切忌直接对准液面喷射，以免由于射流的冲击，反而将燃烧的液体冲散或冲出容器，扩大燃烧范围。

⑤ 在扑救固体物质火灾时，应将射流对准燃烧最猛烈处。

⑥ 灭火时随着有效喷射距离的缩短，使用者应逐渐向燃烧区靠近，并始终将泡沫喷在燃烧物上，直到扑灭。

⑦ 使用泡沫灭火器时，灭火器应始终保持倒置状态，否则会中断喷射。

50. 现场急救装置二氧化碳灭火器怎样操作使用?

二氧化碳灭火器使用方法

答：二氧化碳灭火器的操作方法是：

① 拔出保险栓。

② 压下压把(或旋动阀门)。

③ 将喷口对准火焰根部灭火。

51. 现场急救装置二氧化碳灭火器使用注意事项有哪些?

答：使用二氧化碳灭火器时，首先要注意戴手套，或用毛巾、衣服等包住喷筒，以免皮肤接触喷筒而造成冻伤；其次，使用二氧化碳灭火器扑灭电气火灾时，如果电压超过 600 V，应先断电后灭火。

52. 现场急救装置消防栓怎样操作使用?

答：消防栓的操作方法是：

消防栓使用方法

① 打开消防栓门，按下内部火警按钮，取下消防水带。

② 展开消防水带。

③ 水带一头接到消防栓接口上。

④ 水带另一头接在消防水枪上。

⑤ 打开消防栓上的水阀开关。

⑥ 对准火源根部进行灭火。

复习思考题

1. 我们为什么要学习现场急救应急技能?
2. 怎样正确佩戴和使用化学氧自救器?
3. 隔绝式自救器佩戴及使用应注意哪些事项?
4. 现场急救应掌握的基本原则是什么?
5. 井下触电人员急救操作要领是什么?
6. 井下发现初起火灾时,现场应急处置的基本要求是什么?
7. 现场应急扑灭初起(始)火灾的要求和方法是什么?
8. 现场怎样应急报告火警(主要指地面发生火灾)?

模块十一自测试题

(共 100 分,80 分合格)

得分:________

一、判断题(每题 3 分,共 30 分)

1. 过期的自救器不允许重复使用。 ( )

2. 施救人员通常用橡皮止血带止血,也可用大三角巾、绷带、手帕、布腰带、电线或绳子。 ( )

3. 毛细血管和小的静脉出血,一般用纱布、绷带包扎好伤口就可以止血。 ( )

4. 人工呼吸适用于触电休克、溺水、有害气体中毒窒息或外伤窒息等引起的呼吸停止、假死状态者。 ( )

5. 在施行人工呼吸前,先要将伤员运送到安全、通风良好的地方,将领口解开,放松腰带,注意保持体温。 ( )

6. 人工呼吸急救术常用的方法有口对口吹气法、仰卧压胸法和俯卧压背法三种。 ( )

7. 如自救器外壳已意外开启或有破损,可以继续携带。 ( )

8. 现场发现有人触电时,可直接用手将触电者拉开。　（　　）

9. 当作业人员突然出现头晕、头疼、恶心、无力等症状时,必须考虑有毒有害气体中毒的可能性,此刻应立即佩戴自救器,迅速撤至新鲜风流区域。　（　　）

10. 井下应急运送一般伤员时应先进行止血、包扎、固定等初步救护后再转运。　（　　）

二、单选题(每题 3 分,共 30 分)

1. 当煤矿井下发生煤与瓦斯突出、爆炸、火灾或巷道堵塞等灾害,造成环境中（　　）或出现有毒、有害气体危及职工生命安全时,应及时佩戴自救器进行自救。

A. 缺氧　　B. 缺气体　　C. 缺空气

2. 窒息(呼吸道完全堵塞)或心跳、呼吸骤停的伤员,必须先进行（　　）后再搬运。

A. 止血　　B. 包扎　　C. 心肺复苏

3. 现场作业人员对初起火灾的处置方法是（　　）。

A. 直接灭火　　B. 迅速撤离火灾现场　　C. 间接灭火

4. 血液是鲜红色的,随心脏跳动从伤口向外喷射,速度快,危害性很大的是（　　）。

A. 静脉出血　　B. 动脉出血　　C. 毛细血管出血

5. 血液是暗红色或紫红色的,缓慢均匀地从伤口流出的是（　　）。

A. 动脉出血　　B. 静脉出血　　C. 毛细血管出血

6. 血液是红色的,像水珠样地从伤口流出,大多能自身凝固止血的是（　　）。

A. 动脉出血　　B. 静脉出血　　C. 毛细血管出血

7. 人工呼吸主要有口对口吹气法、仰卧压胸法、俯卧压背法三种,其中（　　）是效果最好、操作最简单的一种人工呼吸方法。

A. 口对口吹气法　　B. 仰卧压胸法　　C. 俯卧压背法

8. 大的静脉和动脉出血,可用（　　）止血。

A. 指压止血法　　B. 加压包扎止血法　　C. 止血带止血法

9. 口对口吹气法每分钟约吹(　　)次。

A. 3～5　　B. 20～30　　C. 14～16

10. (　　)适用于四肢大血管出血。

A. 指压止血法　　B. 加压包扎止血法　　C. 止血带止血法

三、多选题(每题4分,共40分)

1. 煤矿井下发生(　　)使用隔绝式自救器。

A. 火灾　　B. 瓦斯、煤尘爆炸

C. 突水　　D. 煤与瓦斯突出

2. "三先三后"原则的具体要求是(　　)。

A. 窒息(呼吸道完全堵塞)或心跳、呼吸骤停的伤员,必须先进行人工呼吸或心肺复苏后再搬运

B. 对出血伤员,先止血后搬运

C. 对骨折的伤员,先固定后搬运

D. 先轻后重

3. 现场创伤急救一般包括(　　)、骨折临时固定和伤员搬运等操作技能。

A. 人工呼吸　　B. 心肺复苏

C. 止血　　D. 创伤包扎

4. 仰卧压胸法不适用于(　　)。

A. 一氧化碳中毒者　　B. 胸部外伤者

C. 二氧化硫中毒者　　D. 二氧化氮中毒者

5. 俯卧压背法不适用于(　　)。

A. 背部受伤人员　　B. 面部受伤人员

C. 肋部受伤人员　　D. 骨头受伤人员

6. 常用的止血方法有(　　)。

A. 指压止血法　　B. 加压包扎止血法

C. 止血带止血法　　D. 加垫屈肢止血法

7. 人员现场出血有以下哪些可能(　　)。

A. 动脉出血　　　　B. 静脉出血

C. 毛细血管出血　　　　D. 带脉出血

8. 井下冒顶挤压受伤人员急救操作要领有(　　)。

A. 搬除重物　　　　B. 立即处理

C. 及时止血　　　　D. 抓紧送治

9. 井下溺水人员急救操作要领有(　　)。

A. 转送　　　　B. 检查

C. 包扎　　　　D. 人工呼吸

10. 井下创伤性休克人员急救操作要领有(　　)。

A. 让患者平卧,保持安静,避免过多的搬动,注意保温和防暑

B. 对创口予以止血和简单清洁包扎,以防再次污染;对骨折要做初步固定

C. 保持呼吸道通畅,昏迷患者头应侧向一边,并将舌头牵出口外

D. 及时报告矿调度室,抓紧时间安排运输车辆送伤员到地面医院急救

模块十二　灾害防治与避灾逃生

【学习提示】

我们为什么要学习避灾逃生应急知识和技能？因为很多事故表明，在井下灾害预兆显现时，或是在灾害突发的初始状况下，现场人员如何迅速、正确和合理地采取避灾逃生行动，用好各种现场避灾逃生设施，并沿避灾路线安全、快速撤离，是避免或减少人员伤亡，防止事故损失扩大的关键所在。所以，学习和掌握相关应急避灾逃生知识和技能，对我们井下每一位从业人员来说都非常重要。

井下现场避灾逃生应急技能“学习包”包含相关避灾知识和技能两个学习模块，主要围绕不同矿井灾害的类型、特征和实际避灾所需展开相关学习内容。这里需要着重提示的是，相关技能“学习包”突出的是在灾害发生的初始阶段，或者作业现场已经出现灾害预兆的情况下，现场人员应该怎样正确地判断和迅速采取避灾行动，包括暂时撤不出去、逃不出去怎么办，并通过相关事故案例来给大家分享典型灾害的避灾逃生经验、方法和技巧等，重点将井下现场避灾逃生实用的应急行动指南内容呈现给大家。

一、避灾逃生常识

1. 什么是“避灾路线”？

答：为了在发生重大灾害事故时每个现场作业人员都能由工作地点通过各种巷道迅速撤到安全地点，每个矿井都要对各个作业场所、各个岗位的人员规定最通畅、最近、最有把握的撤退路线，这条最安全的撤退路线就是避灾路线。煤矿最常见的避灾路线包括火灾和水灾避灾路线。

2. 当井下发生险情或者事故时，安全避灾的原则(要求)是什么？

答：当井下发生险情或者事故时，井下人员应当按应急救援预案和应急指令撤离险区，在撤离受阻的情况下紧急避灾待救。

3. 井下灾害事故避灾路线指示设置有哪些特征？

答：井下所有工作地点按要求必须设有灾害事故避灾路线。避灾路线标志一般设置在不易受到碰撞的显著位置，这些标志能够在矿灯照明下清晰可见，并会标注所在地点位置（设置标志牌）。巷道的交叉口必须设有避灾路线标志。巷道内设置的标志有一定的间隔距离，通常采区巷道的间距不会大于 200 m，矿井主要巷道的间距不会大于 300 m。这些指示标志能够帮助现场人员在灾害发生时，正确和及时地沿避灾路线避灾逃生。

4. 矿井采区避灾路线上设有哪些能帮助避灾逃生的装置？

答：按要求，矿井采区避灾路线上设有压风管路，通常主管路直径不小于 100 mm，采掘工作面管路直径不小于 50 mm；压风管路上均设有供气阀门，其间隔一般不大于 200 m。如果矿井水文地质条件复杂或者极复杂，那么在各水平、采区和上山巷道最高处均会敷有压风管路，并设置相应的供气阀门。另外，在采区避灾路线上按规定也会敷设供水管路，在供气阀门附近设有供水阀门。熟悉上述装置有助于现场人员在灾害发生时及时使用。

突出矿井必须建设采区避难硐室，其他矿井应当建设采区避难硐室，或者在距离采掘工作面 1 000 m 范围内建设临时避难硐室或者其他临时避险设施。

采区避难硐室必须接入矿井压风管路和供水管路，满足避险人员的避险需要，额定防护时间不低于 96 h。

突出煤层的掘进巷道长度及采煤工作面推进长度超过 500 m 时，应当在距离工作面 500 m 范围内建设临时避难硐室或者其他临时避险设施。

临时避难硐室必须设置向外开启的密闭门，接入矿井压风管路，设置与矿调度室直通的电话，配备足量的饮用水及自救器。

5. 在实施避灾逃生行动的过程中，我们必须保持一种什么样的心理状态？

答：在避灾逃生过程中，人的心理因素对实际避灾行动有非常大的影响。灾害来临时,如果心理素质差,除了会打击避灾逃生人员的信心外,还会影响他们对灾情的正确判断,对现场应急自救设备设施的正确使用,对避灾路线的正确选择以及对灾情的正确报告等。所以,在避灾逃生时,我们一定要有良好的心理素质,千万别乱了方寸,灰心丧气,要坚信自己一定能够逃出去,坚信上级部门一定会及时来救援,坚信自己的正确判断和行动,要相互鼓励和安慰,特别是在暂时撤不出去的情况下,更要坚强团结,相互帮助。最后要始终明白一个道理,所有慌乱、软弱、后悔和哀求在灾害面前都毫无用处,唯有相信自己、采取正确行动才是王道。

6. 为什么很多职工不会正确地使用自救器,怎么办?

答:自救器是我们每一名职工入井时必须随身携带的,而实际上,有不少人包括已经过安全培训和自救器实操考核,并取得上岗证书的职工并不会正确地使用自救器。究其原因主要有三方面:一是在安全培训教学过程中,由于很多培训班自救器的实训课时安排相对较少,再加上训练用的实物自救器也不能保证人手一个,实训教师也是一个人负责一个班,使得自救器的操作演示有余,但学员练习不够;二是有些培训班自救器考核不严格,要么是佩戴时间掌握不严,要么是佩戴程序不能严格执行标准,要么是用手指口述代替实物操作等;三是很多学员除培训期间进行过自救器实操外,在岗的大部分时间并没有机会实际操作,一旦真刀真枪让他操作,再加上紧张(尽管这种紧张心态是正常的)导致其不能正确佩戴。这些情况,我们学员一定要高度重视,毕竟自救器是关键时候保命的。为此,可采取以下措施:首先,培训考核不能糊弄,不能吃知识和技能的“夹生饭”,要多“限时”练习,除了正确佩戴外,还应该有一定的熟练度,不做到正确熟练绝不放弃;二是平时可以用手机多看看相关自救器实际使用视频,多模拟体验、多复习巩固、多加深操作印象;三是单位平时组织的自救器学习考试、安全培训复训、知识竞赛等活动,只要有机会就积极主动地去操练一把,做到熟能生巧。

7. 班组长在避灾逃生过程中应该发挥什么样的作用?

答:班组长在避灾逃生过程中,一是要自己坚强,铭记肩上的责任,充分发挥好稳定军心的作用，所有人都可以慌，班组长千万不能慌，要想方设法让大家冷静，鼓励和安慰大家的情绪，要注意防止因个别职工心理崩溃而影响整个班组人员的避灾逃生；二是要迅速清点现场人数，判断灾情，选择正确的避灾路线，安排大家撤离；三是安排一名副班组长或经验丰富的老工人领头带队，并做简要交代，自己守尾，确保不落下一名职工；四是自己或安排专人及时利用现场通信联络系统向矿调度室报告灾情及具体撤离情况；五是在撤出受阻的情况下，临时搭建避灾场所，做好各项安全检查，安排好与外部联系报警事项；六是做好现场受伤人员的救治工作。总之，在避灾逃生过程中，班组长一定要发挥好核心和灵魂作用，肩负起现场救援组织责任，把大家安全地带到井上。

8. 煤矿作业人员应当具备哪些应急救援知识?

答：煤矿作业人员应了解避灾路线、矿井灾害预防处理计划和应急救援预案，熟练掌握自救互救和安全避险知识及自救器和紧急避险设施的使用方法。

二、水灾事故防治与避灾逃生

9. 什么是矿井水灾(透水)，有哪些危害性?

答：矿井水灾(通常称为透水)，是煤矿常见的“五大自然灾害”之一。矿井一旦发生透水，不但影响矿井正常生产，而且有时还会造成人员伤亡，淹没矿井和采区，危害十分严重。因此，做好矿井防水工作，是保证矿井安全生产的重要内容之一。

10. 矿井水灾是如何形成的?

答：矿井在建设和生产过程中，地面水和地下水通过各种通道涌入矿井，当矿井涌水超过其自身正常排水能力时，就造成矿井水灾(透水)。矿井水来源主要包括：大气降水、地下水、老空水、断层水。

11. 矿井水灾常见的征兆有哪些?

答：矿井采掘工作面发生透水前，一般有如下征兆：煤岩壁发潮发暗；煤岩壁挂汗；巷道中气温降低、煤壁变冷；出现雾气；顶板压力增大，淋水增大；底板鼓起有渗水；出现压力水流；有水声出现；有硫化氢、二氧化碳或瓦斯出现;煤壁出现挂红、酸味大,有臭鸡蛋味。需要注意的是,井下透水征兆一般不会同时出现,不同充水水源的透水征兆会有不同的征兆显现。

12. 煤矿防治水的原则和综合防治措施是什么?

答:煤矿防治水工作应当坚持"预测预报、有疑必探、先探后掘、先治后采"的原则,根据不同水文地质条件,应采取"探、防、堵、疏、排、截、监"等综合防治措施。

矿井水灾的特点	水灾事故的预兆	矿井水灾 防治措施

13. 我们在现场钻眼作业时,如果发现钻孔出水异常怎么办?

答:在井下探放水作业过程中,现场作业人员如果发现钻孔出水异常,应立即停止钻进,但一定不能拔出钻杆,并立即向矿调度室汇报,按照相关规程或措施规定停止工作,撤离现场。

14. 矿井水灾应急避灾逃生的原则(要求)是什么?

答:当井下发生透水危及现场作业人员安全时,应在可能的情况下迅速观察和判断透水的地点、水源、涌水量、发生原因、危害程度等情况,并报告调度室。同时,向下部水平和其他可能受威胁区域的人员发出警报。现场所有人员应迅速撤离灾区,关闭有关巷道的水闸门,并按照相关应急预案或《矿井灾害预防和处理计划》中规定的水灾避灾路线,结合现场实际情况选择距离最短、安全条件最好的路线撤离。在撤离过程中,要及时将撤退的人数、路线等情况通过"矿井通信联络系统"报告给矿调度室,撤离要有组织、有纪律地进行,要服从现场班组长和老工人的指挥,并在撤离路线上留下前进的标记。

15. 矿井透水避灾路线指示标志的特点和设置规定有哪些?

答:矿井必须按规定设置透水避灾路线,相关避灾标志在矿灯照明下应清晰可见。井下巷道交叉口必须设置相关标志；采区巷道内各标志间距不得大于 200 m，矿井主要巷道内标志间距不得大于 300 m；应进行必要的避灾标志培训、演练和考核，让井下职工能够熟知标志的含义，一旦发生透水事故时能够正确应用。

16. 透水应急避灾逃生的方法和技巧之一：当遇到急速水流来不及躲避时，我们应该怎么做？

答：当发生透水遇到急速水流来不及躲避时，现场人员应当迅速抓住棚子或其他固定牢靠的物体，以防被水冲倒、卷走；如果附近没有上述固定物体时，现场人员应该手拉手、肩并肩地抵住水流，以防被水冲跑。这里特别要注意不能停留在巷道中间，一定要紧贴巷道壁避灾逃生。

水灾事故应急避险

17. 透水应急避灾逃生的方法和技巧之二：在正在涌水的巷道中撤离时，我们应该怎么做？

答：在透水发生后，如果在正在涌水的巷道中撤离，人员应靠近巷道的一侧，抓牢巷道中的棚腿或棚梁、水管、压风管、电缆（确定已经断电）等固定物件，尽量避开压力水头和水流，注意防止被涌水带来的矸石、木料和设备等撞伤；双脚要站稳踩实，一步一步沿避灾路线前进，避免在水流中跌倒。另外，如果确定透水来源是老窑积水时，应立即佩戴自救器避灾逃生。

18. 透水应急避灾逃生的方法和技巧之三：我们如果在避灾撤退途中迷失了方向，且安全指示标志已被水冲毁时，应该怎么做？

答：透水发生后，如果当时的条件允许，应迅速撤往透水地点以上的巷道避灾逃生，而不能进入透水点附近或透水点下方的独头巷道；如果迷失方向，且相关安全指示标志已经被水冲毁，一般应沿着风流通过的上山巷道撤退。在撤退沿途和所经过的巷道交叉口，应留设指示行进方向的明显标志，以提示救护人员的注意。

19. 透水应急避灾逃生的方法和技巧之四：当矿井透水涌入独头上山下部时，我们应该怎么做？

答：当透水水流涌入独头上山的下部时，除非万不得已的情况，现场作业人员均应撤至未被水淹的上山上部避灾逃生，但必须注意，该上山上部不得与其他巷道连通或漏气。

20. 透水应急避灾逃生的方法和技巧之五：矿井透水后，撤退路线被涌水挡住去路或因水势凶猛无法穿越灾区时，我们应该怎么做？

答：矿井发生透水后，撤退路线如果被涌水挡住去路或因水势凶猛无法穿越灾区时，应选择距离安全出口或大巷最近处、地势最高的上山独头巷道避灾逃生，万不得已时，可以爬上巷道顶部高冒空间，等待救援，切忌采取盲目潜水逃生等冒险行动。

21. 透水应急避灾逃生的方法和技巧之六：矿井发生透水后，如果我们被围困在避灾地点，首先应做好什么？

答：矿井发生透水后，如果被围困在避灾地点，首先应该做好三件事：① 在进入避灾地点前，应在巷道外口留有文字、衣物等明显标记，以便于及时被发现和援救；② 对避难地点进行及时的检查和必要的维护，并根据现场实际需要，设置挡帘、挡板或挡墙，防止涌水和有害气体的进入；③ 如果避灾地点没有新鲜空气，或者有害气体大量涌出，必须立即佩戴自救器，如果附近有压风自救系统或压风管时，应及时打开使用。

22. 透水应急避灾逃生的方法和技巧之七：矿井发生透水后，我们在避灾待救期间应该怎么做？

答：矿井发生透水后，避灾待救期间的做法是：① 应间断地、有规律地敲打周边铁件或顶底板等，或者周期性地向外晃动矿灯（只开1盏矿灯，其余全部关闭），发出联络和求救信号；② 可以在积水边缘放置一大块煤矸或其他物件作为水情标志，随时观察水位情况，推测外部抢险救灾进度；③ 随身携带的食品要匀着吃，同时要平卧在地，不急不躁，以保持体力，减少氧气消耗；④ 在保证安全的前提下，利用一切条件自行脱险或配合外部救援。

23. 透水应急避灾逃生的方法和技巧之八：矿井发生透水后，我们在避灾待救期间应注意哪些关键事项？

答：矿井发生透水后，在避灾待救期间应注意以下几个关键事项：① 注意避灾时身体保暖；② 注意节省使用矿灯；③ 注意饮食、饮水安全；④ 所有人员都要面对现实、不怕困难、相互关心、相互劝慰，对救援和脱险充满信心，要听从指挥和服从救援指令；⑤ 要做好较长时间不能脱险的思想准备。

24. 矿井透水可以用到的应急避灾逃生装置主要有哪些？

答：矿井透水避灾逃生用到的装置主要有：压缩氧自救器、矿井通信联络装置、压风自救装置、人员定位装置和井下永久避难硐室等。

25. 在水灾防治方面我们有哪些权力(利)和义务？

答：① 井下职工有义务接受防治水知识的教育和培训，包括水害应急预案、应急知识、自救互救和避灾逃生技能的培训，熟悉水害应急专项预案和现场处置方案相关内容，以及应急预案、应急职责、应急处置程序和措施等相关要求，具备必要的防治水工作技能和有效应对水灾的应急能力。② 井下带班人员、班组长等相关人员有权力在发现突水(透水、溃水，下同)征兆、极端天气可能导致淹井等重大险情时，立即撤出所有受水患威胁地点的人员到安全地点。③ 井下任何职工如果发现水灾征兆，有义务及时报告和通知周边人员，有权利立即停止工作，撤到安全地点。

26. 防治透水事故应急预案及预案实施有哪些具体规定？

答：具体规定有：① 煤炭企业、煤矿应当按照规定制定水害应急专项预案和现场处置方案。② 煤炭企业、煤矿应当组织开展水害应急预案、应急知识、自救互救和避灾逃生技能的培训。③ 矿井每年雨季前至少组织开展 1 次水害应急预案演练。④ 矿井必须规定避水灾路线，并让井下职工熟知。⑤ 矿井调度室接到水情报告后，应当立即启动本矿水害应急预案。⑥ 煤矿一旦发生水害事故，应立即启动相应的应急预案，争取社会救援，实施事故抢救。

27. 透水应急避灾逃生案例(一)：某矿“3·28”透水事故给我们的经验教训有哪些？

2010 年 5 月 21 日，某矿“3·28”透水事故中 9 名工程技术人员因涉嫌重大责任事故罪被某县检察院批准逮捕。公安机关侦查发现，这起透水事故在发生前就出现了种种透水征兆，多名相关责任人员包括现场作业人员并没有引起足够重视，也没有采取相应措施，最终造成 38 人死亡、直接经济损失 5 000 多万元的透水事故。

《煤矿防治水规定》规定，必须做好水害分析预报和充水条件分析，有疑必探，先探后掘，先治后采。而作为该矿物探人员的王某在2010年3月24—25日探测时，已经从探测数据发现掘进前方异常，但他没有和技术负责人商量，就根据个人经验做出“在探测区域内可以正常掘进”的探测成果表。这份有问题的探测成果表，在矿区指挥部、工程部竟是“一路绿灯”，收到探测成果表后，工程部部长贾某某、地质工程师吴某某在没有进行仔细分析的情况下，轻易做出了可以正常掘进的“水害预报”。收到“水害预报”，项目部地质技术员邹某某和监理部驻矿总监代表葛某某没有建议停工，更没有对异常点钻探验证，事故征兆就这样被疏忽了。

3月28日10时30分许，回风巷工人发现渗水，正在井下检查工作的项目部生产副经理曹某某等人前往渗水点查看后，让工人注意关注水情。11时10分许，接到报告的项目部技术副经理、防治水领导组副组长张某某下井检查后下令停止掘进，改为支护作业。11时40分许，曹某某升井后将渗水情况向项目部经理、防治水领导组组长姜某某进行汇报，姜某某也接到电话反映井下渗水，姜某某指示等张某某实际调查后再做决定。12时左右，张某某升井。这时，姜某某、曹某某、张某某以及项目部安监站站长常某某都得知井下渗水，也知道3月24—25日物探结果显示20101回风巷掘进前方异常，但上述透水征兆都未引起他们的重视，未采取果断措施停工撤人，进行钻探验证。13时12分许，透水事故发生。

这起事故给我们应急避灾逃生方面的经验教训有以下三个方面：

① 矿防治水有关部门没能严格执行防治水原则和相关规定，对探放水发现的异常情况没有正确处理；

② 多人、多时、多处发现透水征兆没有引起足够重视，特别是没有果断采取停工和撤人措施；

③ 暴露出矿井教育培训工作不到位，管理和技术人员责任心缺失，现场职工自主保安意识薄弱。

28. 透水应急避灾逃生案例分析(二)：某煤矿“4·10”透水事故给我们的经验教训有哪些？

2012年4月10日17时36分，某煤矿调度室接井下汇报，综掘队

7432 材料道迎头发生透水，迎头淹 60 m。该巷道从开窝已掘进 467 m，巷道净高 2.8 m，净宽 4.6 m，6°下山施工，锚网支护。

发生事故具体地点为该矿 P13 点前 11 m，煤层倾角为 22°。当班出勤 11 人，发生事故后，4 人已安全撤出，安全撤出的 4 人中有 3 人是掘进工，当时在离迎头大约 3 m 的位置，发现透水后及时撤出；1 人是电工，在后面检修设备；另外 7 人被困。经过 9 h 的紧张救援，该煤矿 7432 材料道迎头透水事故中 7 名被困矿工 3 人被成功救出，另外 4 人不幸遇难。

事故发生后，有关部门对获救的 3 名掘进工进行了走访，以了解他们获救的具体情况。经过了解，这 3 名获救工人的经验教训是：

① 发生透水时，我们最先听到了水冲来的声音，马上判断“发水了”，于是立即停止手里的工作往巷道边帮靠，并大声招呼其他工友。

② 迅速抓住巷道支护的棚、网等，紧紧贴在巷壁上，避免被水冲走（事实上，4 名遇难的工友全部是被水冲走的）。

③ 平时安全培训我们听课非常认真，知道水灾预防和避灾的方法及注意事项。

④ 这起事故发生前，尽管我们没有发现明显的事故征兆，但从区队、班组日常安全教育中知道，目前工作地点的水患是比较严重的，所以平时工作时就多长了个心眼。

三、火灾事故防治与避灾逃生

29. 什么是矿井火灾？

答：矿井火灾是指发生在矿井内或地面并威胁井下安全生产、造成损失的失控燃烧。矿井火灾与瓦斯、煤尘爆炸的发生常互为因果关系，是酿成煤矿恶性事故的主要原因之一。

30. 矿井火灾的特征及危害是什么？

答：矿井火灾是指发生在矿井内的或虽发生在井口附近、煤层露头上但有可能威胁井下安全的火灾，属于煤矿五大自然灾害之一。矿井火灾发生时，会产生大量高温烟雾和有毒有害气体（一氧化碳、二氧化碳、二氧化硫等），造成井下人员伤亡。据资料统计，由矿井火灾所造成的伤亡中,95%以上是因烟气中毒所致。矿井火灾还容易引起瓦斯和煤尘爆炸,使灾害扩大,造成更为严重的破坏。此外,矿井火灾还会导致矿井设备严重破坏和煤炭资源大量损失。因此,矿井火灾防治是煤矿安全生产的一项重要任务。

31. 矿井火灾是如何分类的? 各类火灾是如何引发的?

答:矿井火灾按引火热源的不同可分为外因火灾和内因火灾两类。外因火灾是指由外部火源引起的火灾。如电流短路、焊接、机械摩擦、违章爆破产生的火焰、瓦斯和煤尘爆炸等都可能引起该类火灾。内因火灾又称自燃火灾。它是指由于煤炭或其他易燃物自身氧化积热,发生燃烧引起的火灾。在自燃火灾中,主要是由于煤炭自燃而引起的,如有大量遗煤而未及时封闭或封闭不严的采空区、停采线附近、通风不良的冒顶处、断层带附近。在上述两类火灾中,自燃火灾是矿井火灾防治的重点。

火灾事故的分类及发生条件	煤炭自燃的预防措施	外因火灾的预防措施	煤炭自燃的预兆

32. 为什么说自燃火灾(内因火灾)是矿井火灾防治的重点?

答:这是因为自燃火灾不仅发生次数居多(占矿井火灾的80%以上),而且它的火源较隐蔽,常发生在人们难以进入或不能进入的采空区或煤柱内,致使灭火难度加大,很难在短时间内扑灭,而且有的自燃火灾持续数月、数年之久,甚至更长时间,这不仅严重危及人身安全,而且导致大量煤炭资源损失。

33. 为什么说火灾的初始应急处置非常重要?

答:除了爆炸等原因引起的火灾外,通常的火灾都是从某个"燃点"开始,再通过其他可燃物,在风流的助推下而逐渐扩大和延展的,并造成巨大的灾难。很多灾害处置实例表明,在火灾刚刚发生的初期,现场人员应立即采取恰当的应急处置方法(直接灭火法),使用专门的灭火器具或水、沙子以及现场简易的工具、物件等，及时扑灭火灾初始“燃点”，是消灭火灾事故最重要、成本最低和最可靠的方法。火灾初始应急处置需要现场人员具有良好的心理素质和必要的操作技能，以及高度的责任感。

34. 火灾发生时，烟雾对人的危害有哪些？

答：矿井发生火灾事故后，会产生大量的高温烟雾，这些烟雾对人的主要危害有：① 烟雾的主要成分是一氧化碳，人吸入后会导致中毒、窒息甚至死亡；② 烟雾的高温会使人中暑和灼伤；③ 烟雾往往会阻碍人的视线，造成人员撤离时迷失方向等。

35. 矿井火灾应急避灾逃生的原则(要求)是什么？

答：当火灾发生后，如果火势很猛，已不能进行直接灭火，或现场不具备直接灭火条件时，现场人员应立即撤离火区，并且要做到：① 立即佩戴自救器；② 迅速找到和确认火灾避灾路线(避灾路线标志)；③ 人在火源进风侧时，迎着新鲜风流撤离；④ 人在火源回风侧时，如果距离火源较近，且穿越火源没有生命危险，可迅速穿过火区进入进风侧；⑤ 撤退时，应选择靠近巷道有连通出口的一侧；⑥ 尽可能利用通信联络系统与矿调度取得联系。

火灾事故应急避险

36. 矿井井下火灾应急避灾逃生方法与技巧之一：火灾发生时，我们在什么情况下可以采取逆烟流避灾逃生的方法？

答：矿井井下发生火灾时，如果附近有脱离灾区的通道出口，并且有把握脱险时，或者只有逆烟撤离才有求生希望时，可以采取逆烟流撤离避灾的方法。

37. 矿井井下火灾应急避灾逃生方法与技巧之二：矿井火灾发生时，我们怎样在高温烟雾的巷道中避灾逃生？

答：① 在高温烟雾的巷道中避灾逃生时不要直立奔跑，如果烟雾不太严重，则应尽量躬身弯腰，低头迅速行进；而在烟雾大、视线不清或温度高时，则应尽量贴着巷道底板，沿着巷道一侧，摸着轨道或管道、棚腿等急速爬出，以免错过连通出口。② 利用湿衣物降温和遮挡头面部撤离。可以利用水沟中的水以及顶板和巷壁里的淋水，或者巷道低洼处的积水浸湿毛巾、工作服，或者向身上洒水的方式进行人体降温；同时，还可利用随身携带物件，或者用巷道中的风帘布、风筒等遮挡人的头面部进行避灾逃生。

38. 矿井井下火灾应急避灾逃生方法与技巧之三：矿井发生火灾时，我们如果无法撤离应该怎么做？

答：首先是正确地选择避灾地点。当矿井发生火灾后，如果顺着风流方向或逆着风流方向撤退都无法避免火焰和烟雾带来的严重危害，或者撤退时遇到冒顶、积水和其他原因巷道阻塞，人员无法通过时，都应迅速选择合适的地点进行避灾。其次是妥善避灾、等待救援，并且要注意以下几点：① 在避灾待救时，要互相帮助、互相关心、稳定情绪、坚定信心；② 注意少动静卧，以减少避灾地点的氧气消耗和体力消耗，避免深呼吸和急促呼吸；③ 在避灾地点有仍在送风的局部通风机或压风机管道，或者附近有压风自救系统时，要迅速打开这些设施，放出新鲜空气。

39. 矿井井下火灾应急避灾逃生方法与技巧之四：如何选择合适的火灾避灾地点？

答：避灾地点选择主要有三种：

① 矿井预先设立的避灾硐室；

② 如果附近没有避灾硐室，应在烟雾袭来之前，选择合适地点，利用现场条件和材料快速构筑临时避灾硐室；

③ 利用烟雾不易扩散到的独头巷道，用工作服、风帘布等防堵烟气侵入。

40. 矿井井下火灾应急避灾逃生方法与技巧之五：在矿井火灾中如果发现有爆炸危险应该怎么做？

答：矿井火灾可以成为瓦斯、煤尘、水煤气等爆炸的引爆火源。所以，在矿井发生火灾时，现场作业人员除了应该注意火灾事故的应急自救互救和撤离逃生事项外，还应高度警惕防止因引发爆炸事故造成的伤害。具体要做好以下两方面：

① 在灭火时随时观察煤尘飞扬的情况，检测瓦斯浓度的大小，观

测水煤气形成的条件,防止发生爆炸事故。

② 在安全撤退和妥善避灾时,当发现巷道中的风流出现短暂的停顿或颤动(与火风压可能引起的风流逆转征兆有些相似)等爆炸征兆时,如有可能,要立即避开爆炸的正面巷道或进入躲避硐室内,或者立即背向爆源俯卧在巷道的一侧向外爬行。倘若巷道有水沟,应立即滚入水沟,屏住呼吸将头面部浸入水中。

41. 矿井井下火灾应急避灾逃生方法与技巧之六:在矿井火灾中,我们应怎样局部控制灾区风流来减轻灾情?

答:矿井发生火灾后,如果灾情许可,可利用附近的通风设施,实现局部反风、风路短路或增减风量,以达到减轻火灾危害的目的。如利用防火风门、调节风门、风帘和局部通风机等,对火区的风流方向和风量大小进行调整控制,以便控制火势、接近火源,防止高温烟火流经的巷道引发次生火灾,确保现场遇险人员的人身安全和更好地进行灭火。打开火区进风侧的旁路风门或者构建火区进、回风侧的临时风门,都将使进入火区的风量减小,从而达到减弱火势的目的。但是,在减小风量控制火势的同时,也会使火区瓦斯含量增加,有引爆瓦斯的可能。因此,应全面均衡地加以考虑。同时,还要随时注意观察风流变化,谨防火风压造成的风流逆转,若遇大量烟气或风流逆转,必须立即撤离。

42. 一般而言,矿井火灾避难逃生应急演练的内容(项目)有哪些?

答:对井下现场职工而言,相关演练内容(项目)一般包括:① 自救器的使用(规定时间内正确佩戴);② 灭火器具的使用;③ 避灾逃生标志的识别;④ 避灾路线的识别和仿真演示;⑤ 防火密闭设置;⑥ 通信联络和压风自救装置的使用演练等。

43. 矿井火灾应急避灾逃生案例(一):某矿"5·8"火灾事故给我们的经验教训有哪些?

2017 年 5 月 8 日早 7 时,某矿建井处安装队一段副段长刚某主持班前会,布置了当天工作任务和安全注意事项,7 时 10 分开始入井。钳工组长刘某等 6 人负责加固第二部带式输送机机头,他们来到井下第一部带式输送机与第二部带式输送机搭接处的作业地点后,6 人做了分工:王某、郭某处理第一、第二驱动装置减速机的油窗;组长刘某和张某画线；电钳工赵某用电焊加固机头运输架，电钳工张某用风焊切割钢板。当切割完 12 块钢板时，11 时开始吃午饭，30 min 后继续施工。张某割掉机头大角之后，将风焊递给赵某割钢板。赵某割了大约 200 mm，张某提出换赵某，赵某刚站起来，就发现平台下残留的输送带条起火。正在一旁干活的张某先用木板，接着用沙箱的沙子灭火，赵某想用灭火器灭火但不会用。这时组长刘某、张某用木板扑打，火势越来越大。他们感到喘不出气，便撤向 7.6 m 绞车处，遇到矿方 2 名工人，这 2 名工人马上给矿调度室汇报，随即这 6 名工人由二水平主运道撤离现场并由副井升井。火势蔓延产生的火风压波及井下二水平生产采区和三水平井底、地面主控室，造成 80 人死亡、23 人受伤。

这起事故给我们火灾应急避灾逃生方面的经验教训有以下四个方面：

① 井下电焊作业相关防灭火安全措施落实不到位；

② 火灾初始应急处置缺失，木板扑火操作不当，灭火器具不会使用，自救器佩戴不及时，现场人员救灾心理素质差；

③ 相关安全培训和应急演练不到位；

④ 火灾应急指令传达不及时。

44. 矿井火灾应急避灾逃生案例(二)：某矿“11·20”火灾事故给我们的经验教训有哪些？

2015 年 11 月 20 日 21 时 50 分，黑龙江省某矿东一采区大倾角带式输送机发生火灾事故，事故发生时 38 人在井下作业，其中 16 人安全升井。经过救援队伍全力搜救，最后一名失踪矿工遗体于 11 月 24 日 16 时 47 分被找到，至此事故救援工作宣告结束，共确认有 22 名矿工在事故中遇难。

这起事故给我们应急避灾逃生方面的经验教训有以下三个方面：

① 该矿位于东北老矿区，矿井地质条件非常复杂，救援难度极大，安全升井的 16 人都是自己逃生的，所以个人具备避灾逃生技能非常重要。

② 救援人员在车场、三段绞车道及上巷风门之间等处，相继发现了 21 名遇难矿工遗体。这当中，有一部分人自救器没有打开，另外一

些人尽管佩戴了自救器，但逃生方向选择不正确，所以避灾逃生的方法、方向、路线同等重要。

③ 带式输送机发生火灾的初始阶段，现场人员没有及时进行正确的应急处置，导致火灾蔓延，事故扩大，造成 22 人死亡。所以，初始应急处置技能的学习和掌握非常重要。

四、瓦斯、煤尘爆炸事故防治与避灾逃生

45. 矿井瓦斯、煤尘爆炸的主要危害有哪些?

答：矿井瓦斯、煤尘爆炸的危害性，主要表现在以下四个方面：

① 产生高温，爆炸瞬间的温度可高达 1 850～2 650 ℃，对人员和设备都有极大的危害性；

② 产生高压，爆炸后的空气压力平均为爆炸前的 9 倍，如发生瓦斯、煤尘连续爆炸，则爆炸后的空气压力会越来越高，对矿井的破坏会越来越严重；

③ 产生毒气，爆炸会产生大量剧毒的一氧化碳，这是造成爆炸后人员大量伤亡的主要原因；

④ 产生冲击波，爆炸产生的冲击波会造成井下巷道大面积垮塌，毁坏设备设施，造成人员伤亡。

⑤ 会导致矿井火灾。

瓦斯的危害 与瓦斯爆炸	煤尘爆炸 事故的危害

46. 矿井瓦斯、煤尘爆炸灾害的特征主要有哪些?

答：瓦斯、煤尘爆炸属于煤矿五大自然灾害之一，其灾害特征主要有以下几方面：

① 灾害瞬间发生，且征兆都不明显，很难做到及时发现，避灾逃生

较为困难；

② 爆炸往往会引起燃烧，燃烧又会引起爆炸，瓦斯爆炸的同时一般都会引起煤尘爆炸，受灾面积会不断扩大，火势凶猛；

③ 爆炸造成矿井各种设施破坏严重，救援难度大；

④ 单独的煤尘爆炸很少发生，基本都是在瓦斯爆炸后发生煤尘爆炸；

⑤ 煤尘爆炸除了会发生连续爆炸外，往往离爆源越远，爆炸威力越强；

⑥ 瓦斯爆炸灾害患者基本都是复合伤，多表现为爆震伤、烧伤、呼吸道灼伤、外伤以及一氧化碳等有害气体中毒等伤害。

47. 我们怎样理解瓦斯爆炸三个条件与预防爆炸发生之间的关系？

答：瓦斯爆炸的三个条件包括：① 一定的瓦斯浓度，瓦斯浓度在5％～16％之间。② 一定的引火温度，点燃瓦斯的最低温度在650～750 ℃之间，且存在时间必须大于瓦斯爆炸的感应期。③ 充足的氧气含量，氧气浓度不得低于12％。事实上，在生产现场由于人员进行劳动作业，"氧气浓度"这个条件是天然具备的，另外，由于工作面生产会用到大量的机械和工具，"引爆火源"的控制会非常困难，因此在上述三个条件中，控制"瓦斯浓度"是防止瓦斯爆炸发生的关键环节。现场作业人员除了要关注和爱护井下各种通风设施和瓦斯监测监控报警装置外，在发现甲烷浓度达到1％时一定要停止工作；达到1.5％时必须立即撤离作业现场到安全地点。

48. 我们应该如何防范瓦斯、煤尘爆炸灾害事故的发生？

答：首先，要充分认识瓦斯、煤尘爆炸灾害事故后果的严重性，增强防范灾害事故的意识和能力；其次，要熟悉和爱护井下各种通风和防尘设备、设施，瓦斯、煤尘监测监控设备以及相关事故紧急避灾装置和避灾路线；第三，不穿化纤衣服入井，不在井下拆开矿灯，坚持随身携带自救器，便携式瓦斯检测报警仪要按照规定检查是否完好和正确悬挂，坚持做到湿式打眼，坚持执行"一炮三检"和"三人连锁爆破"制度等；第四，一旦发现瓦斯浓度超限（报警）要立刻按照规程规定及时采取行动；

第五，任何人如果在井下发现火源或发火苗头都要立即采取应急处理措施，并要及时向矿调度室报告等。

瓦斯爆炸 防治措施	煤尘爆炸 防治措施	三人连锁爆破制

49. 当井下瓦斯浓度达到多少时，我们应该立即停止工作，撤出工作地点？执行这一规定时我们应该注意什么？

答：《煤矿安全规程》规定：① 当采掘工作面及其他作业地点风流中、电动机或者其开关安设地点附近 20 m 以内风流中的甲烷浓度达到 1.5% 时，必须停止工作，切断电源，撤出人员，进行处理。② 采掘工作面及其他巷道内，体积大于 0.5 m^3 的空间内积聚的甲烷浓度达到 2.0%时，附近 20 m 内必须停止工作，撤出人员，切断电源，进行处理。③ 采掘工作面及其他作业地点风流中甲烷浓度达到 1%时，必须停止用电钻打眼；爆破地点附近 20 m 以内风流中甲烷浓度达到 1%时，严禁爆破。需要提醒注意的是：① 对于《煤矿安全规程》中甲烷浓度 1.5%和 2%的规定，有些省(区)会结合辖区实际情况，规定更低的数值，比如江苏、山东等；② 以上这些甲烷浓度数值在井下主要是通过便携式电子甲烷检测报警仪、瓦斯检查工的光学瓦斯检定器，以及矿井监测监控系统的甲烷监控报警传感器得到的；③ 尽管以上规定的甲烷浓度数值还没有达到瓦斯爆炸的界限，但我们也必须按照上述规定撤离作业现场，因为考虑到井下局部瓦斯积聚的可能情况，上述甲烷浓度值是可能引发瓦斯爆炸的。

50. 矿井瓦斯、煤尘爆炸通常有哪些征兆？

答：据亲身经历过瓦斯、煤尘爆炸现场的人员讲，爆炸前会感受到附近有颤动的现象发生，有时候还会发出"嘶嘶"的空气流动声音，人的耳膜有震动的感觉；有的时候在远方巷道出现一道蓝光，很快爆炸的冲击波就来到眼前；还有的会嗅到一股有刺激性味道的气体，四肢感到酸软……当然这些征兆一般都是轻微和不明显的。因此，井下人员在现场不要打闹、嬉戏，要集中精力，感知周围发生的一切变化，一旦发生异常，哪怕是细微的，都要高度重视，并能够及时做出正确判断，迅速采取针对性的避灾逃生行动。

51. 矿井瓦斯、煤尘爆炸应急避灾逃生的原则(要求)是什么?

答：瓦斯、煤尘爆炸应急避灾逃生的原则(要求)是：

① 现场人员在突然感觉到风流停滞、震荡，耳鼓膜有压力或者含尘气流冲击等爆炸冲击波传播迹象时，为减小随后燃烧波的威胁，应迅速采取以下自救措施：a. 立即屏住呼吸就地卧倒，用湿毛巾快速捂住口鼻，并戴好自救器；b. 用衣物盖住身体裸露部分，使身体露出部分尽量减少，以防止爆炸瞬间产生的高温灼伤身体；c. 在爆炸冲击波过后，按照避灾路线迅速撤离现场，并向调度室报告。

② 现场人员在发现爆炸事故发生迹象时，如听到爆炸声响、看到含尘烟流等，要立即屏住呼吸佩戴自救器，按照最短的安全避灾路线，尽可能避免进入有毒有害气体入侵巷道，迅速撤至安全地点直至地面，并向调度室报告。

③ 带班领导和班组长负责组织撤离和自救、互救工作，安排现场人员及时外运伤员，在撤离受阻时应紧急避险。在安全的情况下，采取断电等措施，控制事故的危害和危险源，防止事故扩大。

瓦斯爆炸事故的应急避险	煤尘爆炸事故的应急避险

52. 矿井瓦斯、煤尘爆炸应急避灾逃生方法与技巧之一：瓦斯、煤尘爆炸时，我们如何应急避灾逃生?

答：瓦斯、煤尘爆炸时，我们应掌握以下两个应急避灾逃生技巧：

① 背向空气颤动的方向俯卧在地——当发现爆炸预兆，或者爆炸事故发生后听到爆炸声响和感觉到空气冲击波时，现场人员要立即背向空气颤动的方向，俯卧在地，面部贴着地面，双手置于身体下面，闭上眼睛，以减少受冲击面积，避开冲击波的强力冲击，减小身体伤害的程度。同时，采取以上姿势还可以减轻爆炸所带来的高温烟流、火焰对人体的烧伤程度，减轻瓦斯和烟雾对人体的伤害程度。

② 用衣物护好人体避免烧伤——尽管爆炸后会产生两三千摄氏度的高温，但爆炸高温火焰延续的时间很短，基本是一瞬即过。现场爆炸案例证明，凡是被工作服、手套、胶鞋、安全帽等遮盖的部位，基本上都未烧伤。因此，瓦斯、煤尘爆炸的井下现场作业人员一定要用衣物护好身体，以避免烧伤。如果附近有水，应及时用毛巾或衣物沾湿捂住嘴、鼻，以防将爆炸火焰和有害气体吸入肺部。

53. 矿井瓦斯、煤尘爆炸应急避灾逃生方法与技巧之二：当采煤工作面发生瓦斯、煤尘爆炸时，我们如何应急避灾逃生？

答：采煤工作面发生瓦斯、煤尘爆炸时，避灾逃生要按照以下三个要领来做：

① 当采煤工作面发生小型瓦斯、煤尘爆炸事故时，位于爆炸地点进风侧的人员迎着进风流方向撤离采煤工作面；位于爆炸地点回风侧的人员，立即佩戴好自救器，通过爆炸地点最近的路线或经其他安全通道迅速到达进风侧新鲜风流中。

② 当采煤工作面发生严重的瓦斯、煤尘爆炸事故时，没有受到严重伤害的人员立即佩戴好自救器，并帮助受伤较严重的人员戴好自救器。如果塌冒地段可以通过，灾区范围内的人员都应立即撤离塌冒地段，迅速到达新鲜风流处；如果塌冒严重无法撤出，应迅速进入安全地点，临时搭建简易避难硐室，静卧待救，不可强行通过塌冒地段。

③ 被困人员在待救期间要随时注意附近情况的变化，发现有危险时要立即转移到其他安全地点。

54. 矿井瓦斯、煤尘爆炸应急避灾逃生方法与技巧之三：当掘进工作面发生瓦斯、煤尘爆炸时，我们如何应急避灾逃生？

答：掘进工作面发生瓦斯、煤尘爆炸后，我们应按照以下三个要领来避灾逃生：

① 如果发生小型爆炸，掘进巷道和支护基本未遭破坏，遇险人员未受直接伤害或受伤不严重时，应立即打开随身携带的自救器，佩戴好后迅速撤出受灾巷道到达新鲜风流中（对于附近的伤员，要协助其佩戴好自救器，帮助撤出危险区或设法抬运到新鲜风流中）。

② 如果发生大型爆炸，巷道遭到破坏，退路被阻时，应佩戴好自救器，积极疏通巷道，尽快沿火灾避灾路线撤退到新鲜风流中。

③ 如果巷道难以疏通，可以利用一切可能的条件，搭建临时简易避难硐室，并利用好压风管、水管、风筒等改善避难地点的生存条件等待救援。

55. 矿井瓦斯、煤尘爆炸应急避灾逃生案例（一）：某矿"3·29"瓦斯爆炸事故给我们的经验教训有哪些？

2013 年 3 月 28 日 16 时左右，吉林省某煤矿－416 m 采区附近采空区发生瓦斯爆炸，29 日 14 时 55 分，－416 m 采区附近采空区发生第二次瓦斯爆炸，新构筑密闭被破坏，－416 m 采区－250 m 石门一氧化碳传感器报警，该采区人员撤出。19 时 30 分左右，－416 m 采区附近采空区发生第三次瓦斯爆炸，作业人员慌乱撤至井底（其中有 6 名密闭工升井，坚决拒绝再冒险作业）。以上 3 次瓦斯爆炸事故均发生在－416 m 采区东水采工作面上区段采空区，未造成人员伤亡，该矿不仅没有按规定上报并撤出作业人员，而且仍然决定继续在该区域组织密闭施工作业。21 时左右，井下现场指挥人员强令施工人员再次返回实施密闭施工作业，21 时 56 分，该采空区发生第四次瓦斯爆炸后，该矿才通知井下停产撤人并向政府有关部门报告。此时全矿井下共有 367 人，其中 332 人自行升井和经救援升井，截至 30 日 13 时左右井下搜救工作结束，事故共造成 36 人死亡（其中 1 人于 3 月 31 日在医院经抢救无效死亡）。

这起事故给我们应急避灾逃生方面的经验教训有以下三个方面：

① 当井下一氧化碳传感器报警时，相关采区人员必须及时撤出逃生，避免发生灾难。

② 瓦斯爆炸结束后，我们也不能马上入井作业，因为很可能会再

次爆炸。本案例中，该矿后面连续发生的 3 次瓦斯爆炸，正说明了这一点。这是因为很多瓦斯爆炸会引起煤尘燃烧，而煤尘燃烧又会再次引起瓦斯爆炸。

③ 如果我们发现井下危险预兆或灾害已经发生就必须立即撤出逃生，坚决拒绝违章指挥，谁安排活都不能去干。该矿 6 名密闭工做得就非常好，坚决拒绝冒险作业，保住了各自的性命。

56. 矿井瓦斯、煤尘爆炸应急避灾逃生案例(二)：山西省某煤矿“2·22”瓦斯爆炸事故给我们的经验教训有哪些？

2009 年 2 月 22 日凌晨 2 时 17 分，山西省某煤矿发生了一起瓦斯爆炸事故。当时在井下的矿工有 436 人，其中 375 人陆续升井。搜救工作一直持续到 2 月 22 日 18 时，井下被困矿工全部找到。升井后死亡和在井下死亡的遇难矿工共有 78 人，另有 114 人送入医院治疗，其中 5 人伤势严重。

需要说明的是，该矿曾经是山西省煤矿的窗口，矿井科技水平、设备智能化水平在全国都是一流的，有很多自主知识产权，从 2004 年以来，一直是零死亡的矿井。

这起事故给我们应急避灾逃生方面的经验教训有以下四个方面：

① 即使再先进、再有名气、安全生产周期再长的矿井，也存在发生矿难的风险，我们都必须要学好和掌握相关避灾逃生的知识和技能。

② 再先进的科技也要有人的支撑，否则作用是发挥不出来的。比如，瓦斯监测监控系统报警装置，如果瓦斯探头安放位置不正确，监控系统装置的维修、保养跟不上等，都会导致该装置(系统)失效，不仅不能起到它应有的作用，而且有可能会误导我们对灾害危险的正确判断。

③ 本次事故还导致了 100 多名职工受伤，大家一定要知道烧伤和有害气体中毒人员非常痛苦且救治困难，结果往往会更让人后怕。

④ 如果管理、教育培训跟不上，很容易让职工产生侥幸、麻痹心理，导致行为上越来越松懈，进而造成管理不到位、安全措施落实不到位。

五、冒顶(片帮)事故防治与避灾逃生

57. 什么是矿井顶板事故(冒顶)?

答:矿井顶板事故即通常所说的冒顶。冒顶又称顶板冒落,它是指采掘工作空间或井下其他工作地点顶板岩石发生坠落的事故,属于煤矿五大自然灾害之一。顶板事故对矿井的生产和井下作业人员安全危害很大,轻则影响生产,重则造成人员伤亡。

58. 矿井冒顶(片帮)灾害的危害性有哪些?

答:矿井冒顶(片帮)灾害的直接危害是:严重威胁矿工的生命安全,破坏矿井生产设备、设施和局部通风系统,影响企业正常生产经营活动以及社会和谐稳定和企业经济效益。同时,冒顶(片帮)事故还有可能产生局部地质灾害,从而造成煤矿企业停产或倒闭。

顶板事故的分类、特点及原因	顶板事故的预防	顶板冒落的预兆

59. 一般来说,矿井冒顶(片帮)发生的征兆有哪些?

答:矿井冒顶(片帮)发生前一般有以下征兆:

① 发出响声。岩层下沉断裂,顶板压力急剧加大时,木支架会发出劈裂声,紧接着出现折梁断柱现象;金属支柱的活柱有急速下缩现象,往往也会发出很大声响。

② 出现掉渣。顶板严重破裂时,会出现顶板掉渣现象,掉渣越多,说明顶板压力越大。

③ 片帮煤增多。因煤壁所受压力增加,变得松软,片帮煤比平时要多。

④ 顶板裂缝。顶板有裂缝并张开,且裂缝明显增多。

⑤ 顶板出现离层。检查顶板要用"问顶"的方法,俗称"敲帮问

顶”。如果敲打顶板的声音清脆，则表明顶板完好；如顶板发出“空空”的响声，则说明顶板上下岩层之间已经脱离。

⑥ 漏顶。大冒顶前，破碎的伪顶或直接顶有时会因背顶不严和支架不牢固出现漏顶现象，形成棚顶托空，支架松动而造成冒顶。

⑦ 有淋水。顶板的淋水量有明显增加。

需要注意的是，以上这些征兆很多时候不会全部出现，而是一种或几种分散出现，对此应高度重视。

60. 引起冒顶(片帮)的原因主要有哪些?

答：引起冒顶(片帮)的原因主要有以下几个：

① 遇到复杂的地质构造(如断层、褶曲、顶板松软或岩石坚硬不垮落等)而没有采取针对性的防范措施。

② 没有掌握顶板初期和周期来压规律，来压时未及时采取对应的安全措施。

③ 没有按规程要求支护顶板。如支架安装不合理、工作阻力小，支架棚距、柱距超过设计规定，支架迎山角度不合适等。

④ 不清楚顶板岩石的性质，支护方式不正确。

⑤ 空顶面积大。在爆破或移动设备时崩倒或碰倒支柱的情况下，没有及时支护。

⑥ 工作面爆破、改柱、回柱和放顶时，顶板受到较严重破坏，处理不及时。

⑦ 托伪顶、留顶煤开采，原煤层用竹笆、荆笆、金属网做假顶开采，工序复杂、管理不到位。

⑧ 作业人员培训不到位，没有坚持做到“敲帮问顶”、超前支护和临时支护等，防止顶板事故安全操作技能不过硬。

61. 冒顶(片帮)的灾害特征有哪些?

答：冒顶(片帮)灾害多发生在矿井采掘工作面和一些废旧巷道以及采空区，其危害性较大。冒顶(片帮)事故的发生通常没有时间规律可循，有突发性、灾难性和破坏性，在处理事故过程中如措施不当还有继发性，但在发生前会有一定的征兆显现。

62. 冒顶(片帮)应急避灾逃生的原则(要求)是什么?

答:冒顶(片帮)应急避灾逃生的原则(要求)是:

① 现场人员要迅速撤至安全地点,并迅速向矿调度室报告。

② 在小型冒顶、坍塌、压埋事故发生时,现场人员在保证安全的前提下,应立即开展互救。

③ 在撤离受阻时应紧急避险,采取以下自救措施:选择最近的避难硐室或临时避险设施待救;选择最近的设有压风自救装置和供水施救装置的安全地点,进行自救、互救和等待救援;迅速避险撤退到安全地点,如有压风管路,应打开输送新鲜空气。可利用现场材料,维护加固附近顶板,设置生存空间,等待救援。

④ 被困后采取有规律敲击等一切可用措施向外发出呼救信号,但在瓦斯和煤尘较大的情况下不可用石块或铁质工具敲击金属,避免产生火花而引起瓦斯、煤尘爆炸。

⑤ 被困待救期间,遇险人员要节约体能,节约使用矿灯,保持镇定,互相鼓励,积极配合外面营救工作。

⑥ 带班领导和班组长负责组织撤离和自救、互救工作。

63. 冒顶(片帮)应急避灾逃生方法与技巧之一:当我们因冒顶(片帮)被堵塞在工作面时(即矿工们所说的"关门"),应怎样应急避灾逃生?

答:当大面积冒顶(片帮)堵塞巷道,作业人员被堵塞在工作面时,应由现场班组长统一指挥,及时利用矿井通信联络系统向矿调度室报告灾害情况,同时只留一盏矿灯供照明使用,并安排人员用铁锹、铁棒、石块等不停地、有规律地敲打通风、排水的管道等,不断向外报警求援,引导救援人员及时发现自己,迅速展开救援。另外,长时间被困在井下,发觉救护人员到来营救时,避灾人员不可过度兴奋和慌乱,以防发生意外。

冒顶事故
应急避险

64. 冒顶(片帮)应急避灾逃生方法与技巧之二:独头巷道冒顶被堵人员如何应急避灾逃生?

答:独头巷道冒顶被堵人员应按照以下要领应急避灾逃生:

① 遇险人员首先要沉着冷静,切忌惊慌失措,要树立信心,团结协作,尽量减少体力和隔堵区的氧气消耗,做好较长时间的避灾准备。

② 现场用1台矿灯照明或间歇照明,关闭其他矿灯。

③ 如果被困地点有压风管路,应及时打开压风管路闸阀,给被困人员输送新鲜空气,同时要注意保暖。

④ 如果人员被困地点有通信联络装置,应立即向矿调度室报告灾情、遇险人数和计划采取的避灾自救措施等;也可利用坚硬物体敲击管路、铁轨、钻杆等发出“5432”救援联络信号。联络信号有4组:5声“呼救”、4声“报数”、3声“收到”、2声“停止”。联络信号具体内容如下。

5声——寻求联络(被困人员敲击5声为求救信号;救援人员敲击5声为寻求联络信号)。

4声——询问被困人员数量(救援人员敲击4声为询问信号,被困人员确认收到后,按被困人数敲击为回复信号)。

3声——收到(敲击3声表示“收到”对方信号和意图)。

2声——停止(被困人员敲击2声为“停止”,表示停止给养补给或遇突发情况需停止行动)。

每次敲击间隔1秒,分组发出信号,每组信号间隔30秒。明白意图后敲击3声回复“收到”,未“收到”回复可重复敲击发出信号。

⑤ 根据现场条件,在安全的前提下及时加固冒落地点和人员躲避处的支护,并经常派人查看,以防冒顶进一步扩大。

65. 冒顶(片帮)应急避灾逃生方法与技巧之三:采煤工作面冒顶时我们如何应急避灾逃生?

答:采煤工作面冒顶时应按照以下要领应急避灾逃生:

① 迅速撤退到安全地点。当发现工作地点有冒顶征兆时,而当时又难以采取措施防止顶板冒落,最好的避灾措施是迅速离开危险区,撤退到安全地点。

② 遇险时要靠煤帮贴身站立或到木垛处避灾。从采煤工作面发生冒顶的实际情况来看,顶板沿煤壁冒落是很少见的。因此,当发生冒顶来不及撤退到安全地点时,遇险者应靠煤帮贴身站立避灾,但要注意煤壁片帮伤人。另外,冒顶时可能将支柱压断或推倒,但在一般情况下

不可能压垮或推倒质量合格的木垛。因此，如果遇险者所在位置靠近木垛时，可撤至木垛处避灾。

③ 遇险后立即发出呼救信号。冒落基本稳定后，遇险者应立即采用呼叫、敲打（如敲打物料、岩块，若可能造成新的冒落时则不能敲打只能呼叫）等方法，发出有规律、不间断的呼救信号，以便救护人员和撤出人员了解灾情，组织力量进行抢救。这里要特别提醒的是，从冒顶区已经撤离的人员，不能擅自回到没有处理好的冒顶区去抢救被冒顶埋压的人员。

④ 遇险人员要积极配合外部的营救工作。冒顶后被煤矸、物料等埋压的人员，不要惊慌失措，在条件不允许时切忌采用猛烈挣扎的办法脱险，以免造成事故扩大。被冒顶隔堵的人员，应在遇险地点有组织地维护好自身安全，构筑脱险通道，配合外部的营救工作，为提前脱险创造良好条件。

⑤ 被埋压人员挖出后应首先清理呼吸道，然后根据伤情（呼吸、心跳、出血、骨折等）进行相关现场急救，这里要特别注意在搬运过程中对骨折伤员的搬运方式是否正确。

66. 冒顶（片帮）灾害应急避灾逃生装置（场所）主要有哪些？

答：冒顶（片帮）应急避灾逃生常用的装置（场所）包括：压风自救装置、通信联络装置、人员定位装置（卡）、供水施救装置、避难硐室和临时避灾场所等。

67. 冒顶（片帮）灾害避灾逃生案例（一）：陕西省某煤矿“1·12”冒顶事故给我们的经验教训有哪些？

2019 年 1 月 12 日 16 时 30 分，陕西省某煤矿发生井下冒顶事故，21 人被困。截至 2019 年 1 月 13 日早晨 6 时 50 分，被困的 21 人已全部找到，均已遇难。2019 年 1 月 14 日，该煤矿 6 名企业责任人被刑拘。2019 年 1 月 31 日国务院安委会办公室通报，指出事故暴露出的主要问题，包括事故发生后人为修改监控系统数据等情况。据事故分析，该矿 506 非正规连采工作面采空区及与之联通的老窑采空区顶板大面积垮落，压缩采空区气体形成强气流，从与采空区连通的巷道冲出，吹扬起巷道内沉积的煤尘并达到爆炸浓度，非防爆四轮运煤车点燃煤尘，又引起煤尘爆炸。

这起事故给我们应急避灾逃生方面的经验教训有以下三个方面：

① 顶板事故在特定条件下，也可能会引起煤尘爆炸事故，所以我们必须学习和掌握井下所有灾害避灾知识和技能，并且要有矿井发生次生灾害的意识。

② 该矿违规在综采工作面采空区与老窑采空区之间布置一个连采工作面，开采矿井区域与原老窑之间的煤。并且掘进时未做到先探后掘，盲目采用探巷掘进，与老窑打透后仍然不停止采掘活动。这些情况提醒我们在复杂地段施工，包括过断层、过老巷、过开切眼等，必须更加注意灾害预兆和突发情况的发生。

③ 执行好综合防尘降尘措施非常重要，包括坚持湿式打眼、洒水、喷雾、监测监控、使用防爆设备等。

68. 冒顶(片帮)灾害避灾逃生案例(二)：吉林省某煤矿"10·12"顶板事故给我们的经验教训有哪些？

2004年10月12日凌晨4时30分，吉林省某煤矿二号矿井发生一起冒顶引起的较大生产安全事故，事故造成10名矿工被困井下，其中4名矿工因窒息而亡、6人不同程度受伤。下面是事故后对现场矿工的一个采访：

"一切都好像在做梦一样，现在我人还是蒙的！"身处事故发生点的幸存者牛某某对那一刻不堪回首，"没有任何先兆，一切都像平常一样，零时，我与妹夫吴某某及另外8名工友一同下了井，4时30分左右，一股冷风向我扑面而来，不远处还传来一声闷响，我预感到出事了。随后就听到那边有人喊'冒顶了，冒顶了'，我与身边的同志迅速撤离现场了……"此时的牛某某还不知道，他的妹夫吴某某在这次事故中已经死亡，两个人不久前还有说有笑，可现在已是阴阳两隔了。

这起事故给我们应急避灾逃生方面的经验教训有以下三个方面：

① 不是所有的灾难发生前都有预兆，但对现场发生什么灾难事故能够及时和准确判断是非常必要的。

② 尽管现场发生的是冒顶事故，并且也没造成自身的伤亡，但我们也要迅速撤离现场，一定要有防止次生灾害的意识。

③ 这起事故就像其他煤矿发生的诸多灾难事故一样，多发生在凌晨这个时间段。这个时间段矿工普遍疲劳，思想警惕性差，防灾避灾意识薄弱等，这一点我们必须清晰认识到，以采取合适的行动（好消息是国家已经要求煤矿企业逐步取消夜班制）。

六、煤与瓦斯突出事故防治与避灾逃生

69. 什么是煤与瓦斯突出？

答：煤与瓦斯突出，简称突出，是指在井下采煤或掘进过程中，尤其在石门过煤层掘进时，工作面瞬间（几秒钟内）遭遇破坏，大量煤与岩石被瓦斯抛出，并释放出大量瓦斯的现象。如果是单纯喷出瓦斯，而无煤和岩石被抛出，则为瓦斯喷出。这两种现象都会在短时间内向采掘空间喷入大量瓦斯，扬起粉尘，导致瓦斯、粉尘浓度超限，并可能达到爆炸范围而引起爆炸事故；同时，高浓度的瓦斯会导致工作人员因缺氧而窒息。

煤与瓦斯 突出的预兆	煤与瓦斯突出 事故的预防

70. 煤与瓦斯突出灾害的危害性有哪些？

答：① 煤与瓦斯突出易发生在采掘工作面（大多数发生在掘进工作面，特别是石门揭开煤层时，突出强度最大、次数最多）。也容易发生在地质构造变化大、煤层厚度变化大、采掘作业应力集中地带和围岩致密而干燥的厚煤层等区域。

② 瞬间突出的大量煤（岩）会掩埋采掘工作面和附近巷道的作业人员，同时，突出的大量瓦斯使采掘工作面及回风巷道内的氧气浓度急剧降低，造成人员窒息。突出的瓦斯因压力较高，可能破坏通风系统，改变风流方向，使进风侧充满高浓度的瓦斯，造成更大范围的人员窒息。高浓度瓦斯顺风流或逆风流蔓延，当达到爆炸界限并遇火源可能

引起瓦斯爆炸。

③ 有明显的动力效应,可造成供水、供电、压风、通风、支护、运输等系统和设施、设备的损坏,巷道坍塌、片帮、底鼓,以及堵埋人员、积水涌出等。

④ 煤与瓦斯突出事故对救援人员安全的主要威胁是发生二次突出和引起瓦斯爆炸。

71. 煤与瓦斯突出的灾害特征有哪些?

答:煤与瓦斯突出具有以下灾害特征:

① 煤与瓦斯突出灾害会在很短的时间内,由煤(岩)体内突然喷出大量的煤(岩)和瓦斯(二氧化碳),并产生巨大的声响(冲击波)和强烈的机械破坏效应。

② 煤与瓦斯突出灾害具有重复性特征。以前,有人认为发生过煤与瓦斯突出的地点就不会再发生了,但实践经验证明,发生过突出的地点有可能再次突出,这就是突出的重复性。

③ 煤与瓦斯突出灾害具有延期性特征。有的矿井虽然出现了煤与瓦斯突出的某些预兆,但并不立即发生突出,而是要经过一段时间后才发生突出,这就是突出的延期性。

72. 煤与瓦斯突出发生前一般有哪些预兆?

答:(1) 有声预兆。① 响煤炮,在煤层内发出像机关枪、炮击等声。② 突然压力增大,支柱来劲,发出咔咔的响声,或发出劈裂折断的响声,手摸煤壁能感到冲击和震动;有煤岩层的破裂声;有时会听到气体穿过含水裂缝时的“吱吱”声等。

(2) 无声预兆。① 压力增大,顶板来压,片帮、掉渣、煤壁向外鼓,煤岩自行剥落。② 煤层发生变化,层理紊乱、变软,暗淡无光,煤层粉碎,煤质干燥。

(3) 瓦斯及温度变化。瓦斯涌出异常,忽大忽小,煤尘增大,气味异常,发闷,打钻时喷煤、喷瓦斯,煤壁发冷,气温下降等。

73. 煤与瓦斯突出应急避灾逃生的原则(要求)是什么?

答:(1) 现场人员要立即佩戴自救器,按照突出事故的避灾路线,迅速撤出灾区直至地面,并立即向调度室报告。

（2）对于小型煤与瓦斯突出事故，现场人员应在保障安全的前提下，尽力抢救被埋人员。

（3）在撤离途中受阻时应紧急避险，采取以下自救措施：① 选择最近的避难硐室或临时避险设施待救。② 选择最近的设有压风自救装置和供水施救装置的安全地点，进行自救、互救和等待救援。③ 迅速撤退到有压风管或铁风筒的巷道、硐室躲避，打开供风阀门或接头形成正压通风，可利用现场材料加固生存空间，等待救援。

（4）被困后采用一切可用措施向外发出呼救信号，但不可用石块或铁质工具敲击金属，避免产生火花而引起瓦斯、煤尘爆炸。

（5）被困待救期间，班组长和有经验人员组织自救、互救，遇险人员要节约体能，节约使用矿灯，保持镇定，互相鼓励，积极配合营救工作。

74. 关于突出事故应急预案学习与演练有哪些具体规定？

答：首先，突出矿井必须按规定编制突出事故应急预案，并组织相关从业人员进行专门的防突知识学习和考试，经考试合格后方可上岗；其次，矿井突出煤层每个采掘工作面开始作业后的10天内至少进行一次突出逃生演习；第三，当防突安全设施和相关从业人员变化较大时，必须及时组织一次逃生演习。

75. 煤与瓦斯突出灾害应急避灾逃生设施主要有哪些？

答：矿井常用的防突应急避灾逃生设施主要包括：隔离式自救器、通信联络装置、压风自救装置、供水施救装置、人员定位装置等井下紧急避灾设备、设施，以及采区避难硐室或按规定距离设置的工作面临时避难硐室。

76. 煤与瓦斯突出灾害应急避灾逃生的方法与技巧之一：发生突出时，我们如何正确地应急避灾逃生？

答：井下现场作业人员一定要了解煤与瓦斯突出的一般规律，掌握突出的预兆、避灾方法等知识。在现场根据以上知识，当出现煤与瓦斯突出预兆时，要立即沿避灾路线撤离现场，绝不能犹豫不决。当采煤工作面出现突出预兆时，要以最快的速度迎着新鲜风流迅速向进风侧撤离。当掘进工作面出现突

煤与瓦斯突出
事故的应急避险

出预兆时，必须向外迅速撤至防突反向风门之外，把防突风门关好，然后继续往外撤。如果突出已经发生，撤离时要及时佩戴自救器。

77. 煤与瓦斯突出灾害应急避灾逃生的方法与技巧之二：预防煤与瓦斯延期突出伤害我们应该怎么做？

答：延期突出容易使人产生麻痹思想，危害更大。对此千万不能粗心大意，必须提高警惕，注意预防延期突出带来的危害。现场作业人员要严格做到：只要出现突出预兆就必须撤退到安全地点，待有关部门专业人员确认不会发生突出后，再返回现场进行作业。

78. 煤与瓦斯突出灾害应急避灾逃生的方法与技巧之三：我们怎样在煤与瓦斯突出发生时，及时正确地寻找避灾场所？

答：发生煤与瓦斯突出，现场人员在撤退途中如果受阻，应寻找矿井专门设置的井下避灾场所暂避，也可迅速撤到有压缩空气管路或防尘水管的巷道或硐室，把管子的螺丝接头打开，形成正压通风，以延长避灾时间，并设法与外部救援人员取得和保持联系。

79. 煤与瓦斯突出灾害应急避灾逃生的方法与技巧之四：煤与瓦斯突出发生时，处在新鲜风流中的人员如何正确地进行救援？

答：发生煤与瓦斯突出事故后，处于新鲜风流中的人员要立即用电话向矿调度室报告灾情，并阻止不佩戴防护装备的人员进入灾区。同时，要积极开展正确的自救与互救，如果灾区停电没有水淹危险，应远距离切断灾区电源，严禁任何人在瓦斯超限现场进行停送电操作。

80. 煤与瓦斯突出避灾逃生案例：河南省某煤矿"10·16"煤与瓦斯突出事故给我们的经验教训有哪些？

答：2010 年 10 月 16 日 6 时左右，河南省某煤矿 12190 采煤工作面在施工防突钻孔时发生一起煤与瓦斯突出重大生产安全事故，井下当时共有 276 人作业，事故发生后 239 人安全撤至地面，初核工作面区域有 37 人被困，最终造成 26 人遇难。

这起事故给我们应急避灾逃生方面的经验教训有以下四个方面：

① 同样的灾难事故，如果我们不深刻吸取教训，不高度重视，不采取有效控制措施则很可能重复发生。这个矿井就曾于 2008 年 8 月 1 日在掘进机巷时发生重大煤与瓦斯突出事故，造成 23 人死亡。

② 在矿井进行防突措施施工期间，井下人员集中，劳动组织不合理，一旦发生事故则会造成重大人员伤亡。因此，现场作业人员必须知道相关防突规定中的限人规定，切实维护自己的安全生产权益，坚决拒绝违章指挥。

③ 防突现场工作的人员必须清晰地知道工作面局部"四位一体"防突措施，并把与自身工作相关的各个方面规定执行好，落实到位。

④ 这起事故发生后很幸运的是没有发生爆炸事故，说明现场作业人员在通风、供电、安全防护方面以及人员的撤离组织方面做得比较好，但同时也要清楚地知道我们绝不可能总有这样幸运。

七、冲击地压事故防治与避灾逃生

81. 什么是冲击地压？

答：矿井冲击地压，又叫岩爆，是一种岩体中聚积的弹性变形势能在一定条件下的突然猛烈释放，导致岩石爆裂并弹射出来的现象。一般情况下发生在围岩级别为Ⅰ类的围岩中。冲击地压引起的安全事故近年来在煤矿多有发生，这是矿井开采边界不断延伸、深度不断加大等情况造成的。如果我们是冲击地压矿井的职工，就必须重视这一新的安全隐患和矿井灾害类型的变化，学习和落实好防冲的相关规定。

82. 冲击地压灾害的特征有哪些？

答：冲击地压灾害具有以下五个方面的特征：

① 在一个煤矿、一个煤层发生后，有再次发生的可能；

② 具有突发性，事前一般没有明显的宏观征兆，预防难度大；

③ 灾害发生的时间短暂，通常只有几秒钟；

④ 类型多样，发生地点广泛，在集中压力区、地质变化的构造带，发生冲击地压危险的可能性比稳定煤层大，在采空区、巷道或采掘工作面顶、底板都有可能发生；

⑤ 多发生在深部开采的矿井中，且越来越严重。

83. 冲击地压有哪些危害？

答：冲击地压是一种以爆发式破坏和强烈震动为特征的矿山地质灾害（工人们又俗称之为"煤炮"）。冲击发生时，如同爆炸一样，大量的煤、岩石突然被抛出，并伴有巨大的声响和岩体震动，形成大量的煤尘和强烈的空气波，造成支架折损、片帮冒顶、巷道堵塞、部分巷道垮落，严重伤及人员和损坏生产安全设施。在瓦斯煤层，冲击往往会造成大量的瓦斯涌出。在某些情况下，冲击还会造成底鼓和岩石压入巷道现象，破坏性很大。

84．有关防冲避灾教育培训及演练有哪些具体规定？

答：根据相关规定，冲击地压矿井必须建立防冲培训制度，并依据制度要求，对井下相关的作业人员、班组长、技术员、区队长、防冲专业人员与管理人员定期进行冲击地压防治的教育和培训，保证防冲相关人员具备必要的岗位防冲知识和技能。通过培训和演习，冲击地压危险区域的作业人员必须掌握作业地点发生冲击地压灾害的避灾路线以及被困时的自救常识。

85．冲击地压发生前一般有哪些预兆？

答：冲击地压发生一般没有明显的预兆，实践中，一些细微的征兆主要有：一些单个碎块从处于高应力状态下的煤和岩体上射落，并伴有强烈声音，地压活动剧烈，巷帮来压发生片帮。煤层中产生震动，手扶煤壁会感到震动和冲击，煤炮声连续不断，由远及近，先小后大，先单响后连响等，瓦斯涌出量忽大忽小，煤尘飞扬，在施工过程中打眼时出现眼口收缩等异象。

86．冲击地压灾害应急避灾逃生的原则(要求)是什么？

答：冲击地压灾害应急避灾逃生的原则(要求)是：① 冲击地压危险区域必须进行日常监测预警，预警有冲击地压危险时，应当立即停止作业，切断电源，现场人员应迅速按照避灾路线撤出，并向矿调度室报告遇险地点、遇险人员等险情；② 根据灾情，正确佩戴自救器后沿避灾路线撤离灾区；③ 充分利用各种避灾自救装置，如压风自救装置、通信联络装置、避难硐室等进行自救；④ 在撤离受阻的情况下紧急避灾待救；⑤ 及时救治现场因灾害受伤的人员。

87．冲击地压灾害应急避灾逃生方法与技巧之一：发生冲击地压导致巷道堵塞时，遇险人员应该怎么做？

答：遇险人员应该迅速组织起来，听从现场班组长和老工人的指挥，尽量减少体能和堵塞区的氧气消耗，利用通信联络系统或人员定位卡与矿调度室取得联系，及时报告险情；打开压风自救装置阀门向堵塞区供风；有规律地用敲击声向外发出求援信号；关闭矿灯，仅留一盏使用；注意堵塞区顶板是否完好，及时修复支护；坚定信心，相互鼓励。

88. 冲击地压灾害应急避灾逃生方法与技巧之二：发生冲击地压导致巷道冒顶(片帮)时，遇险人员应该怎么做？

答：听从现场班组长和老工人的指挥，统一进行自救互救；尽快加固冒顶区域和人员躲避处，以防冒顶进一步扩大；发现二次来压征兆或其他异常情况时，要先将人员撤出，待顶板稳定或采取防范措施后再组织抢救工作；打开附近的压风自救装置，输送新鲜空气，以稀释瓦斯等有害气体浓度；对冒顶造成的伤员进行现场急救(人工呼吸、止血、包扎、固定等)；在班组长和老工人的带领下，对被埋人员进行抢救；尽快通过通信联络装置与矿调度室取得联系，寻求救援；冒顶区域外的人员按照避灾路线迅速撤离灾区。

89. 冲击地压灾害避灾逃生案例(一)：吉林省某煤矿"6·9"冲击地压事故给我们的经验教训有哪些？

2019 年 6 月 9 日，吉林省某煤矿 305 综采工作面发生一起死亡 9 人、受伤 12 人、巷道被毁的生产安全事故。经专家鉴定、现场勘查和事故调查认定，本起事故为一起冲击地压生产安全事故。这次冲击地压是由断层错动等自然因素主导诱发的，防冲技术措施基本符合相关技术规定，但防冲管理和避险方面存在明显问题。

这起事故给我们应急避灾逃生方面的经验教训有以下两个方面：

① 煤矿作业规程修订后，现场人员贯彻学习不到位，相关防冲知识不足；

② 作业人员对井下冲击区域内限员规定(限员 16 人，实际工作 31 人)和限制平行作业规定了解掌握不够。

90. 冲击地压灾害避灾逃生案例(二)：山东省某煤矿"2·22"冲击地压事故给我们的经验教训有哪些？

2020 年 2 月 22 日 6 时 17 分，山东省某煤矿－810 m 水平二采区南翼 2305S 综放工作面上平巷发生一起较大生产安全事故，造成 4 人死亡，直接经济损失 1 853 万元。经现场勘查、调查询问、资料查阅以及综合分析认定，这是一起冲击地压生产安全事故。

这起事故给我们应急避灾逃生方面的经验教训有以下四个方面：

① 现场作业人员未遵守采煤机割煤期间及停机 30 min 内不得进入上平巷限员管理区的规定，班组管理人员未及时发现并予以制止；

② 区队盯班管理人员未严格执行盯班管理制度提前上井；

③ 区队未按安全风险分级管控制度要求每天开展安全风险预警；

④ 当班安监员未制止并与作业人员一起违规进入上平巷限员管理区。

八、矿井运输事故防治与避灾逃生

91. 什么是矿井运输事故？

答：矿井运输事故是指井下和地面运输生产过程中发生的各种事故的总称。矿井运输事故主要是指发生人员伤亡的事故，包括矿井主副井提升、斜巷运输、平巷运输过程中发生的人身伤害事故，但多以斜巷事故居多。

92. 矿井运输事故的类型及危害性有哪些？

答：矿井运输事故主要是斜巷运输断绳、跑车、掉道，提升运输断绳、蹾罐，以及平巷人车掉道、无轨胶轮车机械故障等事故。其危害性主要有：人员伤亡（包括乘坐人员和相关作业人员）、运输机器设备损坏、运输巷道及设施被破坏等，是煤矿主要灾害之一（通常为“人祸”）。

93. 引发矿井运输事故的主要原因有哪些？

答：引发矿井运输事故的原因主要是违章作业，具体情形有：① 绞车司机违章开车；② 把钩工违章操作；③ 超载超挂；④ 用异物代替连接链、销；⑤ “一坡三挡”装置不完好或没有处于常闭状态；⑥ 违章使用保险绳；⑦ 没有严格执行“行人不行车、行车不行人”制度；⑧ 撇钩延点等。

94. 矿井运输事故的特征有哪些？

答：① 如果说矿井“五大自然灾害”是天灾，那么矿井运输事故灾害更多的是“人祸”，主要是管理缺陷和违章作业造成的；② 灾害既会造成人员伤亡,也会造成生产设备、设施的严重破坏;③ 很多时候会造成多人事故,灾害后果较为严重;④ 在矿井所有发生的灾害事故当中,矿井运输事故发生率较高,又被称为矿井“第六大灾害”。

95. 矿井运输事故应急避灾逃生方法和技巧之一:发生运输“跑车”(“放大滑”)事故时,我们怎样应急避灾逃生?

答:当矿井发生运输“跑车”事故时,应急避灾逃生的要领是:

① 发生运输“跑车”事故后,会发出剧烈而异常的声响。人员在斜巷行走或作业时,一旦发现(听见声音)有“跑车”险情,要立即停止手头工作,迅速就近进入临时避难硐室或运输“联络巷”及其他安全地点应急避灾。

② 当来不及进入躲避硐时,若巷道为砌碹或锚喷支护,应靠巷道贴帮避灾;若巷道为金属支架支护,应挤进支架贴帮避灾;若巷道很窄时,可抓住棚梁将身体向上收缩,使奔跑的车辆从下部通过。

③ 巷道中有水沟时,应趴在水沟中避灾;巷道中敷设管道时,应钻到管道下面贴巷道帮避灾(注意随身衣物、皮带等影响)。

④ 在应急避险的同时,要大声报警,发出危险紧急信号,及时通知附近其他人员应急避险。

⑤ 灾害发生后,及时查看现场人员受伤情况,积极施救并向矿调度室汇报。

96. 矿井运输事故应急避灾逃生方法和技巧之二:蹾罐时乘坐人员如何应急避灾逃生?

答:蹾罐是矿井提升运输中发生较多的一种灾害事故。它对乘坐人员的伤害来自罐笼底部的强烈冲击,可造成腿部骨折等创伤。蹾罐时乘坐人员应急避灾逃生的要领是:

① 当罐笼下降到离停罐位置 30 多米处时还不减速,乘坐人员就要做好思想准备,立即采取措施防止蹾罐伤害。

② 罐笼内人员不多时,应分散到两边。乘罐人员两手握紧罐内的扶手,提气用劲,有条件时可使两腿悬空,以便蹾罐时减少或免除对人体特别是腿部的伤害。

③ 罐笼内人员较多时,不可能每人都能握住罐内的扶手。未握住

扶手的人也应靠两边站，并抓住握扶手的人，还应将两腿弯曲。这样，蹾罐时就可减少来自罐底的冲击，从而减轻对乘罐人员的伤害。

④ 发生蹾罐事故后，未受伤人员应立即在现场为受伤人员进行止血、包扎和骨折临时固定等紧急处理，并迅速运送升井到医院救治。

97. 矿井运输事故应急避灾逃生方法和技巧之三：罐笼断绳时，乘坐人员如何应急避灾逃生？

答：罐笼断绳时乘坐人员应急避灾逃生的要领是：

① 及时根据罐笼异常运行情况（如向上运行突然变为向下运行并减速停止，向下运行突然速度加快并减速停止），判定罐笼断绳事故。

② 握紧罐笼内的扶手，不能握扶手的应抓住握扶手的人，以免罐笼快速停止时摔伤或出现其他伤害。

③ 罐笼由于保险装置的作用减速并停稳后，乘罐人员一定要镇静，切不可在罐笼中来回奔跑、推拉，发求救信号应以呼叫为主，保持罐笼的平衡。

④ 罐笼停止处不论是否靠近立井的梯子间，遇险人员都不能打开罐帽盖，冒险进入梯子间（这样的坏处有：一是破坏罐笼的平衡，从而导致坠罐事故的发生；二是进入梯子间的过程中有很大的危险性，稍不小心将会摔入井筒底部），必须耐心等待救援。

98. 矿井运输事故应急避灾逃生方法和技巧之四：斜井人车断绳时，乘坐人员如何应急避灾逃生？

答：斜井人车都有断绳保险装置，断绳后会使人车自动停止下来，乘坐人员一般不会发生严重伤害。相关应急避灾逃生的要领是：

① 乘车人员发现人车运行情况出现异常时（如向上运行突然变为向下运行并减速停止，向下运行突然速度加快并减速停止），即可基本断定人车发生了断绳事故。

② 在人车运行发生上述变化的过程中，乘坐人员应握紧车内的座椅靠背或扶手，以免人车快速停止时摔伤或出现其他伤害。

③ 在人车减速的过程中，乘车人员千万不能跳车，当人车停稳后，乘车人员要立即下车。

④ 人车发生断绳事故后，跟车工应打乱点，发出事故信号，通知矿

井有关人员及时组织抢救。

99. 矿井运输事故应急避灾逃生方法和技巧之五：斜井人车“跳道”运行时，乘坐人员如何应急避灾逃生？

答：斜井人车跳道后，由于绞车司机并不知道，因此不会停车，人车仍按原方向在轨道外运行，这时，乘车人员应急避灾逃生的要领是：

① 人车跳道后，无论是向上还是向下运行，都会产生强烈的震动和颠簸，此时，跟车工应立即发停车信号。

② 人车在轨道外运行时，乘车人员要握紧车内的座椅靠背或扶手，以防止或减轻人车颠簸对人体的伤害。

③ 人车在运行时，不论震动和颠簸多么厉害，乘车人员千万不能跳车，人车停稳后，乘车人员要立即下车。

100. 矿井运输事故应急避灾逃生方法和技巧之六：钢丝绳输送带发生事故时，乘坐人员应如何应急避灾逃生？

答：乘人钢丝绳输送带常发生的事故通常是断钢丝绳和断输送带，乘坐人员应急避灾逃生的要领是：

① 牵引钢丝绳断开后，输送带会停止运行，但对乘坐人员不会产生伤害。这时，乘坐人员应立即下输送带，并通知有关人员进行处理。

② 输送带断开后，断口附近的乘坐人员会被输送带打伤和盖住。未受伤的人员应立即下输送带，到事故发生地点迅速拉开输送带，救出被打伤和盖住的人员，并根据创伤情况，在现场进行止血、包扎、骨折临时固定等急救处理。

③ 倾斜井巷输送带拉断后，乘坐人员不仅要迅速下输送带，还要注意观察输送带的下滑情况，采取措施进行躲避，防止输送带下滑伤人。

101. 矿井提升运输事故应急避灾逃生案例：湖南省某煤矿“7·21”运输事故给我们的经验教训有哪些？

答：2018 年 7 月 21 日 9 时 10 分，湖南省某煤矿主斜井发生一起断绳跑车事故，造成 1 人死亡，直接经济损失 60 万元。

事故发生地点情况：

① 矿井主斜井井口左、右空车道装有手动阻车器，未设置矿车推车器，矿车下放时采用人工推车。中间的重车道装有自动阻车器和自动摘钩装置，动作灵敏、可靠。

② 主井口变坡点装有托绳轮，运转灵活；距主井口变坡点下方26.3 m处设有防跑车挡，能够使用但开启的行程位置调整不合理。

③ 从主井井口车场沿主斜井到主井井底车场铺设有24 kg/m的双道轻轨，轨道铺设质量较好。斜井内每隔20 m左右安装有ϕ120 mm的托绳轮一个。

④ 主斜井井硐断面为8.2 m^2，半圆拱形，料石砌碹支护。主井的主道边是行人踏步，副道边铺有下井电缆和排水管。

这起事故在避灾逃生方面给我们的经验教训是：

① 据事故调查，引起跑车的直接原因是多方面的，包括绞车钢丝绳断丝超过规程规定，行车行人，超挂车以及安全挡（一坡三挡）行程位置调整不合理，物料刚下变坡点即开启，跑车时不能起到挡车作用等。这就告诉我们规程、措施的每一条如果不落实到位都是安全隐患，都可能变成灾难事故。

② 死亡的职工自主安全意识和避灾技能学习和掌握得不到位，在发现跑车（会先听到"跑车"的声音）时，应该迅速正确躲避，稍有延误即会造成伤亡。

③ 在提升运输现场工作的人员，有时不一定是自己操作运输设备（绞车等），但也要了解相关安全隐患，及时向有关部门领导提出整改建议或要求，如果发现工作风险很大可以拒绝违章指挥，马上离开有安全风险的地点，同时提醒身边的工友。

复习思考题

1. 我们为什么要学习避灾逃生应急知识和技能？

2. 什么是避灾路线，熟悉避灾路线有什么作用？

3. 在实施避灾逃生行动的过程中，我们必须保持一种什么样的心理状态？

4. 我们怎样才能正确和熟练地使用自救器?

5. 矿井火灾发生时,我们怎样在高温烟雾的巷道中避灾逃生?

6. 火灾发生时,我们如何选择合适的避灾地点?

7. 在矿井火灾避灾过程中,我们怎么认识爆炸危险的存在,如果存在爆炸情况时,应该怎么做?

8. 透水的危害性有哪些?

9. 发生透水时,如果在涌水的巷道中避灾撤离时,我们应该注意什么?

10. 发生运输"跑车"("放大滑")事故时,如果来不及进入躲避硐,我们怎样应急避灾逃生?

11. 掘进工作面发生瓦斯、煤尘爆炸时,如果巷道难以疏通影响避灾逃生,我们应该怎么办?

模块十二自测试题

(共 100 分,80 分合格)

得分:________

一、判断题(每题 3 分,共 30 分)

1. 当发生透水遇到急速水流来不及躲避时,现场人员应当迅速抓住棚子或其他固定牢靠的物体,以防被水冲倒、卷走。 (　　)

2. 当火灾发生后,如果火势很猛,已不能进行直接灭火,或现场不具备直接灭火条件时,现场人员应立即迅速撤离火区。 (　　)

3. 瓦斯爆炸的同时一般不会引起煤尘爆炸。 (　　)

4. 矿井冲击地压发生前一般都有明显的预兆。 (　　)

5. 煤与瓦斯突出灾害不具有重复性特征,即已经发生过煤与瓦斯突出的地点,基本上就不会再发生。 (　　)

6. 单独的煤尘爆炸很少发生,基本都是在瓦斯爆炸后发生煤尘爆炸。 (　　)

7. 矿井井下发生火灾时,无论什么情况下都不能采取逆烟流撤离

避灾的方法。（　　）

8. 井下透水征兆一般不会同时出现，不同充水水源的透水征兆会有不同的征兆显现。（　　）

9. 顶板严重破裂时，会出现顶板掉渣现象，掉渣越多，说明顶板压力越大。（　　）

10. 在避灾逃生过程中，班组长一定要发挥好核心和灵魂作用，肩负起现场救援组织责任，把大家安全地带到井上。（　　）

二、单选题(每题 3 分，共 30 分)

1. 巷道内设置的标志有一定的间隔距离，通常采区巷道的间距不会大于(　　)m。

A. 300　　B. 200　　C. 100

2. 采掘工作面及其他巷道内，体积大于 0.5 m^3 的空间内积聚的甲烷浓度达到(　　)时，附近 20 m 内必须停止工作，撤出人员，切断电源，进行处理。

A. 0.5%　　B. 1.0%　　C. 2.0%

3. 当采掘工作面及其他作业地点风流中、电动机或者其开关安设地点附近 20 m 以内风流中的甲烷浓度达到(　　)时，必须停止工作，切断电源，撤出人员，进行处理。

A. 0.5%　　B. 1.5%　　C. 2.0%

4. 矿井一旦发生(　　)，不但影响矿井正常生产，而且有时还会造成人员伤亡，淹没矿井和采区，危害十分严重。

A. 透水　　B. 爆炸　　C. 煤与瓦斯突出

5. 人车在运行时，不论震动和颠簸多么厉害，乘车人员千万不能(　　)，人车停稳后，乘车人员要立即下车。

A. 逃生　　B. 跳车　　C. 抓扶手

6. 矿井运输事故多发生在(　　)。

A. 矿井主副井提升　　B. 斜巷运输　　C. 平巷运输

7. (　　)不是煤与瓦斯突出的预兆。

A. 有声预兆　　B. 无声预兆

C. 出现煤油味、汽油味、松节油味

8. 煤与瓦斯突出多发生在(　　)。

A. 采煤工作面

B. 石门揭煤掘进工作面

C. 岩巷掘进工作面

9. 据资料统计,由矿井火灾所造成的伤亡中,95%以上是因(　　)所致。

A. 高温　　B. 烧伤　　C. 烟气中毒

10. 井下探放水应坚持(　　)原则。

A. 预测预报,有疑必探,先探后掘,先治后采

B. 有疑必探,先探后掘

C. 有掘必探

三、多选题(每题4分,共40分)

1. 在透水发生后,如果正在涌水的巷道中撤离,人员应靠近巷道的一侧,抓牢巷道中的(　　)等固定物件,要尽量避开压力水头和水流。

A. 棚腿或棚梁　　B. 压风管

C. 电缆(确定已经断电)　　D. 水管

2. 引起矿井外因火灾的火源通常有(　　),以及瓦斯和煤尘爆炸产生的火焰等。

A. 煤炭自燃　　B. 焊接

C. 机械摩擦　　D. 违章爆破

3. 没有按规程要求支护顶板的情形主要有(　　)等。

A. 支架安装不合理

B. 工作阻力小

C. 支架棚距、柱距超过设计规定

D. 支架迎山角度不合适

4. 矿井常用的防突应急避灾逃生设施主要包括(　　)等井下紧急避灾设施,以及采区避难硐室或按规定距离设置的工作面临时避难

硐室等。

A. 供水施救装置　　B. 通信联络装置

C. 过滤式自救器　　D. 压风自救装置

5. 矿井火灾可以分为(　　)。

A. 内因火灾　　B. 人为火灾

C. 气体火灾　　D. 外因火灾

6. 矿井采掘工作面透水征兆包括挂红、(　　)等。

A. 煤岩壁挂汗　　B. 底板鼓起有渗水

C. 有水声出现　　D. 出现雾气

7. 工作面发生火灾事故时,会产生大量的高温烟雾,这些烟雾对人的主要危害包括(　　)等。

A. 导致现场人员中毒、窒息甚至死亡

B. 导致人骨折

C. 高温导致人员中暑和灼伤

D. 阻碍人的视线,造成人员撤离时迷失方向

8. 矿井冒顶(片帮)征兆一般包括(　　)等。

A. 煤壁挂汗　　B. 顶板裂缝

C. 顶板发出响声　　D. 顶板出现掉渣

9. 以下属于引发矿井运输灾害事故主要原因的有(　　)。

A. 超载超挂

B. 没有严格执行“行人不行车、行车不行人”制度

C. “一坡三挡”装置不完好或没有处于常闭状态

D. 绞车司机违章开车

10. 在水灾撤离过程中,要及时将撤退的(　　)等情况通过矿井通信联络系统报告给矿调度室。

A. 负责人　　B. 伤员　　C. 人数　　D. 路线

模块十三　抢险救灾应急技能

【学习提示】

我们为什么要学习事故抢险救灾应急知识和技能？首先，总的来说应急抢险救灾是事故发生后降低事故危害和影响，减少人员和财产损失的重要举措之一；其次，现场人员如果能够在事故发生的初始阶段，迅速有效地开展应急抢险处置行动，就可以有效地控制事故蔓延和扩大，甚至完全可能把事故消灭在萌芽状态；最后，实践证明，在事故的救灾阶段，现场人员如何采取正确的抢险行动，积极配合专业救护人员的外部营救，对提高事故救灾的成功率极为重要。

井下现场抢险救灾应急技能“学习包”包括相关现场抢险救灾知识和技能两个学习模块，且主要围绕现场应急抢险救灾的任务、原则、方法、装置应用、应急演练及相关注意事项等，重点把井下现场抢险救灾实用的应急行动指南内容呈现给大家。

1. 什么是应急抢险救灾？

答：应急抢险救灾泛指发生灾情时，救援力量第一时间赶到险情现场救助受灾人员生命和财产安全。这里包括两方面的含义：一是事故发生后，现场人员针对灾害实际情况，正确运用井下救灾装置和工具等，而采取的应急抢险和自救互救行动；二是事故发生后，矿山（专兼职）救护队迅速赶赴事故现场，及时开展应急救灾行动，抢救遇险遇难人员，控制灾害事故扩大。应该说，煤矿井下存在着水、火、瓦斯、粉尘、突出、顶板、冲击地压等灾害威胁，特别是水灾、火灾与瓦斯、煤尘爆炸等事故，危害非常严重，因此迅速和正确地开展抢险救灾意义重大。

2. 影响应急抢险救灾到位的关键因素是什么？

答：大量的灾害事故救灾实践表明，影响应急抢险救灾到位的关键因素有：一是灾害事故发现和报告及时；二是现场初始应急处置正确；

三是外部救灾行动迅速；四是抢险救灾装备、物资准备充分；五是救灾队伍有良好的素质；六是应急抢险培训及演练到位；七是组织协调及后勤工作有力保障等。

3. 应急抢险救灾的基本任务是什么？

答：事故应急抢险救灾的基本任务是：立即组织营救遇险人员，组织撤离或者采取其他措施保护危险、危害区域的其他人员；现场被困人员救助存在困难，对其进行心理疏导；迅速控制事故扩展事态，并对事故造成的危险、危害进行监测、检测；测定事故的危害区域、危害性质及维护程度；消除危害后果，做好现场恢复；查明事故原因，评估危害程度。

4. 接到事故救灾报警后，专职救护队多长时间内必须出动，到矿时间有何规定？

答：依照《矿山救援规程》规定，接到灾害事故救灾报警后，相关专职救护队值班小队在预警铃响后立即开始出动准备，在警报发出后1 min内出动，不需乘车的，出动时间不得超过2 min；专职救护队至服务矿山的行车时间一般不超过30 min。

5. 专职救护队接到事故电话后应怎样开展抢险救灾行动？

答：专职救护队接到事故电话后，要以最快的速度赶到事故矿井开展救灾行动；指挥员迅速到抢险救灾指挥部（矿井调度室）了解事故情况，研究救灾部署，下达救灾命令；相关部门和救灾队伍领取任务，迅速做好一切下井救灾准备，听候命令随时投入救灾行动；救灾人员利用专业救灾物资和装备入井开展救灾行动。

6. 矿山救援工作应当坚持什么原则？

答：矿山救援工作应当以人为本，坚持人民至上、生命至上，贯彻科学施救原则，全力以赴抢救遇险人员，确保应急救援人员安全，防范次生灾害事故，避免或者减少事故对环境造成的危害。

7. 应急抢险救灾工作的科学性体现在哪些方面？

答：事故应急抢险救灾工作的科学性具体体现在：一是不断采用先进救灾技术，充分发挥专家的作用，实行科学民主决策；二是不断采用先进的救灾装备和技术，提高应急救灾能力和水平；三是坚持事故灾难应急与预防工作相结合，做好预防、预测、预警和预报工作，做好常态下的风险评估、物资准备、队伍建设、装备完善、预案演练等工作。

科学地开展抢险救灾工作给今后事故救灾带来更多的理性元素，既可以提高抢险救灾的质量水平，又可以最大限度地降低救灾时间，防止救灾人员受到伤害。

8. 什么是应急管理?

答:应急管理是指政府或其他有关主体在突发事件的事前预防、事发应对、事中处置和善后恢复的过程中，通过建立必要的应对机制，应用科学、技术、工程、管理等手段，保障人的生命、健康和财产安全，促进经济社会安全发展和可持续发展的各项活动的总称。

9. 应急管理的基本任务是什么?

答:应急管理的基本任务主要有以下七个方面:

① 建立应急救灾体系;

② 编制应急救灾预案;

③ 培训、演练应急预案;

④ 储备应急救灾物资;

⑤ 矿井各类安全系统建设;

⑥ 应急救灾行动;

⑦ 调查和分析事故原因。

10. 什么是应急准备?

答:应急准备是企业和政府在思想、组织和物资方面的准备，是应急救灾保障体系的重要构成部分，也是应急管理过程中一个极其关键的工作。它是针对可能发生的事故，为迅速有效地开展应急行动而预先所做的准备，其目标是保持重大事故应急救灾所需的应急能力。

应该说，在应急准备层面上，相关培训与演练是非常重要的一环，无论是现场人员抢险救灾应急处置水平，还是专业救灾队伍的素质，包括应急抢险指挥人员的能力等都与相关培训及演练活动密切相关。

11. 应急准备一般包含哪些方面的工作?

答:应急准备一般包括:相关应急体系建立，有关部门和人员职责落实，应急预案编制与审批，应急队伍建设，应急设备（施）、物资的准备和维护，应急预案的演习，以及与外部应急力量的衔接等方面。

可以肯定的是，完善和充分的应急准备是保证事故应急抢险救灾工作顺利开展的前提和保障。

12. 什么是应急响应？

答：应急响应是针对事故险情或事故，依据应急预案开展的应急行动。

13. 什么是应急演练？

答：应急演练是针对可能发生的事故情景，依据应急预案而模拟开展的应急活动。

14. 什么是桌面演练？

答：桌面演练是针对事故情景，利用图纸、沙盘、流程图、计算机模拟、视频会议等辅助手段，进行交互式讨论和推演的演练活动。

15. 应急演练应坚持什么原则？

答：应急演练应坚持以下四项原则：

① 符合相关规定。按照国家相关法律、法规、标准及有关规定组织开展演练。

② 切合企业实际。结合企业生产安全事故特点和可能发生的事故类型组织开展演练。

③ 注重能力提高。以提高指挥协调能力、应急处置能力为主要出发点组织开展演练

④ 确保安全有序。在保证参演人员及设备设施安全的条件下组织开展演练。

16. 应急演练的目的是什么？

答：应急演练的目的主要包括：

① 检验预案。发现应急预案中存在的问题，提高应急预案的科学性、实用性和可操作性。

② 完善准备。完善应急管理标准制度，改进应急处置技术，补充应急装备和物资，提高其适用性和可靠性。

③ 磨合机制。完善应急管理部门、相关单位和人员的工作职责，

提高协调配合能力。

④ 宣传教育。普及应急管理知识，提高参演和观摩人员风险防范意识和自救、互救能力。

⑤ 锻炼队伍。熟悉应急预案、掌握应急处置技能，提高应急救援人员在紧急情况下妥善处置事故的能力。

⑥ 解决其他需要解决的问题。

17. 应急演练针对性方法有哪几种?

答:应急演练常用的方法有以下三种，分别是:

① 综合演练:综合演练是针对应急预案中多项或全部应急响应功能开展的演练活动。

② 桌面演练:桌面演练是针对事故情景，利用图纸、沙盘、流程图、计算机、视频等辅助手段，依据应急预案而进行交互式讨论或模拟应急状态下应急行动的演练活动。

③ 专项演练:专项演练是针对应急预案中某项应急响应功能开展的演练活动。

18. 企业如何组织实施应急演练?

答:企业应按以下步骤组织实施应急演练:

第一步，熟悉演练任务和角色。组织各参演单位和参演人员熟悉各自参演任务和角色，并按照演练方案要求组织开展相应的演练准备工作。

第二步，组织演练预演。在综合应急演练前，演练组织单位或策划人员可按照演练方案或脚本组织桌面演练或合成预演，熟悉演练实施过程的各个环节。

第三步，进行安全检查。确认演练所需的工具、设备、设施、技术资料，参演人员应到位。对应急演练安全保障方案以及设备、设施进行检查确认，确保安全保障方案可行，所有设备、设施完好。

第四步，实施应急演练。应急演练总指挥下达演练开始指令后，参演单位和人员按照设定的事故情景，实施相应的应急响应行动，直至完成全部演练工作。演练实施过程中出现特殊或意外情况时，演练总指挥可决定中止演练。

第五步，做好演练记录。演练实施过程中，安排专门人员采用文字、照片和音像等手段记录演练过程。应急演练计划、方案、记录和总结评估报告等资料保存期限不少于 2 年。

第六步，安排评估准备。演练评估人员根据演练事故情景设计以及具体分工，在演练现场实施过程中展开演练评估工作，记录演练中发现的问题或不足，收集演练评估需要的各种信息和资料。

第七步，演练收尾总结。演练总指挥宣布演练结束，参演人员按预定方案集中进行现场讲评或者有序疏散。

19. 什么是事故预防?

答:从应急管理的层面来说，事故预防一般有两层含义:一是事故的预防工作，即通过安全管理和安全技术等手段，尽可能地防止事故发生，实现本质安全;二是在假定事故必然发生的前提下，通过预先采取的预防措施，来达到降低或减缓事故的影响或后果严重程度。

20. 煤矿事故应急抢险救灾有哪些特点?

答:煤矿事故应急抢险救灾有其自身的一些特点，① 发生事故的矿井地理位置一般都比较偏僻，很多还深处山区，导致救灾队伍和设备、物资等到达较为缓慢;② 由于井下空间普遍狭窄，巷道延伸距离长，生产和运输设备较多，以及存在多种自然灾害因素等，都给救灾人员对灾情的准确判别，以及救灾装备和物资的顺利入井带来较为严重的影响和困难;③ 矿井事故发生后，特别是一些燃烧、爆炸事故会产生高温和大量的有毒有害气体，以及会破坏大量的巷道和设备等，导致救灾工作异常危险和困难等。

了解煤矿灾害事故的救灾特点，可以让我们进一步提升对事故后果的敬畏之心，提高预防事故发生的责任心，以及高度重视事故初始应急处置能力的培养，做到最好不发生事故，或者即便发生事故，我们也能在发生初始果断采取正确处置行动，把事故消灭在萌芽状态。

21. 什么是应急预案?

答:应急预案是指针对可能发生的事故，最大限度减少事故及其造成损害而预先制定的工作方案。

22. 煤矿应急预案制定的目的是什么?

答:煤矿事故应急预案编制的目的就是通过事前计划和应急措施,充分利用一切可能的力量,在煤矿事故发生后,迅速控制事故发展并尽可能排除事故,保护现场人员和场外人员的安全,将事故对人员、财产和环境造成的损失降至最低限度。

23. 煤矿应急预案如何启动实施?

答:按照规定,一旦事故识别并被确认,应急预案应立即启动,由相应级别的应急领导小组负责根据事故分类分别启动各级预案,并按照对应级别通知地方应急组织机构,以快速启动地方应急预案。

24. 煤矿应急培训的内容是什么?

答:煤矿应急培训的内容主要包括以下几方面:

① 国家应急管理法律、法规和其他相关要求;

② 本矿井主要安全风险及其预防、控制的基本知识;

③ 本矿井应急管理规章制度;

④ 常用应急避险防护用品的使用方法和技能;

⑤ 本矿井避灾避险的路线;

⑥ 现场应急创伤急救、自救和互救等基本技能;

⑦ 煤矿典型事故案例分析;

⑧ 心理素质培训等。

25. 发生险情或者事故后,煤矿企业应当怎么做?

答:发生险情或者事故后,煤矿企业应当立即按照应急救灾预案启动应急响应,组织涉险人员撤离险区,通知应急指挥人员、专职救护队和医疗救护人员等到现场救灾,安排救灾准备,并上报事故信息等。

26. 发生险情或者事故后,现场人员向矿调度室报告时应注意哪些事项?

答:发生险情或者事故后,现场人员向矿调度室报告时应注意以下几点:

① 利用最近的电话进行报告;

② 直接向矿调度室报告;

③ 说清什么事故、发生地点、波及范围、人员及伤亡情况、准备撤离路线等。

④ 报告要沉着冷静，不要慌乱，尽量把话说清楚，不能撒谎，要如实报告灾情。

27. 应急抢险救灾对煤矿井下作业人员有什么基本要求？

答：井下作业人员必须熟悉灾害预防和处理计划及应急预案，掌握所在区域的避灾路线，一旦发生灾害事故，能够实施自救互救和安全避险。自救器和紧急避险设施是应急救灾和安全逃生不可缺少的，井下作业人员必须熟练掌握自救器和紧急避险设施的使用。

28. 煤矿火灾事故抢险救灾应注意哪些事项？

答：煤矿井下发生火灾，情况千变万化，尤其是发生火灾的地点不同，火灾性质、特点不同，所采取的抢险救灾方法也不同。因此，在开展火灾抢险救灾时，应注意以下事项：

① 尽快撤出灾区内及一旦发生瓦斯、煤尘爆炸可能受到威胁的所有人员；

② 抢救遇险人员，并采取有效措施防止烟雾向人员集中的地点蔓延；

③ 切断火区电源，防止处理事故中救护人员触电和发生瓦斯、煤尘爆炸；

④ 设专人检查瓦斯和风流变化，并控制煤尘飞扬，在有爆炸危险时，立即撤出救灾人员；

⑤ 积极组织人力、物力控制火源、直接灭火，当直接灭火无效时，应采取隔绝灭火法封闭火区；

⑥ 严密注视顶板变化，防止因燃烧造成顶板垮落伤人和风流风量的变化。

29. 煤矿瓦斯、煤尘爆炸事故抢险救灾应注意哪些事项？

答：瓦斯、煤尘爆炸属于煤矿重大灾害事故，在开展抢险救灾时，应注意以下事项：

① 立即切断灾区电源；

② 检查灾区内有害气体的浓度、温度及通风设施破坏情况，发现

有再次爆炸危险时，必须立即撤离至安全地点；

③ 进入灾区行动要谨慎，防止碰撞产生火花，引起爆炸；

④ 经侦察确认或者分析认定人员已经遇难，并且没有火源时，必须先恢复灾区通风，再进行处理。

30. 煤矿煤(岩)与瓦斯突出事故抢险救灾应注意哪些事项?

答：煤(岩)与瓦斯突出事故抢险救灾应注意以下事项：

① 发生煤(岩)与瓦斯突出事故，现场抢险救灾不得停风和反风，防止风流紊乱扩大灾情。通风系统及设施被破坏时，应当设置风障、临时风门及安装局部通风机恢复通风。

② 恢复突出区通风时，应当以最短的路线将瓦斯引入回风巷。回风井口 50 m 范围内不得有火源，并设专人监视。

③ 是否停电应当根据井下实际情况决定。

④ 处理煤(岩)与二氧化碳突出事故时，还必须加大灾区风量，迅速抢救遇险人员。矿山救护队进入灾区时要戴好防护眼镜。

31. 煤矿水灾事故抢险救灾应注意哪些事项?

答：煤矿水灾事故抢险救灾应注意以下事项：

① 抢险救灾前，应迅速了解和分析水源、突水点、影响范围、事故前人员分布、矿井具有生存条件的地点及其进入的通道等情况。根据被堵人员所在地点的空间、氧气、瓦斯浓度以及救出被困人员所需的大致时间制定相应救灾方案。

水灾事故
救援注意事项

② 尽快恢复灾区通风，加强灾区气体检测，防止发生瓦斯爆炸和有害气体中毒窒息事故。

③ 根据情况综合采取排水、堵水和向井下人员被困位置打钻等措施。

④ 排水后进行侦察抢险时，注意防止冒顶和二次突水事故的发生。

32. 煤矿冒顶事故抢险救灾应注意哪些事项?

答：煤矿冒顶事故抢险救灾应注意以下事项：

① 要迅速恢复冒顶区的通风，如不能恢复，应利用压风管、水管或者打钻向被困人员供给新鲜空气、饮料和食物。

② 指定专人检查甲烷浓度、观察顶板和周围支护情况，发现异常，立即撤出人员。

③ 加强巷道支护，防止发生二次冒顶、片帮，保证退路安全畅通。

冒顶事故
救援注意事项

33. 煤矿冲击地压事故抢险救灾应注意哪些事项？

答：煤矿冲击地压事故抢险救灾应注意以下事项：

① 要迅速分析再次发生冲击地压灾害的可能性，确定合理的抢险救灾方案和路线。

② 迅速恢复灾区的通风。恢复独头巷道通风时，应当按照排放瓦斯的要求进行。

③ 加强受灾影响巷道的支护，保证救灾行动空间安全。巷道破坏严重、有冒顶危险时，必须采取防止二次冒顶的措施。

④ 设专人观察顶板及周围支护情况，检查通风、瓦斯、煤尘，防止发生次生事故。

34. 什么是井下安全避险“六大系统”？

答：煤矿井下应急避险系统是在井下发生突发紧急情况时，为现场人员应急避险提供支持和生命保障的设备、设施、措施的有机整体。煤矿井下安全避险“六大系统”（以下简称“六大系统”）具体是指监测监控系统、人员位置监测系统、通信联络系统、压风自救系统、供水施救系统和紧急避险系统。

煤矿井下安全避
险六大系统概述

35. 煤矿井下安全避险“六大系统”的主要功能是什么？

答：“六大系统”的功能定位是当井下突发紧急情况时为遇险矿工安全逃生提供支持，为矿工提供安全的避险空间和生命保障，为应急救灾赢得时间和创造条件，以及为抢险救灾提供准确的信息。“六大系统”的构建，不仅从前端的风险预测和预防方面遏制灾害发生，还为井下人员灾时和灾后的逃生、避险和救灾以及生存保障构建了科学的新型防护体系。

“六大系统”不仅是安全避险系统的组成部分，也是煤矿安全系统、生产系统的重要组成部分，各系统有明确的功能和作用。

36. 煤矿安全避险监测监控系统的作用是什么？

答：监测监控系统是对煤矿井下各环境参数和生产过程进行实时控制的成套装备，是矿井安全避险系统的重要组成部分。通过建立健全监测监控系统，实现对煤矿井下甲烷、一氧化碳、温度、风速、风机开关、馈电状态等进行动态监测监控，完善紧急情况下及时断电撤人制度，指导人员安全逃生，为煤矿安全管理和避险救灾提供决策、调度和指挥依据。

37. 煤矿安全避险人员位置监测系统的作用是什么？

答：人员位置监测系统是集井下人员考勤、跟踪定位、灾后救灾、日常管理等为一体的综合性系统。通过对入井人员实施动态管理，及时、准确掌握各个区域作业人员分布情况，以便进行更加合理的人员调度管理，加强灾时及时有效的避险，提高应急救灾工作的效率。

38. 煤矿安全避险通信联络系统的作用是什么？

答：煤矿通信联络系统又称矿井通信系统，包括调度通信系统、矿井广播通信系统、矿井移动通信系统和矿井救灾通信系统，是煤矿安全生产调度、安全避险和应急救灾的重要工具。通过建立完善通信联络系统，实现井上和井下各个作业地点的通信联络，为防灾救灾、安全逃生、避险和救灾提供快速准确的信息服务，为应急救灾指挥奠定基础。

39. 煤矿安全避险压风自救系统的作用是什么？

答：在矿井现有压风系统的基础上建立和完善的压风自救系统，由空气压缩机、井下压风管路及固定式永久性自救装置组成，是保障煤矿井下作业人员生命安全的一套重要安全防护系统，确保在井下发生灾变时，现场作业人员有充足的氧气供应，防止发生窒息事故，为逃生、避险创造支撑条件。目前国内常用的压风自救装置有面罩式和防护袋式。

40. 煤矿安全避险供水施救系统的作用是什么?

答:在煤矿现有生产和消防供水系统的基础上建立和完善的供水施救系统,为应急避险系统的构建奠定了基础,在灾变发生后为遇险人员提供清洁水源或必要的营养液。

41. 面罩式压风自救装置怎样操作使用(操作技能一)?

答:当井下发生煤与瓦斯突出或发现有煤与瓦斯突出预兆,或瓦斯严重超标,对现场人员生命有严重威胁时,人员要以最快的速度使用压风自救装置。面罩式压风自救装置具体操作使用方法是:现场人员打开压风自救装置箱门→打开气动阀→戴上面罩进行呼吸→沿避灾路线撤离或等待救灾。

42. 防护袋式压风自救装置怎样操作使用(操作技能二)?

答:防护袋式压风自救装置具体操作使用方法是:现场人员迅速跑至压风自救装置处→解开防护袋→打开供气球阀→人员头部钻入防护袋(保证鼻、口在防护袋内)。

43. 人员怎样正确进入避难硐室生存区(操作技能三)?

答:人员进入避难硐室生存区的具体操作步骤和方法如下:

第一步:人员走到避难硐室第一道防爆密闭门前→向上旋转防爆密闭门外把手→迅速进入避难硐室过渡室。

第二步:进入过渡室的人员关闭第一道防爆密闭门→向下旋转门上的内把手→锁紧第一道防爆密闭门→打开避难硐室内部压风总阀→打开喷淋装置→使用喷淋装置喷洗 30 s。

第三步:所有人员喷洗完毕之后→向上旋转第二道密闭门的把手→打开第二道密闭门→迅速进入避难硐室生存区→关闭第二道密闭门。

44. 人员进入避难硐室怎样正确地摘取自救器(操作技能四)?

答:人员进入避难硐室正确摘下自救器的操作步骤和方法是:避难人员进入生存区→找到避难硐室巷帮悬挂的"七合一"传感器→摁下传感器右侧的开关按钮→观察传感器屏幕显示数值→确认传感器显示环境参数正常→摘下自救器。

45. 如何操作避难硐室的压风供氧装置(操作技能五)?

答:避难硐室的压风供氧装置有以下两种操作模式:

① 压风供氧模式：人员打开避难硐室压风控制柜→打开压风管路的阀门→调节压风控制柜风流量不小于每人每分钟 100 L。

② 自备氧供氧模式：人员确认避难硐室巷道顶部悬挂的压风管道上的散流器无风流及流量表无读数→检查避难硐室压风总阀、压风控制柜内各阀门、散流器阀门处于打开状态→关闭硐室压风总阀→关闭第一道防爆密闭墙及第二道密闭墙上的超压排气阀→启动自备氧供氧。

46. 如何操作避难硐室的空气净化装置(操作技能六)?

答：人员确认避难硐室内传感器显示有毒有害气体浓度超标→打开避难硐室中所有的空气净化器→拿出储物座椅中相应的有毒有害气体吸收药剂并平铺至药剂床中。

操作注意事项：当传感器显示二氧化碳浓度降低后又升高，并再次提示有毒有害气体浓度超标时，更换空气净化器中的二氧化碳吸附剂。

复习思考题

1. 我们为什么要学习事故抢险救灾应急知识和技能?

2. 发生险情或者事故后，现场人员向矿调度室报告时应注意什么?

3. 应急抢险救灾对煤矿井下作业人员有什么基本要求?

4. 煤矿火灾事故抢险救灾应注意哪些事项?

5. 煤矿瓦斯、煤尘爆炸事故抢险救灾应注意哪些事项?

6. 煤矿煤(岩)与瓦斯突出事故抢险救灾应注意哪些事项?

7. 煤矿水灾事故抢险救灾应注意哪些事项?

8. 煤矿冒顶事故抢险救灾应注意哪些事项?

9. 煤矿冲击地压事故抢险救灾应注意哪些事项?

10. 压风自救装置怎样操作使用?

模块十三自测试题

（共100分，80分合格）

得分：________

一、判断题（每题3分，共30分）

1. 接到灾害事故救灾报警后，相关矿山救护队必须在10 min内出动。（　）

2. 煤矿冒顶事故抢险救灾时，要指定专人检查甲烷浓度、观察顶板和周围支护情况，发现异常，立即撤出人员。（　）

3. 应急预案是针对可能发生的事故，最大限度减少事故及其造成损害而预先制定的工作方案。（　）

4. 排水后进行侦察抢险时，注意防止冒顶和二次突水事故的发生。（　）

5. 发现有其他隐患威胁到灭火人员的安全时要停止灭火，及时撤出。（　）

6. 若电气设备着火要先断电再灭火，在没有断电之前只能用不导电的器材灭火。（　）

7. 要迅速恢复冒顶区的通风，如不能恢复，应利用压风管、水管或者打钻向被困人员供给新鲜空气、饮料和食物。（　）

8. 灭火时要派专人检查瓦斯，有爆炸危险时要立即撤人。（　）

9. 处理煤（岩）与二氧化碳突出事故时，还必须减小灾区风量，迅速抢救遇险人员。（　）

10. 发生煤（岩）与瓦斯突出事故，现场抢险救灾不得停风和反风，防止风流紊乱扩大灾情。（　）

二、单选题（每题3分，共30分）

1. 事故的预防工作，即通过（　　）和安全技术等手段，尽可能地防止事故发生，实现本质安全。

A. 职工举报　　B. 安全管理　　C. 行政监督

2. 以下不属于应急演练常用方法的是(　　)。

A. 综合演练　　B. 专项演练　　C. 日常演练

3. 关于煤矿瓦斯、煤尘爆炸事故抢险救灾以下说法错误的是(　　)。

A. 为了灾区照明,不能随意切断灾区电源

B. 注意检查有害气体的浓度

C. 防止碰撞产生火花引起爆炸

4. 接到报警的矿山救护队,应迅速出动,到达受灾煤矿的时间不得超过(　　)min。

A. 30　　B. 60　　C. 120

5. 关于煤矿冒顶事故抢险救灾应注意的事项以下说法错误的是(　　)。

A. 要迅速恢复冒顶区的通风　　B. 立即切断电源

C. 加强巷道支护,防止发生二次冒顶

6. 以下不属于煤矿应急避险"六大系统"的是(　　)。

A. 人员位置监测系统　　B. 压风自救系统

C. 消防供水系统

7. (　　)是集井下人员考勤、跟踪定位、灾后救灾、日常管理等为一体的综合性系统。

A. 通信联络系统　　B. 监测监控系统

C. 人员位置监测系统

8. 以下不属于应急演练目的的是(　　)。

A. 技术比武　　B. 锻炼队伍　　C. 检验预案

9. 关于煤矿火灾事故抢险救灾以下说法错误的是(　　)。

A. 抢救遇险人员,并采取有效措施防止烟雾向人员集中的地点蔓延

B. 切断火区电源,防止处理事故中救护人员触电和发生瓦斯、煤尘爆炸

C. 先灭火后救人

10. 以下不属于煤矿水灾事故抢险救灾应注意事项的是(　　)。

A. 尽快恢复灾区通风,加强灾区气体检测,防止发生瓦斯爆炸和有害气体中毒窒息事故

B. 排水后直接进行救人

C. 根据情况综合采取排水、堵水和向井下人员被困位置打钻等措施

三、多选题(每题4分,共40分)

1. 应急抢险救灾的基本原则有(　　)等。

A. 以人为本,安全第一　　B. 统一领导,协调行动

C. 自救互救,安全抢救　　D. 沉着指挥,措施果断

2. 煤矿应急培训的内容主要包括(　　)等。

A. 国家应急管理法律、法规和其他相关要求

B. 本矿井应急管理规章制度

C. 本矿井避灾避险的路线

D. 现场应急创伤急救、自救和互救等基本技能

3. 以下属于煤矿应急避险“六大系统”的有(　　)。

A. 监测监控系统　　B. 安全管理系统

C. 通信联络系统　　D. 紧急避险系统

4. 发生险情或者事故后,现场人员应向矿调度室报告事故(　　)。

A. 波及范围　　B. 发生地点

C. 人员及伤亡情况　　D. 撤离路线

5. 煤矿常见灾害事故有(　　)等。

A. 火灾事故　　B. 瓦斯、煤尘爆炸事故

C. 水灾事故　　D. 冒顶事故

6. 应急演练应坚持(　　)原则。

A. 符合相关规定　　B. 切合企业实际

C. 注重经费到位　　D. 确保安全有序

7. 发生险情或者事故后,现场人员向矿调度室报告时应注意的事项有(　　)。

A. 说清人员情况

B. 利用最近的电话进行报告

C. 直接向矿调度室报告

D. 报告时说话尽量要快

8. 煤矿应急避险压风自救系统的作用有(　　)。

A. 保证现场作业人员有充足的氧气供应

B. 防止发生窒息事故

C. 防止发生中毒事故

D. 为逃生、避险创造支撑条件

9. 煤矿通信联络系统由(　　)等组成。

A. 闭路电视系统　　B. 矿井广播通信系统

C. 矿井移动通信系统　　D. 矿井救灾通信系统

10. 面罩式压风自救装置的操作步骤有(　　)。

A. 打开压风自救装置箱门　　B. 打开气动阀

C. 戴上面罩进行呼吸　　D. 沿避灾路线撤离或等待救灾

模块十四　煤矿典型事故案例分析

【学习提示】

为什么要进行煤矿事故案例分析学习？煤矿井下生产环境复杂，危险因素多，常发生瓦斯、顶板、火灾、水灾、煤尘爆炸、机电和运输等事故，这些事故常导致重大人员伤亡，严重影响煤矿的安全生产。统计表明，90%以上的事故是由人的“三违”行为导致的，加强事故分析学习，对于吸取事故教训，开展有针对性的隐患排查治理，促进煤矿企业提高安全管理水平，建立隐患排查治理和反“三违”长效机制，实现煤矿的长治久安和健康发展具有十分重要的意义。

1. 陕西省某煤矿“8·21”重大瓦斯爆炸事故

(1) 事故经过

2023 年 8 月 21 日 14 时 50 分，带班矿领导李某伟（通防副总工程师兼通风科科长）带领通风队瓦斯检查班班长赵某小，瓦斯检查员李某刚、高某同、侯某卫，测风员刘某宇，冲尘工白某等 7 人下井启封 301 盘区运输巷里段盲巷密闭并排放瓦斯。约 17 时 20 分，当班瓦斯检查员贺某飞、安全检查员张某凯巡回检查至 301 盘区运输巷移动变电硐室处时听到 301 盘区运输巷里段有砸墙的声音，此时 301 盘区运输巷移动变电硐室处瓦斯情况正常。约 18 时，贺某飞、张某凯走到 301 盘区运输巷密闭墙处，发现李某伟和 2 名工人正在砸墙，另外 4 名工人在连接风筒；当砸开密闭墙下部约三分之一时，贺某飞携带的便携式瓦斯检测仪报警显示密闭墙附近瓦斯浓度超过 4%，用 10%量程的光学瓦斯检测仪检查瓦斯，显示浓度超过 10%。约 18 时 30 分，贺某飞、张某凯离开密闭处时，发现此时风筒已连接到密闭墙砸开的洞口，侯某卫用开启 2 min、停止 5～10 min 的方法交替启停控制风机，排放密闭墙内的瓦斯。18 时 40 分，当班瓦斯检查员贺某飞二次检查 301 盘区运输巷移动变电硐室处上部瓦斯，发现瓦斯浓度达 6.04%，此时密闭墙内高浓度瓦斯已逆流扩散至移动变电硐室处。约 19 时，通风副总李某伟带领瓦斯班长赵某小等人陆续来到移动变电硐室。约 19 时 30 分，贺某飞和张某凯离开移动变电硐室，约 20 时 31 分，两人巡检至 301 盘区运输巷六联巷口时听到第一次爆炸声，冲击波把两人冲倒在地，紧接着听到第二次爆炸声。20 时 31 分，地面调度室值班员徐某鹏、监测监控员孙某琴同时发现"301 盘区变电所断电、301 盘区回风巷掘进工作面局部通风机断电、301 盘区瓦斯传感器断线"，徐某鹏通过调度电话向井下 1303 综采工作面带式输送机机头处询问情况无人接听。20 时 40 分，1303 综采工作面人员向调度室汇报"301 盘区里面出事了，有人员受伤，赶紧派人下井救援"。

事故造成 11 人死亡、11 人受伤，直接经济损失 1 919.2 万元

(2) 事故原因分析

① 直接原因

排放 301 盘区运输巷密闭墙以里盲巷内瓦斯时，排出的瓦斯一部分通过约 0.6 m 高的 N001301 停采开切眼随风流进入与之串联的 301 盘区七联巷隐瞒炮掘工作面，一部分扩散蔓延(排瓦斯风机产生"循环风")到 301 盘区运输巷移变硐室区域；301 盘区七联巷隐瞒炮掘工作面作业人员抽烟点火引起瓦斯爆炸，爆炸火焰逆风流传入 301 盘区运输巷密闭墙至移动变电硐室区域引起二次瓦斯爆炸。

② 间接原因

a. 严重违法违规组织生产。

b. 安全主体责任不落实。

c. 日常安全管理混乱。

d. 技术管理缺失。

e. 安全培训不到位。

③ "三违"行为原因分析

a. 违章启封密闭，排放瓦斯"一风吹"，瓦斯超限后，当班带班领导继续组织工人冒险作业。

b. 职工入井不带人员定位卡或带其他人员的定位卡下井，作业人

员携带烟草、点火物品入井，部分管理人员入井不带自救器、不带便携式瓦斯检测仪。

c. 侯某卫用开启 2 min、停止 5～10 min 的方法交替启停控制风机，排放密闭墙内的瓦斯，违章作业。

d. 带班矿领导李某伟(通防副总工程师兼通风科科长)带领通风队瓦斯检查班班长赵某小，瓦斯检查员李某刚、高某同、侯某卫，测风员刘某宇，冲尘工白某等 7 人下井启封 301 盘区运输巷里段盲巷密闭并排放瓦斯，违章指挥。

答　挑战答题

说明：挑战答题均为判断题，答案在文中找，下同。

① 贺某飞携带的便携式瓦斯检测仪报警显示密闭墙附近瓦斯浓度超过 4%，用 10%量程的光学瓦斯检测仪检查瓦斯，显示浓度超过 10%，是本起事故的直接原因。（　　）

② 排瓦斯风机产生“循环风”，属于正常排放措施。（　　）

③ 带班矿领导李某伟(通防副总工程师兼通风科科长)带领通风队瓦斯检查班班长赵某小，瓦斯检查员李某刚、高某同、侯某卫，测风员刘某宇，冲尘工白某等 7 人下井启封 301 盘区运输巷里段盲巷密闭并排放瓦斯，是违章作业。（　　）

(3) 事故防范措施

① “三违”行为防范措施

a. 严禁违章擅自启封密闭或排放瓦斯“一风吹”，瓦斯超限后，当班带班领导应立即组织工人停止作业并撤退。

b. 严禁职工入井不带人员定位卡或带其他人员的定位卡下井，作业人员严禁携带烟草、点火物品入井，部分管理人员入井必须携带自救器、便携式瓦斯检测仪。

c. 严禁用开启 2 min、停止 5～10 min 的方法交替启停控制风机，以排放密闭墙内的瓦斯。

② 其他防范措施

a. 严格落实企业安全生产主体责任。

b. 扎实开展重大灾害普查治理。

c. 强化事故警示教育和安全教育培训。

d. 加强应急体系和能力建设。

挑战答题

④ 所有人员严禁擅自启封密闭。 （ ）

⑤ 排瓦斯可以“一风吹”。 （ ）

⑥ 瓦斯检查员发现瓦斯浓度超限，可以继续作业。 （ ）

2. 湖南省某煤矿“8·8”一般顶板事故

（1）事故经过

2024 年 8 月 8 日 7 时 20 分，带班矿领导曹某亮组织召开班前会，安全员李某平、瓦斯检查员郑某贵及维修班 5 人（班长谢某生、副班长李某兵、曾某庆、杨某生、陈某山）等参加会议，安排当班工作任务，并交代有关安全注意事项。曹某亮安排谢某生、李某兵、曾某庆 3 人去 22142 回风巷维修，杨某生、陈某山两人去 22142 运输巷架设支护。8 时 03 分，曹某亮、李某平一起入井，11 时到达 22142 回风巷维修作业点检查。此时，22142 回风巷维修作业人员尚未进班，曹某亮发现该维修作业点有冒落的煤矸，没发现其他问题，两人离开前往其他地点检查，于 15 时 30 分出井。11 时 57 分，谢某生、李某兵、杨某生、曾某庆、陈某山一起下井。经过井底车场时，杨某生向谢某生提出将曾某庆调整至 22142 机巷安设液压支架，谢某生未反对，也未将此情况向领导及调度室汇报。13 时，谢某生、李某兵两人到达 22142 回风巷，发现维修地点顶部有煤矸冒落，1 号棚子下堆有煤矸。两人在 1 号支架后方补打了 6 根撑筒，在支架上方用竹篾板进行封闭，清理出 2 车煤矸后，又在 1 号支架左侧增打了 2 根撑筒，并在 1 号支架横梁上方右侧打了 2 根空心锚杆控顶（按维修安全技术措施的规定全部控好顶至少应该打 6 根空心锚杆）。随后，谢某生将一车煤矸推往 －150 m 车场，李某兵则继续在维修作业点（0 号支架下方）清理冒落的煤矸。16 时 10 分，

0 号支架上方煤矸突然冒落，垮落的煤矸将李某兵埋压在巷道左侧，仅剩头部露在外面。至此，事故已发生。

事故造成 1 人死亡，直接经济损失 163.6 万元。

(2) 事故原因分析

① 直接原因

事故地点因长期失修，局部冒落造成空顶，且具有再次冒落危险性；作业人员未按“先控顶、后维修”的要求，冒险站在危险区内违章作业，顶板再次冒落导致事故。

② 间接原因

a. 现场管理不到位。一是维修班长默许 2 人维修作业；在离开维修作业现场时，未要求作业人员立即停止维修作业。二是未落实相关制度要求，22142 回风巷维修以来，没有安排安全员在该维修作业现场盯守，也未严格落实 3 人维修作业制度。三是安全管理人员隐患排查处置不到位，值班矿长和安全员到达事故现场时，发现存在煤矸冒落，未按照维修措施规定进行现场处置。四是现场管理存在空档，事故当天早班安全生产管理人员到现场检查时，维修作业人员尚未进班；维修作业人员维修作业时，中班安全生产管理人员还未到达，实际维修作业时无矿领导、安全员等现场检查。

b. 劳动组织管理混乱。未经批准随意调配作业人员，导致维修作业地点人数不足 3 人。

c. 安全管理制度不完善、不落实。一是制度设计存在缺陷，没有全员建立安全生产责任制，无维修工岗位责任制；企业法人、矿井安全员岗位责任制与实际不符。二是制度落实不到位，22142 包保责任人未按照《煤矿包保责任管理制度》的要求到现场进行安全检查，带班矿领导未按照《矿领导带班下井制度》要求巡查头面、井下交接班，发现问题未及时处置。

d. 培训教育不到位。一是职工安全培训流于形式。无井巷维修的培训内容，培训内容不全；对培训内容抽查检查，一问三不知；从工人到矿领导毫无安全意识和劳动纪律意识，现场作业人员安全防范意识淡薄，习惯性违章作业，安全生产管理人员对习惯性违章习以为常。二是矿井对培训的监督检查不到位。安全副矿长未履行安全教育培训的领导职责，监督管理缺位。

e. 驻矿盯守存在不足。驻矿盯守人员对驻矿盯守职责不够了解，也没有发现煤矿下井人员不携带人员定位识别卡等情况，未能有效起到驻矿作用。

③“三违”行为原因分析

a. 事故地点因长期失修，局部冒落造成空顶，且具有再次冒落危险性，违章作业。

b. 作业人员未按“先控顶、后维修”的要求，冒险站在危险区内违章作业。

c. 22142 回风巷维修以来，没有安排安全员在该维修作业现场盯守，也未严格落实 3 人维修作业制度，违章作业。

d. 维修班长默许 2 人维修作业，在离开维修作业现场时，未要求作业人员立即停止维修作业，违章指挥。

e. 没有全员建立安全生产责任制，无维修工岗位责任制，违章作业。

答 **挑战答题**

① 事故地点因长期失修，局部冒落造成空顶，且具有再次冒落危险性，是造成事故的直接原因。（ ）

② 作业人员违反“先控顶、后维修”的要求，冒险站在危险区内违章作业。（ ）

③ 值班矿长和安全员到达事故现场时，发现存在煤矸冒落，未按照维修措施规定进行现场处置。（ ）

(3) 事故防范措施

①“三违”行为防范措施

a. 严禁空顶作业。

b. 作业人员应按“先控顶、后维修”的要求进行作业。

c. 22142 回风巷维修应安排安全员在该维修作业现场盯守，严格落实 3 人维修作业制度。

d. 维修班长严禁违章指挥。

e. 建立安全生产责任制和维修工岗位责任制。

② 其他防范措施

a. 切实深刻汲取事故教训。

b. 确保“八条硬措施”硬落实。

c. 进一步规范劳动组织。

d. 扎实有效开展好两个专项检查。

e. 切实提高安全教育培训质量。

f. 严格事故报告的有关规定，及时上报事故信息。

挑战答题

④ 22142 回风巷维修应安排安全员在该维修作业现场盯守，严格落实 2 人维修作业制度。（　）

⑤ 建立安全生产责任制和维修工岗位责任制。（　）

⑥ 作业人员应按“先控顶、后维修”的要求进行作业。（　）

3. 贵州省某煤矿“9·24”重大火灾事故

(1) 事故经过

2023 年 9 月 24 日零点班，全矿入井 331 人、升井 315 人（含 3 名受伤人员，下同），其中采一区入井 110 人、升井 94 人。

9 月 23 日 22 时，采一区值班区长李某某（遇难者）主持召开采一区调度会并安排当班工作。其中，采煤队出勤 17 人，到 211016 采面回采作业；保运三队出勤 5 人，负责岗位范围的带式输送机巡视；打钻二队出勤 9 人，主要负责钻孔施工。

9 月 24 日 7 时 48 分，带式输送机司机喻某某清理 1200 运输平巷三部带式输送机浮煤时，带式输送机停止了运行，随后喻某某到 215 运输石门四部带式输送机机头处打电话向采一区调度室询问带式输送机停机的情况，在调度室的保运三队队长封某某安排喻某某叫人到 211016 运输巷处理 211016 运输巷二部带式输送机断带事故，挂断电话后，喻某某发现烟雾沿着第四部带式输送机从机尾处涌出。

8时11分、13分，带式输送机司机管某某、电工许某某先后在井下分别向采一区调度室调度员杨某某汇报井下出现烟雾，杨某某均让他们查看原因，未下达撤人指令。

8时15分，采一区调度室主任王某某在采一区调度室看到视频监控中1200运输平巷二部带式输送机机尾、1813带式输送机机头、216运输北石门机头的图像是黑色的，像是烟雾，随后打电话给211016采面运输巷二部机头当班带班副区长李某某询问情况，并通知其看情况撤人。随即向在旁边会议室开会的采一区区长解某某汇报了211016运输巷等地方有烟雾的情况，解某某怀疑是电缆“放炮”引起的，就让王某某撤出211016采面的人员，并安排副区长黄某某入井处理，随后继续组织党某某、李某某等人开会安排10月份生产计划。

8时21分，王某某再次打电话给211016采面运输巷二部带式输送机机头李某某，让其了解采面情况并顺着巷道跑出来看一下烟雾来源，李某某回复王某某采面电话没人接，还没找到采面的人，让王某某先打电话寻找采面的人。

8时24分，211016采面当班瓦检员刑某某（遇难者）在211016采面运输巷二部带式输送机机头打电话给采一区调度室询问烟雾大的原因，接电话的杨某某通知其撤人。

8时27分，带班队长余某某（遇难者）在211016采面运输巷转载机机头打电话给采一区调度室询问烟雾大的原因，接电话的王某某通知其撤人。

8时28分，王某某用手机向矿调度员张某某汇报，211016运输巷有烟进去，已经安排撤人，同时让张某某通过矿调度电话打电话给采一区调度询问具体情况，张某某要求停电撤人，并向矿调度主任饶某某汇报了该情况。随后，饶某某到旁边会议室向正在开会的矿级领导进行了汇报。

8时33分，矿长侯某某、党委书记王某某等矿级领导到矿调度室了解相关情况并安排撤人。期间矿调度员胡某某一直轮流拨打211016运输巷范围内的4部电话，但均无人接听。

8时38分，许某某在1200运输平巷二部带式输送机中部刮板输送机机头打电话给王某某，汇报“1200 运输平巷 115 号 H 架输送带往里着火了”。在采一区调度室的解某某接报后随即带着严某某、谭某某等下井抢险。8 时 40 分，杨某某向矿调度汇报，矿调度员将井下输送带着火的情况分别向侯某某等矿领导进行了汇报，侯某某安排全矿撤出井下作业人员。

事故造成 16 人死亡、3 人受伤，直接经济损失 4 233.82 万元。

(2) 事故原因分析

① 直接原因

1200 运输平巷第二部带式输送机段巷道严重变形，117 号 H 架处机架侧斜，卡紧的托辊与输送带支架、运行的输送带持续摩擦升温，高温的托辊点燃煤粉，引燃停止运行的非阻燃输送带产生大量一氧化碳等有毒有害气体，造成下风侧人员中毒死亡。

② 间接原因

a. 安全生产理念不牢，重生产轻安全。

b. 未深刻汲取事故教训，重蹈覆辙。

c. 入井材料使用管理混乱，非阻燃输送带入井。

d. 安全监控系统弄虚作假、监控失效。

e. 巷道变形严重，未开展巷道支护设计研究。

f. 应急处置不力，贻误救援，未按规定报告事故。

g. 安全教育培训不到位，职工安全意识差。

h. 隐患排查治理制度不落实，事故隐患长期存在。

i. 煤矿制度规定不合理，管理失控。

③ “三违”行为原因分析

a. 断面不能满足行人、运输条件，违章作业。

b. 入井前未开展输送带阻燃性能和抗静电试验，未建立强力输送带安全技术档案，未落实防范输送带着火措施，违章作业。

c. 着火输送带的下风侧未按照要求安装烟雾传感器，违章作业。

d. 巷道布置不合理，变形严重；矿压显现明显，失修巷道最小断面不足 2 m^2，违章作业。

e. 入井检身制度不严格，16 名遇难人员中，有 2 名人员饮酒后下井,有3名人员未携带识别卡,违章作业。

挑战答题

① 井下输送带可以采用不阻燃输送带。（　　）

② 输送带可以不安装温度传感器、烟雾传感器。（　　）

③ 输送带摩擦升温点燃煤粉,引燃停止运行的非阻燃输送带产生大量一氧化碳等有毒有害气体,是造成本次事故的直接原因。（　　）

(3) 事故防范措施

① “三违”行为防范措施

a. 严禁在断面不满足行人、运输条件时违章作业。

b. 入井前必须开展输送带阻燃性能和抗静电试验,建立强力输送带安全技术档案,落实防范输送带着火措施。

c. 输送带下风侧必须按照要求安装烟雾传感器。

d. 巷道布置应合理。

e. 入井检身制度必须严格,严禁人员饮酒后下井,下井人员必须携带识别卡。

② 其他防范措施

a. 加强设备及其准入管理。

b. 加强安全监测监控系统管理,确保监控有效。

c. 强化煤矿应急处置培训。

d. 深刻汲取事故教训,持续抓好安全生产工作。

挑战答题

④ 严禁在断面不能满足行人、运输条件时违章作业。（　　）

⑤ 输送带入井前没必要开展阻燃性能和抗静电试验。（　　）

⑥ 入井检身制度必须严格,严禁人员饮酒后下井,下井人员必须携带识别卡。（　　）

4. 内蒙古自治区某煤矿“6·23”一般冲击地压事故

（1）事故经过

2024 年 6 月 23 日 14 时 30 分，某煤矿综采队带班队长刘某军主持召开班前会安排了当班工作。16 时许人员陆续到达 172307 下综采工作面。17 时许后部刮板输送机开始放煤，18 时许采煤机组开机。18 时 14 分，工作面突然出现三声煤爆，并发生剧烈震动、煤尘飞扬。刘某军立即用应急呼叫系统询问作业人员安全情况，运输顺槽转载机操作人员高某汇报：“运输顺槽冒顶，无法通行”。经查点人数，设备巡检工路某保、调度室巡查人员谢某庆失联。

事故造成 2 人死亡，直接经济损失 290.32 万元。

（2）事故原因分析

① 直接原因

事故发生地点存在隐伏逆断层，172307 下运输巷受上分层 172306 上工作面与 172305 上工作面之间遗留区段煤柱的剪切滑移与小型背斜构造共同作用，处于高应力状态，加之事故区域底板砂岩厚度变厚积聚能量，在开采扰动作用下，诱发底板断裂，释放弹性能，发生底板断裂型冲击地压，造成顶板冒落，导致事故发生。

② 间接原因

a. 事故隐患排查治理不到位。172307 下工作面回采过程中，运输巷底鼓现象时有发生，各级安全生产管理人员未对底鼓原因分析研判，并制定针对性治理措施，仅采用拉底的方式处理底鼓。

b. 煤矿隐蔽致灾因素普查不到位。2019 年煤矿鉴定为无冲击地压矿井后，未按照《国家矿山安全监察局关于全面开展煤矿隐蔽致灾因素普查治理工作的通知》（矿安〔2021〕121 号）和《国家矿山安全监察局关于加强煤矿隐蔽致灾因素普查治理工作的通知》（矿安〔2022〕132 号）要求对冲击地压隐蔽致灾因素局部应力集中区域进行普查。

c. 煤矿技术管理不到位。在工作面埋深超过 400 m 有冲击地压潜在风险的情况下，未按照《防治煤矿冲击地压细则》的要求布置采煤工作面、巷道和留设煤柱，造成局部应力集中，导致冲击地压发生。

③“三违”行为原因分析

a. 172307 下运输巷事故点附近存在小型背斜构造和隐伏断层，造成该区域水平应力高，违章在该区域作业。

b. 有冲击地压预兆，违章指挥作业，没有停产撤人。

c. 底板砂岩在事故地点附近厚度达到 31.8 m 左右，具有冲击危险性，没有采取措施，违章作业。

挑战答题

① 上覆煤柱对下层工作面运输巷的应力影响，引发冲击地压事故发生。（　）

② 被鉴定为无冲击地压矿井后，无须再对冲击地压隐蔽致灾因素局部应力集中区域进行普查。（　）

③ 可以在冲击地压危险区域作业。（　）

（3）事故防范措施

①“三违”行为防范措施

a. 172307 下运输巷事故点附近存在小型背斜构造和隐伏断层，造成该区域水平应力高，严禁在该区域未采取措施条件下作业。

b. 有冲击地压预兆，严禁违章指挥作业，必须停产撤人。

c. 底板砂岩在事故地点附近厚度达到 31.8 m 左右，具有冲击危险性，必须采取措施，严禁违章作业。

② 其他防范措施

a. 加强冲击地压管理。按照《防治煤矿冲击地压细则》规定，立即按照冲击地压矿井管理，聘请专业机构和科研院所进行冲击危险评价。建立健全防治冲击地压机构和防冲队伍，编制冲击地压事故应急预案，建立冲击地压防治安全技术管理制度、防治岗位安全责任制度、防治培训制度、事故报告制度等工作规范。

b. 加强煤矿技术管理工作。煤矿要加强地测技术管理，认真开展隐蔽致灾因素普查，严格组织致灾因素分析研判。在煤层、工作面采掘顺序，巷道布置、支护和煤柱留设，采煤工作面布置、支护、推进速度和停采线位置等设计中，应做到科学设计、认真验证、精心施工，避免局部应力集中，防止不合理开采导致冲击地压的发生。使用巷道顶板离层、围岩表面位移等在线监测技术提高顶板矿压的预测预报水平。

c. 扎实开展安全教育培训。强化从业人员相关支护理论、冲击地压发生机理及防范、施工操作技能等安全培训，加强对作业规程和操作规程的学习贯彻，提高从业人员辨识及防范风险的意识和能力，建立防冲人员培训制度，加强防冲人员的培训，提高矿井冲击地压防治的水平。

答 **挑战答题**

④ 在有冲击倾向性的地区必须采取措施后才可以作业。（　　）

⑤ 有冲击地压预兆，必须立即停产撤人。（　　）

⑥ 厚层砂岩较稳定，不会导致冲击地压事故。（　　）

5. 山东省某煤矿“6 · 1”较大水灾事故

（1）事故经过

2024年6月1日7时许，当班安监员田某庆发现迎头淋水变大，向安全监察中心汇报。8时许，马某伟安排吕某兴联系北京探创资源科技股份有限公司到该迎头开展物探。马某伟9时下井，到现场发现迎头左侧顶板（面积约1 m^2）有淋水，认为无透水危险，未向领导汇报。12时许，地质测量部科员李某陪同物探公司工作人员李某和程某下井，14时许完成物探。事故发生后提供的物探报告显示迎头正前方有低阻异常区。13时，掘进一区中班值班副区长潘某前在地面召开中班班前会，安排10人（支部书记董某雷、稳车司机宫某见、带式输送机司机赵某训、班组长缪某委、瓦检员张某、运料工朱某信、支护工潘某雷、验收员王某海、爆破工李某、支护工代某安）到11106开切眼作业。当班安监员为顾某新。14时，人员陆续下井。14时50分左右，先后到达11106运输巷、11106开切眼位置开始作业。缪某委、张某、潘某雷、代某安在迎头下40 m位置清理早班爆破后的煤矸，董某雷在11106运输巷及开切眼下口接排水管，王某海处理开切眼排水沟，赵某训、宫某见、朱某信3人在开切眼下出口操作稳车，用旱船（井下用于运输物料的船型运载工具）往开切眼上部运料，李某跟车，顾某新负责安全检查。16时30分许，旱船运行到第一躲避硐时稳车停电，宫某见去11106运输巷石门配电点送电。16时50分许，缪某委和顾某新发现迎头淋水发浑、开始掉矸，两人跑到第四躲避硐位置。16时55分，顾某新向调度室电话汇报，迎头水量增大，水管被堵，底板淌水，要求撤人，调度员刘某同意。缪某委向潘某前电话汇报，请求撤人，潘某前同意并通知董某雷查看情况、组织撤人。经综合研判，17时07分，突水事故发生，造成8人被困。17时15分，董某雷井下汇报调度指挥中心调度员刘某，11106开切眼下出口水位已达到腰部。事故发生时，11106开切眼掘进工作面距11105运输巷斜距4.75 m，垂向距积水底界面距离3.1 m。11105运输巷沿空留巷段采空区积水底界面标高−606.5 m。经专家组估算：积水高度约4.8 m，积水面积约3 089 m^2。事故发生后，经全力抢险救援，5人生还，代某安、李某、王某海3人遇难，直接经济损失708.58万元。

（2）事故原因分析

① 直接原因

未查清11106开切眼掘进工作面前上方的11105工作面采空区积水情况，迎头与采空区之间仅存的4.75 m煤岩柱受采动破坏、积水压力、爆破震动、裸孔放水等因素影响强度降低，老空积水溃入工作面；同时，有突水征兆未撤出受水害威胁区域的作业人员，导致8人被困，其中3人遇难。

② 间接原因

a. 未查清水文地质条件。地测部门认为没有老空水害风险，未对老空水害开展风险辨识，每月编制的地质预测预报均未预报11105采空区有积水。矿井每月开展风险研判和隐患排查未辨识出11105采空区水害风险并落实管控措施。集团公司技术指导不力，每月集中审查矿井风险辨识流于形式，未有效落实风险分级管控制度。

b. 未按规定采取探放水措施。采空区积水情况不清楚，未安排专业技术人员编制探放水设计；11106开切眼掘进至距11105采空区30 m前，未采用物探、钻探两种方法超前探放水；掘进至距11105采空区 4.75 m 时，违规安排非专业人员使用锚杆钻机（非专用钻机）裸孔探放水。

c. 矿井违规冒险作业。5 月 30 日夜班 11106 开切眼开始出现突水征兆，矿井虽然已经停止迎头掘进，但未撤出所有受水患威胁地点的人员。5 月 31 日夜班至事故发生时，一边违规组织探放水，一边违规组织作业人员在工作面开切眼内冒险施工刷扩开切眼。

d. 矿井安全技术管理不到位。矿井未坚持“预测预报、有疑必探、先探后掘、先治后采”防治水原则，重新编制作业规程前，未结合现场实际重新编制地质说明书；作业规程和安全技术措施的编制、审批把关不严；11106 开切眼掘进距 11105 沿空留巷 20 m 处未执行巷道贯通有关规定。

e. 安全监督检查不到位。矿井安全监察部门监督检查落实安全生产法律、法规不到位，“预测预报、有疑必探、先探后掘、先治后采”防治水原则不落实，对现场安检员多次报告迎头淋水并出现透水征兆后仍没有督促停止作业并撤出人员。对市监管部门提出的有关水害防治方面的问题，没有举一反三督促整改落实。上级企业履行安全管理职责不力，未能指导督促矿井有效开展重大安全风险管控和重大灾害治理，未有效推动各级管理人员牢固树立依法依规安全意识。

f. 安全教育培训不到位。地测防治水专业技术人员专业素质不高，对水害风险认识不足。法治意识淡薄，违规探放水，冒险作业。应急处置能力不足，出现透水征兆后，各级管理人员没有高度重视，职工自主保安意识不足，没有立即做到停产撤人。

g. 安全监管不到位。市机构改革期间，煤矿安全监管职责弱化，职责划转和人员转隶没有同步进行。改革后到该煤矿检查 3 次，无行政处罚。驻矿安全监管员制度不落实，4 月 6 日至事故发生时，1 名驻矿安全监管员辞职后没有及时补充。

③ “三违”行为原因分析

a. 5 月 30 日夜班 11106 开切眼开始出现突水征兆，矿井虽然已经停止迎头掘进，但未撤出所有受水患威胁地点的人员，违章指挥。

b. 采空区积水情况不清楚，未安排专业技术人员编制探放水设计，违章作业。

c. 未坚持“预测预报、有疑必探、先探后掘、先治后采”防治水原则，违章作业。

d. 11106 开切眼掘进至距 11105 采空区 30 m 前，未采用物探、钻探两种方法超前探放水，违章作业。

e. 掘进至距 11105 采空区 4.75 m 时，违规安排非专业人员使用锚杆钻机（非专用钻机）裸孔探放水，违章作业。

答 挑战答题

① 未查清 11106 开切眼掘进工作面前上方的 11105 工作面采空区积水情况，是造成此次事故的直接原因。（ ）

② 迎头与采空区之间仅存的 4.75 m 煤岩柱受采动破坏、积水压力、爆破震动、裸孔放水等因素影响强度降低，老空积水溃入工作面，是造成此次事故的直接原因。（ ）

③ 有突水征兆未撤出受水害威胁区域的作业人员。（ ）

（3）事故防范措施

①“三违”行为防范措施

a. 出现突水征兆必须停止作业，采取措施，撤出所有受水患威胁地点的人员。

b. 严禁在采空区积水情况不清楚时作业；安排专业技术人员编制探放水设计。

c. 坚持“预测预报、有疑必探、先探后掘、先治后采”防治水原则。

d. 采用物探、钻探两种方法超前探放水。

e. 安排专业人员使用锚杆钻机（专用钻机）探放水。

② 其他防范措施

a. 牢固树立安全发展理念。

b. 切实提高水害防治能力。

c. 常态化开展隐蔽致灾因素普查治理。

d. 强化风险管控和隐患排查治理。

e. 加强安全教育培训和应急处置。

f. 强化上级企业业务指导及监督管理。

g. 压紧压实属地监管责任。

挑战答题

④ 出现突水征兆必须停止作业，采取措施，撤出所有受水患威胁地点的人员。（　　）

⑤ 煤矿企业应安排专业人员使用普通钻机（非专用钻机）探放水。（　　）

⑥ 可采用物探、钻探两种方法超前探放水。（　　）

6. 山东省某煤矿"8·20"煤尘爆炸较大事故

（1）事故经过

2020年8月20日6时25分，山东省某煤矿发生煤尘爆炸事故，造成7人死亡、9人受伤，直接经济损失1 493.68万元。

事故发生在－1 020 m水平35003综放工作面，35003综放工作面采煤机截割过程中，滚筒截齿与中间巷金属支护材料（锚杆、锚索、钢带）机械摩擦产生火花，引燃截割中间巷松软煤体扬起的煤尘（悬浮尘）导致煤尘爆炸。

（2）事故原因分析

① 直接原因

该矿35003综放工作面采煤机截割过程中，滚筒截齿与中间巷金属支护材料（锚杆、锚索、钢带）机械摩擦产生火花，引燃截割中间巷松软煤体扬起的煤尘（悬浮尘）导致煤尘爆炸。

② 间接原因

a. 该矿安全措施不落实。事故当班现场作业人员未按规程措施要求及时拆除巷道锚杆盘、钢带和锚索索具，也未及时拆除缠绕在采煤机滚筒上的锚索，滚筒带动缠绕的锚索旋转导致扬尘增加并产生火花。

b. 该矿综合防尘措施落实不到位。未严格落实综合防尘措施，采煤机内喷雾堵塞未及时处理，推采过程中支架间喷雾、放顶煤喷雾未正常使用。未按设计进行煤层注水。

c. 该矿防范化解风险隐患不到位。该矿虽然辨识出工作面过中间巷煤尘爆炸风险，但管控措施针对性不强，没有对中间巷巷口因压力变化底煤变软的危害进行分析、评估，没有及时拆除中间巷两帮的托盘、钢带、金属网等支护材料，也未将综合防尘类隐患作为排查重点。

d. 该矿安全管理不到位。35003综放工作面揭露中间巷后，未考虑中间巷带来的影响因素，未及时修改作业规程，未对通风、防尘等相关内容进行补充完善。现场作业人员及安全管理人员对煤尘爆炸的危险性认识不足，对现场采煤机割煤时产生火花问题长期不重视。

e. 安全教育培训不到位。采煤机司机配备数量不足，事故当班人员均无采煤机特种作业操作证。对全员培训考核不合格的井下个别采煤作业人员未进行再培训，现场作业人员及安全管理人员对煤尘爆炸的危险性认识不足，对现场采煤机割煤时产生火花问题长期不重视。

f. 集团公司对该矿现场管理、技术管理、安全监督管理、安全教育培训、安全风险管控、隐患排查治理不到位及生产组织不合理等问题失察。

③“三违”行为原因分析

a. 采煤机截割过程中，滚筒截齿与中间巷金属支护材料（锚杆、锚索、钢带）机械摩擦产生火花，违章作业。

b. 事故当班现场作业人员未按规程措施要求及时拆除巷道锚杆盘、钢带和锚索索具，也未及时拆除缠绕在采煤机滚筒上的锚索，违章作业。

c. 未严格落实综合防尘措施，采煤机内喷雾堵塞未及时处理，推采过程中支架间喷雾、放顶煤喷雾未正常使用，违章作业。

d. 事故当班人员均无采煤机特种作业操作证，违章作业。

挑战答题

① 采煤机截割过程中，滚筒截齿与中间巷金属支护材料（锚杆、锚索、钢带）机械摩擦产生火花，引燃截割中间巷松软煤体扬起的煤尘（悬浮尘）导致煤尘爆炸，是本起事故的直接原因。（　　）

② 该矿能够严格落实综合防尘措施，各种设备喷雾都能正常使用。（　　）

③ 现场作业人员及安全管理人员对煤尘爆炸的危险性认识不足，对现场采煤机割煤时产生火花问题长期不重视。（　　）

（3）事故防范措施

①“三违”行为防范措施

a. 采煤机截割过程中，滚筒截齿严禁截割巷道锚杆盘、钢带和锚索索具等支护材料，严禁违章作业。

b. 过老巷时，现场作业人员必须按规程措施要求及时拆除巷道锚杆盘、钢带和锚索索具，也必须及时拆除缠绕在采煤机滚筒上的锚索，严禁违章作业。

c. 必须严格落实综合防尘措施，采煤机内喷雾堵塞必须及时处理，推采过程中支架间喷雾、放顶煤喷雾必须正常使用，严禁违章作业。

d. 特种作业人员必须进行专门安全培训，经培训合格后持操作证上岗，严禁无证上岗。

② 其他防范措施

a. 加强安全管理。必须树立法治思维，坚守法治底线，依法办矿，依法管矿。

b. 加强煤尘防治工作。严格落实综合防尘、预防和隔绝煤尘爆炸等措施及管理制度，加强防尘降尘设备的检查维护，确保喷雾降尘运行正常，防止粉尘超标和爆炸。

c. 加强通风管理。完善通风系统及设施，提高通风设施可靠性，确保通风系统稳定；局部通风机供电要实现“三专两闭锁”和“双风机、双电源”。

d. 坚持强基固本，加强安全教育培训工作。认真做好全员培训工作，强化全员安全培训质量和效果，确保从业人员具备必要的岗位知识和专业技能，严禁未经培训或者培训不合格人员下井作业，认真开展特种作业人员持证情况大排查，确保所有特种作业人员持证上岗。

e. 全力保障安全投入，坚决实现智能化开采。切实转变观念，树立“无人则安、少人则安”的理念，加大安全投入，坚定不移地实施装备技术升级，提高设备可靠性、完好性，按设计要求实施智能化开采。

答 挑战答题

④ 过老巷时，现场作业人员必须按规程措施要求及时拆除巷道锚杆盘、钢带和锚索索具。（　）

⑤ 采煤机滚筒截齿截割巷道锚杆盘、钢带和锚索索具等支护材料不是违章作业。（　）

⑥ 加强防尘降尘设备的检查维护，确保喷雾降尘运行正常，防止粉尘超标和爆炸。（　）

7. 内蒙古自治区某煤矿“5·14”一般机电事故

(1) 事故经过

2024 年 5 月 14 日 6 时 40 分，综掘队队长组织召开早班班前会，早班跟班副队长黄某安排电工李某付、检修工尤某江在 502 运输巷安装调试带式输送机。14 时 04 分安装调试带式输送机过程中，黄某负责在带式输送机机头整理堆煤保护、线缆等工作，李某付负责带式输送机开关启停，尤某江负责传递信号。第一次点动带式输送机发现不运行，黄某下达第二次点动带式输送机指令。14 时 07 分许，李某付接到尤某江信号后第二次点动带式输送机，黄某在观察寻找输送带拉不动原因时接近减速器，衣物被高速旋转的减速器二轴键槽卷住，其腹部被卷在二轴上。尤某江听到身后有声响，随后发现黄某仰面倒在带式输送机减速器下方，头向机头，脚向机尾，腰部衣服破损，小腹裸露有血迹，至此事故发生。

事故造成 1 人死亡，直接经济损失 217.56 万元。

（2）事故原因分析

① 直接原因

带班副队长黄某违章接近高速旋转的带式输送机减速器二轴，衣服被卷住导致其腹部受伤致死，造成事故发生。

② 间接原因

a. 机电设备安全管理不到位。

b. 现场管理人员安全意识淡薄。

c. 现场安全监督检查不到位。

d. 安全教育培训不到位。

③“三违”行为原因分析

a. 第一次点动带式输送机发现不运行，黄某下达第二次点动带式输送机指令，违章指挥。

b. 当班安全检查人员发现带式输送机减速器二轴未安装防护罩后，未监督落实整改措施，违章作业。

c. 带班副队长黄某违章接近高速旋转的带式输送机减速器二轴，衣服被卷住导致其腹部受伤致死，违章作业。

答　挑战答题

① 带班副队长黄某违章接近高速旋转的带式输送机减速器二轴，是本起事故的直接原因。（　　）

② 第一次点动带式输送机发现不运行，黄某下达第二次点动带式输送机指令，违章指挥。（　　）

③ 502 运输巷带式输送机在安装调试过程中，安全防护设施安装滞后，裸露在外的减速器二轴未及时安装防护罩，属于直接原因。（　　）

（3）事故防范措施

①“三违”行为防范措施

a. 第一次点动带式输送机发现不运行，严禁下达第二次点动带式输送机指令，应先认真检查处理。

b. 当班安全检查人员发现带式输送机减速器二轴未安装防护罩后，应及时监督并落实整改措施。

c. 严禁任何人员接近高速旋转的带式输送机减速器。

② 其他防范措施

a. 压实煤矿安全生产主体责任。

b. 加强机电设备安全管理。

c. 加大人员不安全行为管控力度。

d. 扎实开展安全教育培训。

挑战答题

④ 第一次点动带式输送机发现不运行，严禁下达第二次点动带式输送机指令。 （ ）

⑤ 当班安全检查人员发现带式输送机减速器二轴未安装防护罩后，虽未监督落实整改措施，但不用承担责任。 （ ）

⑥ 在检修的情况下可以接近高速旋转的带式输送机减速器二轴。 （ ）

8. 云南省某煤矿"8·7"一般机电事故

(1) 事故经过

2024 年 8 月 7 日早班，当班井下作业人员 84 人，主要开展 1910 综采工作面调架、1910 机运巷改扩、1910 回风巷卧底等工作，带班矿领导为地测副总工程师蒋某彦，党总支副书记、工会主席王某双按照集团内部规定入井跟班。其中，综采队早班 17 人入井，8 时 50 分左右到达工作面后，跟班副队长聂某堂进行了现场分工，安排史某荣（班长）、起某富、杨某志 3 人对 16# ～30# 支架前部的单体液压支柱进行前移，胥某江、叶某祥等 5 人在 1910 综采工作面刮板输送机机头处卧底，安排副队长兼技术员李某应（遇难者）到 1910 综采工作面机运巷顺槽开刮板输送机。李某应未接受工作安排，主动到 18# 液压支架处指挥工人作业。9 时左右，王某双、蒋某彦一起到达 1910 综采工作面开展安全巡查、检查，并向李某应了解当班作业任务及工作量。9 时 10 分，史某荣、起某富、杨某志到18#液压支架前部挪移单体液压支柱，在移动单体液压支柱后，18#液压支架伸缩梁前部出现了漏顶，李某应叫来有经验的胥某江和叶某祥帮助支护顶板。9时46分许，顶板支护完后，李某应发现18#液压支架护帮板与工作面单体液压支柱间卡有一块矸石（长0.4 m、宽0.3 m、厚0.2 m），便站在夹角处用十字镐处理矸石，矸石掉落，18#液压支架护帮板自动向前抬起，将李某应头部挤在护帮板与前方的单体液压支柱之间，导致事故发生。

事故造成1人遇难，直接经济损失260.02万元。

(2) 事故原因分析

① 直接原因

作业人员站在综采液压支架护帮板与单体液压支柱之间，违章处理冒落在护帮板前的矸石，矸石掉落后护帮板自动向前弹起，挤压作业人员头部导致事故发生。

② 间接原因

a. 风险管控有漏洞。煤矿开展1910综采工作面调架作业风险研判不全面，未辨识出护帮板挤压伤人的安全风险；安全管控不到位，事故地点片帮漏顶问题突出。

b. 技术管理有不足。《1910综采工作面调架技术方案》编制内容不全面，未针对支架钻底制定措施，未明确调架作业处理活矸危岩的方法，作业人员均不掌握调架工作要领，作业过程中多次出现调完又倒等情况。

c. 安全培训不到位。煤矿未建立安全管理人员教育培训制度，对新装备操作使用培训不到位，煤矿首次使用大采高综采液压支架，未加强作业人员实操培训，综采液压支架管理不到位，支架在静止状态下操作阀手柄未打至“零”位。

d. 安全生产管理人员配备不足。该煤矿任命的安全、地测、采掘副总工程师均由相关科室负责人兼任。

e. 上级公司安全管理不到位。2名驻矿安监员由本矿安全生产管理人员兼任，不能履行驻矿安全监管职责。

③ “三违”行为原因分析

a. 煤矿反“三违”不力，技术管理人员带头违章作业。

b. 当班队干，跟班、带班矿领导安全巡查检查不严不细，未及时发现并制止违章作业行为。

c. 针对支架钻底制定措施，未明确调架作业处理活矸危岩的方法，作业人员均不掌握调架工作要领，作业过程中多次出现调完又倒等情况，违章作业。

d. 李某应发现 18# 液压支架护帮板与工作面单体液压支柱间卡有一块矸石（长 0.4 m、宽 0.3 m、厚 0.2 m），便站在夹角处用十字镐处理矸石，矸石掉落，18# 液压支架护帮板自动向前抬起，违章作业。

答 **挑战答题**

① 作业人员站在综采液压支架护帮板与单体液压支柱之间，违章处理冒落在护帮板前的矸石，矸石掉落后护帮板自动向前弹起，挤压作业人员头部导致事故发生，是本起事故的间接原因。（　　）

② 煤矿开展 1910 综采工作面调架作业风险研判不全面，未辨识出护帮板挤压伤人的安全风险；安全管控不到位，事故地点片帮漏顶问题突出。（　　）

③ 安全、地测、采掘副总工程师可由相关科室负责人兼任。（　　）

(3) 事故防范措施

① “三违”行为防范措施

a. 煤矿加强反“三违”，技术管理人员不违章作业。

b. 当班队干，跟班、带班矿领导安全巡查检查要严要细，应及时发现并制止违章作业行为。

c. 针对支架钻底制定措施，明确调架作业处理活矸危岩的方法，作业人员均应掌握调架工作要领，作业过程中不出现调完又倒等情况。

d. 工人应该按照作业规程进行作业。

② 其他防范措施

a. 深刻吸取教训，切实加强安全管理，加强职工安全教育培训和新工艺、新技术、新装备操作技能培训，教育职工遵守安全规章制度，熟练掌握岗位安全操作技能，不断提高职工素质和安全意识，增强职工自保和互保能力。

b. 严格落实安全生产责任制，做到每项工作都有责任人负责监督管理，形成从上到下层层负责的模式，消除安全管理上的漏洞。要配齐配强安全生产管理人员，相关科室负责人不得兼任安全、地测、采掘副总工程师；要加强驻矿安全监管，驻矿安监员不得由本矿职工兼任，切实履行职责、发挥作用。

c. 加强煤矿安全技术管理，开展“三软”煤层顶板管理技术攻关，综采工作面过断层、过地质构造带时要加强现场指导。

挑战答题

④ 煤矿加强反“三违”，技术管理人员不违章作业。　（　）

⑤ 当班队干，跟班、带班矿领导安全巡查检查要严要细，应及时发现并制止违章作业行为。　（　）

⑥ 工人应按照作业规程进行作业。　（　）

9. 内蒙古自治区某煤矿“7·7”运输事故

(1) 事故经过

2024 年 7 月 7 日 6 时 20 分，某项目部 2913 队队长朱某主持召开班前会，安排支护工龙某、石某林、铲车司机勾某羽从 110902 运输顺槽停掘工作面向 11 采区泄水巷倒运支护材料；机运队队长范某军主持召开班前会，安排黄某波驾驶 3 号车负责为矿通防队向泄水巷运送构筑通风设施所需材料，张某驾驶 4 号车负责为 2913 队向泄水巷运送物料。4 号车于 8 时 15 分许入井，3 号车在地面装车后于 10 时 49 分许入井。11 时 59 分许，3 号车到达泄水巷口，将车辆横向停在 11 采区带式输送机上山与 11 采区泄水巷交岔口处，矿通防队人员开始卸车，将物料堆放于该交岔口；12 时 10 分许，张某反向驾驶 4 号车运送当班第 4 车支护材料沿 11 采区带式输送机上山下行至 11 采区带式输送机上

山与泄水巷交岔口处，被正在卸载物料的3号车阻挡，随即张某将4号车停在3号车上方

约3.4 m处，支护工龙某和石某林开始将钢筋网片卸至交岔口附近。13时35分，张某看到3号车完成卸料，准备驾驶4号车向上山方向行驶，为3号车让出调车所需空间。张某收起阻车器后，在未鸣笛示警并检查挡位的情况下，启动处于后退挡位车辆，4号车瞬间反向下行撞向3号车副驾驶侧，将在两车之间卸网片的石某林挤伤。

事故造成1人死亡，直接经济损失173.56万元。

（2）事故原因分析

① 直接原因

驾驶员张某在未进行安全提醒、未确认车辆周围环境安全、未鸣笛、未确认挡位处在空挡的情况下启动车辆，车辆突然后退，将正在两车之间作业的石某林挤伤，导致事故发生。

② 间接原因

a. 现场安全管理不到位。安全管理人员对操作规程、安全管理制度现场落实情况监督检查不力，对现场存在的违章行为未及时有效制止。对违规停车、半坡装卸物料等习惯性违章行为未能及时采取有效措施予以纠正制止。

b. 某项目部内部管理混乱。安全管理人员履职不到位，岗位职责不清；安全管理制度落实不到位，施工组织混乱，车辆调度管理无序；日常安全培训教育不到位，职工自保互保意识差。

c. 该煤矿安全生产主体责任落实不到位。对项目部安全机构设置、人员培训、安全生产监督管理不到位等问题监管不力，对项目部的日常监督检查及安全考核不到位。

③ “三违”行为原因分析

a. 驾驶员张某在未进行安全提醒、未确认车辆周围环境安全、未鸣笛、未确认挡位处在空挡的情况下启动车辆，违章作业。

b. 事故现场存在煤矿通防队砌筑风门和项目部掘进队运输支护材料、调试刮板输送机三项工作交叉作业，未安排专人对交叉作业统一协调指挥，违章作业。

c. 4 号车司机违反煤矿井下无轨胶轮车运输安全管理规定，违规在坡道上驻车卸载物料且停车安全距离不足，违章作业。

d. 3 号车违规横停在 11 采区带式输送机上山内，影响其他车辆正常通行，现场作业人员未及时识别出违规作业可能出现的安全风险，违章作业。

挑战答题

① 驾驶员张某在未进行安全提醒、未确认车辆周围环境安全、未鸣笛、未确认挡位处在空挡的情况下启动车辆，车辆突然后退，将正在两车之间作业的石某林挤伤，是事故发生的直接原因。 ( )

② 事故现场存在煤矿通防队砌筑风门和项目部掘进队运输支护材料、调试刮板输送机三项工作交叉作业，未安排专人对交叉作业统一协调指挥。 ( )

③ 4 号车司机违反煤矿井下无轨胶轮车运输安全管理规定，违规在坡道上驻车卸载物料且停车安全距离不足。 ( )

(3) 事故防范措施

① “三违”行为防范措施

a. 严禁在未进行安全提醒、未确认车辆周围环境安全、未鸣笛、未确认挡位的情况下启动车辆。

b. 严禁在未安排专人对交叉作业统一协调指挥时作业。

c. 严禁在坡道上驻车卸载物料，停车安全距离不足严禁卸料。

d. 严禁在井下违规停车，以免影响其他车辆正常通行，现场作业人员及时识别出违规作业可能出现的安全风险。

② 其他防范措施

a. 全面加强运输安全管理。进一步健全车辆运输管理制度，切实加强井下、地面车辆管理，重点围绕车辆完好、岗位操作规范、规程措施等方面，常态化开展自查自纠整改工作。认真排查车辆设计缺陷，全面消除车辆视觉盲区和操作缺陷等问题，严禁车辆带病运行。加强车辆运输路线管理，完善安全避险、失速保护、信号指示灯等安全设施。加强员工行为规范管理，严格执行“行人不行车，行车不行人”的规定。

b. 强化现场作业安全管理。严格落实安全管理人员岗位责任，提高现场安全管理能力，加强对重点作业区域、关键环节的检查巡视力度，严肃查处“三违”作业，持续规范井下从业人员现场作业行为。制定并完善煤矿交叉作业管理制度，实施领导干部到岗到位、专人指挥、视频远程监控等现场安全管控措施。全面排查安全监管盲区，筑牢现场安全防线。

c. 加强承包单位安全管理。加强承包单位日常监管，加大承包单位风险辨识管控、隐患排查整改、安全教育培训、不安全行为查处、安全措施落实检查力度，严格落实承包单位安全考核，确保承包单位入场到竣工全过程安全管理受控。

d. 加强安全教育培训。落实安全教育培训主体责任，扎实开展煤矿全员安全教育培训，切实将承包单位培训纳入一体化管理，系统开展应知应会、操作技能、应急处置、规程措施等培训，增强从业人员风险辨识能力，强化风险分级管控措施，不断提升从业人员安全意识和自保、互保、联保意识。

答 挑战答题

④ 交叉作业时可以不安排专人统一协调指挥。 （ ）

⑤ 煤矿井下要严格执行“行人不行车，行车不行人”的规定。 （ ）

⑥ 承包单位人员的培训工作由承包单位自行承担，不需要纳入本矿一体化管理。 （ ）

参考答案

模块一自测试题

一、判断题

1-5 ×√××√ 6-10 ××√√√

二、单选题

1-5 CACCA 6-10 ABBCA

三、多选题

1. ABCD	2. ABCD	3. ABCD	4. AC	5. ABC
6. ABCD	7. BCD	8. ABCD	9. ACD	10. ABCD

模块二自测试题

一、判断题

1-5 ×√√×√ 6-10 √×√×√

二、单选题

1-5 BACBB 6-10 CCABB

三、多选题

1. ACD	2. BCD	3. ABC	4. ACD	5. BC
6. AB	7. ABCD	8. ACD	9. ABD	10. ACD

模块三自测试题

一、判断题

1-5 √×√×× 6-10 ×√×√×

二、单选题

1-5 CBCCB 6-10 BABCC

三、多选题

1. ABCD	2. BC	3. BCD	4. ABCD	5. ABC
6. ACD	7. ABC	8. ABCD	9. ABCD	10. ABC

模块四自测试题

一、判断题

1-5 √×√×√ 6-10 √×√√√

二、单选题

1-5 ABCAA 6-10 BABCC

三、多选题

1. BCD 2. ABC 3. ABCD 4. ABCD 5. ABCD
6. ABCD 7. ABC 8. BAC 9. ACD 10. ABCD

模块五自测试题

一、判断题

1-5 √√××√ 6-10 √×√√×

二、单选题

1-5 ACBBC 6-10 ABAAB

三、多选题

1. ABC 2. BCD 3. AC 4. ABCD 5. AB
6. BC 7. AB 8. ABC 9. BCD 10. ABCD

模块六自测试题

一、判断题

1-5 √√√×× 6-10 √√××√

二、单选题

1-5 BABAC 6-10 AACBA

三、多选题

1. ABCD 2. ABCD 3. BCD 4. ABCD 5. ACD
6. ABCD 7. CD 8. ABC 9. BC 10. AC

模块七自测试题

一、判断题

1-5 ×√√×× 6-10 √×√√×

二、单选题

1-5 CCBBB 6-10 CAAAC

三、多选题

1. ABCD　2. BC　3. ABCD　4. ACD　5. ABCD
6. ABC　7. ABCD　8. BCD　9. ABCD　10. BCD

模块八自测试题

一、判断题

1-5　√×××√　6-10　×√××√

二、单选题

1-5　CCBBA　6-10　BCBBB

三、多选题

1. ABCD　2. ABCD　3. BCD　4. AC　5. BCD
6. BC　7. BCD　8. BCD　9. ABCD　10. ABCD

模块九自测试题

一、判断题

1-5　√√×√√　6-10　×√√×√

二、单选题

1-5　BACAB　6-10　CBAAC

三、多选题

1. BCD　2. ABC　3. ABCD　4. ABCD　5. ABCD
6. ABC　7. ABD　8. BCD　9. ABCD　10. ABC

模块十自测试题

一、判断题

1-5　×√√××　6-10　√√×√√

二、单选题

1-5　BCCBA　6-10　CBCAA

三、多选题

1. ABCD　2. ACD　3. BD　4. BC　5. ABC
6. BCD　7. ABCD　8. ABCD　9. ABC　10. BC

模块十一自测试题

一、判断题

1-5　√×√√√　6-10　√××√√

二、单选题

1-5　ACABB　6-10　CABCC

三、多选题

1. BCD　2. ABC　3. ABCD　4. BCD　5. AC

6. ABCD　7. ABC　8. ABCD　9. ABD　10. ABCD

模块十二自测试题

一、判断题

1-5　√√×××　6-10　√×√√√

二、单选题

1-5　BCBAB　6-10　BCBCA

三、多选题

1. ABCD　2. BCD　3. ABCD　4. ABD　5. AD

6. ABCD　7. ACD　8. BCD　9. ABCD　10. CD

模块十三自测试题

一、判断题

1-5　×√√√√　6-10　√√√×√

二、单选题

1-5　BCAAB　6-10　CCACB

三、多选题

1. ABCD　2. ABCD　3. ACD　4. ABCD　5. ABCD

6. ABD　7. ABC　8. ABCD　9. BCD　10. ABCD

模块十四自测试题

1. ××√√××　2. √√√×√√

3. ××√√×√　4. √××√√×

5. √√√√×√　6. √×√√×√

7. √√×√××　8. ×√×√√√

9. √√√×√×

参考文献

[1] 卜素.《中华人民共和国安全生产法》专家解读[M]. 徐州:中国矿业大学出版社,2021.

[2] 黄学志,王洪权,时国庆,等.《煤矿防灭火细则》专家解读[M]. 徐州:中国矿业大学出版社,2021.

[3] 国家矿山安全监察局.《煤矿安全生产标准化管理体系基本要求及评分方法》考核手册[M]. 北京:应急管理出版社,2024.

[4] 马胜银,刘欢,王丙成. 煤矿新工人安全培训教材[M]. 徐州:中国矿业大学出版社,2024.

[5] 马胜银,王丙成,时均龙. 煤矿从业人员安全再培训教材:"七新"知识与必知必会必禁知识问答[M]. 徐州:中国矿业大学出版社,2024.

[6] 王平炎,张雷,田利红. 煤矿从业人员安全培训教材:从业实用安全知识及现场应急技能问答[M]. 徐州:中国矿业大学出版社,2024.

[7] 魏永建,杨西栋,夏敏. 煤矿常见"三违"行为危害分析与防治[M]. 徐州:中国矿业大学出版社,2023.

[8] 袁河津.《煤矿安全规程》专家解读:井工煤矿[M]. 2022 年修订版. 徐州:中国矿业大学出版社,2022.

[9] 中华人民共和国应急管理部,国家矿山安全监察局. 煤矿安全规程:2022[M]. 北京:应急管理出版社,2022.

附录　井下常用标志及设置地点

井下常用禁止标志及设置地点

名称	符号	设置地点	名称	符号	设置地点
禁带烟火		煤矿井口及井下	禁止入内		井下封闭区、瓦斯区、盲巷、废弃巷道及禁止人员入内的地点
禁止酒后入井		人员出入的井口	禁止停车		井下禁止停放车辆的地段
禁止明火作业		禁止明火作业地点	禁止驶入		线路终点和禁止机车驶入地段
禁止启动		不允许启动的机电设备	禁止通行		井下危险区、爆破警戒处、不兼作行人的绞车道、材料道及禁止行人的通道口等
禁止送电		变电室、移动电源开关停电检修等	禁止穿化纤服装入井		人员出入的井口

续表

名称	符号	设置地点	名称	符号	设置地点
禁止扒乘矿车		井下运输大巷交叉口、乘车场、扒车事故多发地段	禁止放明炮、糊炮		井下采掘爆破工作面
禁止扒、登、跳人车		井下巷道，每隔50 m设一个	禁止井下睡觉		井下各工序岗位和作业区
禁止登钩		串车提升斜井上下口	禁止同时打开两道风门		井下巷道风门处
禁止跨、乘输送带		链板、带式输送机、钢丝绳牵引运输不许跨越的地方，间隔30 m设置	禁止井下随意拆卸矿灯		入井口、井下工作面
禁止井下攀牵线缆		井下敷有电缆、信号线等巷道内			

井下常用警告标志及设置地点

名称	符号	设置地点	名称	符号	设置地点
注意安全		提醒人们注意安全的场所及设备安置的地方	当心坠入溜井		井下溜煤眼、溜矿井、溜矿仓
当心瓦斯		井下瓦斯积聚地段、盲巷口、瓦斯抽放地点、巷道冒高处	当心发生冲击地压		井下有冲击地压的作业区域
当心冒顶		井下冒顶危险区、巷道维修地段	当心片帮滑坡		井下有片帮、滑坡危险地段
当心火灾		井下仓库、爆炸材料库、油库、带式输送机、充电室和有发火预兆的地点	当心矿车行驶		井下行人巷道与运输巷道交叉处、井下兼行人的倾斜运输巷道内
当心水灾		井下有透水或水患地点	当心绊倒		井下地面有障碍物，绊倒易造成伤害的地方

续表

名称	符号	设置地点	名称	符号	设置地点
当心煤(岩)与瓦斯突出		井下煤(岩)与瓦斯突出危险作业区	当心滑跌		井下巷道有易造成伤害的滑跌地点
当心有害气体中毒		井下 CH_4、CO、H_2S、NO_x 等有害气体危险地点	当心交叉道口		井下巷道交叉口处
当心爆炸		爆炸材料库，运送炸药、雷管的容器和设备上	当心弯道		井下巷道拐弯处
当心触电		有触电危险部位	当心道路变窄(左、右、正向)		井下巷道前方变窄的地段
当心坠落		建井施工、井筒维修及井内高空作业处			

井下常用指令标志及设置地点

名称	符号	设置地点	名称	符号	设置地点
必须戴安全帽		人员出入井口、更衣房、矿灯房等醒目地方	必须桥上通过		井下设有人行桥的地方
必须携带自救器		入井口处、更衣室、领自救器房等醒目地方	必须走人行道		井下人行道两端
必须携带矿灯		入井口处、更衣室、矿灯房等醒目地方	鸣笛		井下机车通过巷道交叉口处、道岔口和弯道前 20～30 m鸣笛处
必须穿带绝缘保护用品		井下变配电所（硐室）	必须加锁		剧毒品、危险品库房等地点

续表

名称	符号	设置地点	名称	符号	设置地点
必须系安全带		建井施工处、井筒检修地点	必须持证上岗		井口、配电室、炸药库等必须出示上岗证的地点
必须戴防尘口罩		井下打眼施工、炮烟区			

井下常用路标、名牌、提示标志及设置地点

名称	符号	设置地点	名称	符号	设置地点
紧急出口（左、右向）		设在井下采区安全出口路线上（间隔 100 m）和改变方向处	运输巷道		井下运输巷道
电话		井下通往电话的通道上	指示牌		根据需要自行设置
躲避硐		井下通往躲避硐室的通道及躲避硐室入口处	路标	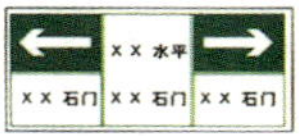	自行设置
急救站		井下通往急救站通道上	避火灾、瓦斯爆炸路线		井下躲避火灾、瓦斯、煤尘爆炸的通道上
爆破警戒线		井下爆破警戒线处	避水灾路线		井下躲避水灾的通道上

续表

名称	符号	设置地点	名称	符号	设置地点
危险区		井下火灾、瓦斯、水患等危险区附近	避有毒有害气体路线		井下躲避有毒有害气体路线的通道上
沉陷区		井下地表沉陷滑落区	永久密闭		井下废巷、盲巷入口处
前方慢行		井下风门、交叉道口、弯道、车场、翻罐等须减速慢行地点	测风牌	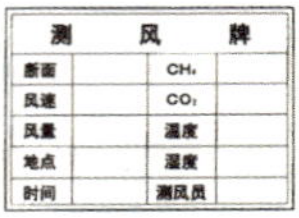	井下掘进、采煤工作面等处
进风巷道		井下进风巷道	炮检牌	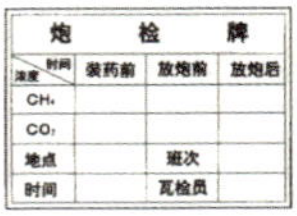	井下采、掘工作面等要求设置的地点
回风巷道		井下回风巷道	瓦斯巡检牌	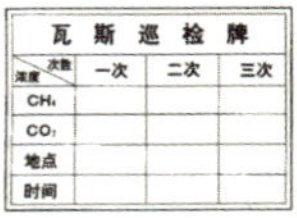	采、掘工作面等要求设置的地点